国家出版基金项目
NATIONAL PUBLICATION FOUNDATION

现代农业高新技术成果丛书

动物分子营养学

Animal Molecular Nutrition

张英杰　主编

中国农业大学出版社
·北京·

内容简介

动物分子营养学主要是研究营养素与基因之间的相互作用及其对机体健康影响的规律和机制,并据此提出促进动物健康、预防和控制营养缺乏症以及营养相关疾病措施的一门学科。目前动物分子营养学正处于不断完善和发展阶段,在国内还缺乏这方面的专著,作者在查阅大量国内外文献的基础上,结合自己的相关工作编写此书。全书内容主要包括动物分子营养学概述,基因表达和基因表达调控,营养素对基因表达的调控,基因多态性与营养物质代谢,营养素与基因互作对畜禽的影响。

本书适宜从事该领域研究的科研工作者和高等院校相关专业的教师、学生参考、选用。

图书在版编目(CIP)数据

动物分子营养学/张英杰主编.—北京:中国农业大学出版社,2012.6
ISBN 978-7-5655-0507-2

Ⅰ.①动… Ⅱ.①张… Ⅲ.①动物营养 Ⅳ.①S816

中国版本图书馆 CIP 数据核字(2012)第 037910 号

书　名 动物分子营养学
作　者 张英杰 主编

策划编辑 赵 中　　**责任编辑** 王艳欣
封面设计 郑 川　　**责任校对** 王晓凤 陈 莹
出版发行 中国农业大学出版社
社　址 北京市海淀区圆明园西路 2 号　　**邮政编码** 100193
电　话 发行部 010-62731190,2620　　读者服务部 010-26732336
编辑部 010-62732617,2618　　出 版 部 010-62733440
网　址 http://www.cau.edu.cn/caup　　**e-mail** cbsszs@cau.edu.en
经　销 新华书店
印　刷 涿州市星河印刷有限公司
版　次 2012 年 6 月第 1 版　2012 年 6 月第 1 次印刷
规　格 787×1 092　16 开本　13.5 印张　330 千字
定　价 48.00 元

编 写 人 员

主　编　张英杰

副主编　刘月琴　孙洪新

编　者　刘　洁　杨少华　董李学

郭勇庆　宋　杰　程善燕

出版说明

瞄准世界农业科技前沿，围绕我国农业发展需求，努力突破关键核心技术，提升我国农业科研实力，加快现代农业发展，是胡锦涛总书记在2009年五四青年节视察中国农业大学时向广大农业科技工作者提出的要求。党和国家一贯高度重视农业领域科技创新和基础理论研究，特别是"863"计划和"973"计划实施以来，农业科技投入大幅增长。国家科技支撑计划、"863"计划和"973"计划等主体科技计划向农业领域倾斜，极大地促进了农业科技创新发展和现代农业科技进步。

中国农业大学出版社以"973"计划、"863"计划和科技支撑计划中农业领域重大研究项目成果为主体，以服务我国农业产业提升的重大需求为目标，在"国家重大出版工程"项目基础上，筛选确定了农业生物技术、良种培育、丰产栽培、疫病防治、防灾减灾、农业资源利用和农业信息化等领域50个重大科技创新成果，作为"现代农业高新技术成果丛书"项目申报了2009年度国家出版基金项目，经国家出版基金管理委员会审批立项。

国家出版基金是我国继自然科学基金、哲学社会科学基金之后设立的第三大基金项目。国家出版基金由国家设立、国家主导，资助体现国家意志、传承中华文明、促进文化繁荣、提高文化软实力的国家级重大项目；受助项目应能够发挥示范引导作用，为国家、为当代、为子孙后代创造先进文化；受助项目应能够成为站在时代前沿、弘扬民族文化、体现国家水准、传之久远的国家级精品力作。

为确保"现代农业高新技术成果丛书"编写出版质量，在教育部、农业部和中国农业大学的指导和支持下，成立了以石元春院士为主任的编审指导委员会；出版社成立了以社长为组长的项目协调组并专门设立了项目运行管理办公室。

"现代农业高新技术成果丛书"始于"十一五"，跨入"十二五"，是中国农业大学出版社"十二五"开局的献礼之作，她的立项和出版标志着我社学术出版进入了一个新的高度，各项工作迈上了新的台阶。出版社将以此为新的起点，为我国现代农业的发展，为出版文化事业的繁荣做出新的更大贡献。

中国农业大学出版社

2010年12月

前　言

动物分子营养学主要是研究营养素与基因之间的相互作用及其对机体健康影响的规律和机制，并据此提出促进动物健康、预防和控制营养缺乏症以及营养相关疾病措施的一门学科。

随着分子生物学技术的不断发展，众多与营养代谢有关的动物基因被克隆和鉴定，日粮营养对动物代谢调控的影响机制方面的研究已经逐步深入到分子水平，人们对营养与基因调控的关系越来越感兴趣。但目前动物分子营养学正处于不断发展和完善阶段，在国内还缺乏这方面的专著，有必要向我国从事相关工作的人员介绍该领域的相关内容，我们在查阅大量国内外文献的基础上，结合自己的相关工作编写了此书。该书适宜从事该领域研究的教师、学生和科研工作者参考、应用。

全书分为 5 章。第 1 章为动物分子营养学概述，简要介绍了动物分子营养学的概念、研究内容及应用价值。第 2 章为基因表达和基因表达调控，为学习后面的知识奠定基础。第 3 章为营养素对基因表达的调控，这是动物分子营养学的主要研究内容之一。第 4 章为基因多态性与营养物质代谢，这是动物分子营养学的另一主要研究内容。第 5 章为营养素与基因互作对畜禽的影响，探讨营养素与基因互作对动物健康的影响及营养物质对动物繁殖、组织发育和生长发育等性状基因表达调控的分子机制等。本书涉及很多分子生物学和动物营养学方面的知识，在正文后附有主要参考文献，可供读者进一步阅读。

本书编写过程中，得到了河北农业大学王红娜、任立坤、彭津津、贾少敏、杜伟佳、王慧媛、王丽、宋立峰、李婷、孟丽娜等同志的热情帮助，在此特致谢意。

由于作者水平有限，书中缺点和不足之处在所难免，敬请读者批评指正。

张英杰

2012 年 3 月

前言

目　　录

第1章

动物分子营养学概述

1.1 动物分子营养学的概念

1.1.1 动物分子营养学概念

关于动物分子营养学(animal molecular nutrition)至今还没有一个公认的权威定义。但可以理解为:动物分子营养学主要是研究动物营养素与基因之间的相互作用(包括营养素与营养素之间、营养素与基因之间和基因与基因之间的相互作用)及其对机体健康影响的规律和机制,并据此提出促进动物健康、预防和控制营养缺乏症以及营养相关疾病措施的一门学科。

广义上来讲,动物分子营养学指一切进入分子领域的动物营养学研究,即一个应用分子生物学技术和方法从分子水平上研究动物营养学的新领域,是动物营养科学研究的一个层面,是动物营养科学的一个组成部分或分支。一方面研究营养素对基因表达的调控作用以及对基因组结构和稳定性的影响,进而对动物健康产生的影响(营养基因组学);另一方面研究遗传因素对营养素消化、吸收、分布、代谢和排泄以及生理功能的决定作用。在此基础上,探讨二者相互作用对动物体健康影响的规律,从而针对不同基因型及其变异、营养素对基因表达的特异调节作用,制订出营养素需要量和供给量标准。

1.1.2 动物分子营养学与动物营养学的关联

传统动物营养学主要研究动物对营养素的摄食、消化吸收、代谢等基础生理、生化过程,而对于不同动物对各种营养素的“必需”与“非必需”及“需求量”等问题,以及对营养代谢的分子机制等方面的研究很少。随着动物营养学研究的深入、分子生物学理论和技术的发展、营养学与遗传学科的交叉以及相互促进,人们从分子水平上逐步认识到营养素与动物的基因表达之间存在密切的相互作用关系。研究表明,动物机体的生理病理变化,如生长发育、新陈代谢、遗传变异、免疫与疾病等，就其本质而言，都是由于动物基因表达调控发生了改变，许多生理现象的彻底阐明，最终需要在基因水平上进行解释，所以动物营养学各方面研究应与分子生物学技术相结合，从分子水平上来解释日粮中各种营养素对机体的作用机制、动物机体的生理病理变化等问题。对动物营养代谢机制从分子水平上加以剖析，就日粮营养对动物关键代谢酶基因表达调控的分子生物学基础进行研究，将有助于揭示动物生长规律、营养代谢规律和机体的生理病理变化，并为通过营养手段调控动物健康、生长、代谢提供理论基础。

近年来，随着分子生物学技术的不断发展，众多与营养代谢有关的动物基因被克隆和鉴定，日粮营养对动物代谢调控的影响机制方面的研究已经逐步深入到分子水平，人们对营养与基因调控的关系越来越感兴趣，主要集中于日粮营养影响动物基因表达和动物基因表达对日粮营养素利用效率的影响两个方面。

尽管日粮营养不能改变中心法则中遗传信息传递的方向及规律，但是可以通过特殊的途径改变编码动物代谢中关键酶的基因表达而控制动物体内的代谢。该调控过程是日粮营养因素诱发的，通过一系列复杂的代谢调节过程，使最终在靶组织中的某种酶浓度发生改变。日粮营养对动物体内代谢复杂的调控机制是动物在长期进化过程中逐渐形成的为适应生存、尽量维持体内内环境稳定及正常代谢的能力。

研究营养对基因的表达调控和基因-营养互作是当今动物营养学的发展趋势和研究前沿，这对于更深入地阐明营养素在动物体内的代谢机理、寻找评价动物营养状况的更为灵敏的方法，以及调控养分在体内的代谢路径、提高人类的健康水平及养殖动物的生长效益等，都具有划时代的重要科学意义。例如，DNA 芯片技术的引入使分子营养学研究能够检测到营养素对整个细胞、整个组织或整个系统及作用通路上的所有已知和未知基因的影响，使研究者能够真正全面了解营养素的作用机制，彻底颠覆了传统研究思路，极大提高了研究效率。DNA 芯片技术发展到今天，虽然还存在一些诸如如何更好地应用 DNA 芯片技术研究非模型动物（例如猪和鸡等）营养与基因表达等问题，却为我们指出了一条深入研究营养素生理功能分子机制的捷径。

日粮配制和营养供给是影响动物生产的主要方面，营养基因组学的研究和发展为动物营养学家提供了新的理念和创新。在基因表达水平上评估饲料营养配比的效果，确定营养素对动物生产和动物健康的影响作用可以更为有效地发挥动物的生产潜能。多种营养素的缺乏或过量都可以从基因的表达变化上体现出来，说明营养基因组学的发展可为动物营养状态的好坏提供更快更灵敏的生物标记。营养基因组学研究立足于分析某种具体营养元素或食谱与基因变化之间的关系，有助于发现这些变化背后的含义，加强对与饮食有关的疾病的预防和治疗，更进一步的应用领域包括食品安全、食品认证、转基因食物检测和食品重组等方面。对饲料和畜产品中病原菌的检测、饲料原料掺假的鉴别以及资源环境的保护等饲料和畜产品安全问题，营养基因组学技术也可以起到良好的检察和监督作用。

综上所述，动物分子营养学作为动物营养科学的组成部分，它不仅可以从分子水平上证实动物营养现象，更重要的是可以从分子水平上探索动物营养现象的内在机制，这对动物营养科学的发展至关重要。

1.2 动物分子营养学的研究对象及内容

1.2.1 动物分子营养学的研究对象

动物分子营养学的研究对象主要包括3个方面：与动物营养相关的基因结构及其相关的DNA和染色体结构；基因表达的过程及其产物（mRNA、蛋白质）；营养素与基因表达和机体的健康。动物分子营养学目前的研究主要侧重于与动物体营养物质代谢相关的基因与营养素的相互作用。

1.2.1.1 营养基因组学

营养基因组学（nutrigenomics）是2000年提出的一种新的营养学理论，是高通量基因组技术在日粮营养素与基因组相互作用及其与健康关系研究中的应用。它是研究营养素和食物化学物质在动物（人）体中的分子生物学过程及其产生的效应，以及对动物（人）体基因的转录、翻译以及代谢的作用机制。

营养基因组学的研究具有3个方面的意义：①可以揭示营养素的作用机制或毒性作用。营养基因组学是应用分子生物学和基因组学技术，通过基因表达的变化来研究营养物质对动物（人）的作用机制，测定单一营养素对某种细胞或组织基因表达谱的影响，检测营养素对整个细胞、组织或系统及作用通路上所有已知和未知分子的影响。因此，这种高通量、大规模的检测无疑将使我们能够真正了解营养素的作用机制。②阐明动物营养需要量的分子生物标记。现有的动物营养需要仅有极少数是依据生化指标确定的，动物营养基因组的研究通过应用含有某种动物全部基因的互补脱氧核糖核酸（complementary DNA，cDNA）芯片，确定动物营养素缺乏、适宜和过剩条件下的基因表达图谱，通过从DNA、RNA到蛋白质等不同层次的研究来寻找、发现适宜的分子标记物，作为评价营养素状况的新指标，进而更准确、更合理地确定动物对营养素的需要量，从而彻底改变传统的剂量-功能反应的营养素需要量研究模式。③使个性营养成为可能。目前的营养需要量均系针对群体而言，而未能考虑个体之间的基因差异。未来将有可能应用基因组学技术阐明与营养有关的单核苷酸多态性（single nucleotide polymorphisms，SNPs），并用来研究动物对营养素需求的个体差异，通过基因组成以及代谢型的鉴定，确定个体的营养需要量，使个体营养成为可能，即根据动物的遗传潜力进行个体饲养，这就是“基因饲养”。

1.2.1.2 营养基因多态性

不同生物体或者同种生物体的不同个体之间DNA结构都存在差异，包括DNA序列差异和DNA序列长度差异，这种差异多数发生在不编码蛋白质的区域及没有重要调节功能的区域。DNA结构的差异实质是DNA序列的某些碱基发生了突变，当某些碱基突变（产生两种或两种以上变异的现象）在群体中的发生率超过1%～2%时，就称为基因多态性（gene polymorphism）或遗传多态性。如果基因多态性存在于与营养有关的基因之中，就会导致不同个体对营养素吸收、代谢和利用存在很大差异，并最终导致个体对营养素需要量的不同。动物分子营养学可通过对于不同群体基因多态性的研究，来确定不同群体或个体营养的需要量及缺乏、过量指南。

1.2.2 动物分子营养学的研究内容

作为营养科学的一个组成部分或分支，动物分子营养学的研究内容遍及营养科学的各个领域，总体来说，包括以下几方面内容：①营养素对基因表达的调控作用和调节机制；②遗传变异或基因多态性对营养素消化、吸收、分布、代谢和排泄的影响；③营养素与基因相互作用导致营养缺乏病、营养相关疾病和先天代谢性缺陷的机制及膳食干预研究；④分子生物学技术在临床营养中的应用；⑤分子生物学技术在农业生产中动物生产管理上的应用。其中，营养素与遗传因素的相互作用是基础。

1.2.2.1 营养素对基因表达的调控

几乎所有的营养素对基因的表达都有调节作用，它们直接或者作为辅助因子催化体内的反应，构成大分子的底物，还可以作为信号分子或者改变大分子的结构，所有这些作用都可以导致转录和翻译上的变化。

1. 蛋白质对基因表达的调控作用

日粮中的蛋白质可以以功能蛋白的形式或者分解成氨基酸对基因表达进行调控。研究表明，蛋白质的摄入量可通过调控尿素循环中酶转录所需要的 mRNA 数量，影响机体尿素的合成。另外，摄入的蛋白质的质量对基因的表达也有调控作用，如含酪蛋白饲料喂养的大鼠肝脏 c-myc 基因和类胰岛素生长因子-Ⅰ(insulin-like growth factor-Ⅰ，IGF-Ⅰ)的 mRNA 水平要高于含玉米蛋白饲料喂养的大鼠。

蛋白质的调控作用部分可能是通过氨基酸来实现。足够的氨基酸的存在是细胞内 mRNA 翻译为蛋白质过程所必需，氨基酸缺乏与不足或氨基酸平衡失调必然会影响翻译过程。一些氨基酸对转录过程具有特异性影响，如原核细胞中的色氨酸、组氨酸对相关操纵子的调控作用。研究表明，降低培养基中亮氨酸浓度，可以使细胞中基础水平很低的类胰岛素生长因子结合蛋白-1(insulin-like growth factor binding protein-1，IGFBP-1)mRNA 和蛋白质的浓度迅速上升。

2. 脂类对基因表达的调控作用

多不饱和脂肪酸(polyunsaturated fatty acid，PUFA)除了是膜成分外，还参与能量代谢和细胞信号转导，并与一些酶和蛋白质的基因表达相关。迄今为止，人们已经发现多种肝脏基因与脂肪组织基因的表达受日粮 PUFA 调节，主要表现为对肝脏脂肪酸合成酶基因表达具有抑制作用，而对其他组织如肺、肾、小肠等的脂肪酸合成酶的基因表达则没有这种明显的抑制作用。另外，研究表明长链脂肪酸可以从转录和 mRNA 稳定性两个水平影响肉碱棕榈酰转移酶(carnitine palmitoyltransferase，CPT)和 β-羟基-β-甲基戊二酸单酰辅酶 A(β-hydroxy-β-methylglutaryl coenzyme A，HMG-CoA)合成酶基因的表达。

3. 碳水化合物对基因表达的调控作用

大量摄入碳水化合物后，肝脏中糖酵解和脂肪合成的酶类含量增加，上述反应与碳水化合物对相关基因的转录、mRNA 加工修饰和稳定性的直接调控作用有关。磷酸烯醇式丙酮酸羧激酶(phosphoenolpyruvate carboxykinase，PEPCK)是肝和肾中糖原异生的关键酶，碳水化合物对 PEPCK 的调控主要是通过对启动子的作用。摄入高碳水化合物低脂肪的膳食时，脂肪酸合成酶(FAS)、乙酰 CoA 羧化酶(ACC)、ATP-柠檬裂解酶(ATP-CL)等这些酶提高的同时，伴随着相应的 mRNA 含量的增加。除此之外，Swanson 等(2000)试验发现，饲喂高能量、高淀粉日粮的羔羊能够产生更多、更具活性的胰腺 α-淀粉酶，但 α-淀粉酶 mRNA 降低了；瘤胃液中短链脂肪酸浓度增高，血浆葡萄糖浓度升高，表明日粮对反刍动物胰腺 α-淀粉酶的调控非常复杂，并且这种调控可能发生在转录和转录后水平。

4. 其他营养素对基因表达的调控作用

除蛋白质、脂肪和碳水化合物这三大营养物质对于基因表达具有调控作用以外，维生素、矿物质对于动物基因表达的调控也有不同程度的作用。

1.2.2.2 遗传因素对营养素吸收、代谢和利用的影响

动物营养素需要量存在明显的个体差异。因此，传统的营养素供给量标准，往往需要在营养素需要量基础上加上 2 个标准差，才能满足群体 97%～98%个体的营养需要。随着分子生物学技术的发展和基因多态性概念的提出，使人们能够从分子水平认识个体营养素需要量差异的本质。人类大约 30%基因存在多态性，导致不同个体对营养素吸收、代谢与利用的差异，并最终引起个体对营养素需要量的不同。例如机体脂类摄入量对血清胆固醇和甘油三酯水平的影响与载脂蛋白 E(apolipoprotein E，ApoE)基因型有关，ApoE 基因的多态性影响机体对脂类的代谢能力。

1.2.3 动物分子营养学的研究方法

由于动物分子营养学是动物营养学与现代生物学技术相结合而衍生出的一门学科，因此传统动物营养学和现代分子生物学及其相关的研究方法(动物分子遗传学方法、分子流行病学方法、生物化学方法、细胞生物学方法)均适合动物分子营养学的研究，下面从现代分子生物学层面介绍几种相关研究方法。

1.2.3.1 生物信息学方法

生物信息学(bioinformatics)是用数理和信息科学的观点、理论和方法进行生命现象研究，组织和分析呈指数增长的生物学数据，以计算机为主要研究工具，开发和利用各种软件，对日益增长的 DNA 和蛋白质的序列和结构进行收集、整理、贮存、发布、提取、加工、分析和发现的一门学科。生物信息学主要由数据库、计算机网络和应用软件三大部分组成。通过生物信息学方法对动物营养基因组学进行研究将成为一种不可或缺的研究手段和工具。

1.2.3.2 DNA 芯片

DNA 芯片又叫基因芯片(gene chip)或基因微阵列(microarray)，就是将半导体工业的微型制造技术与分子生物学技术结合起来，通过把预先设定好的巨大数量的寡核苷酸、肽核酸或 cDNA 固定在一块面积极小的硅片、塑料、载玻片或尼龙膜等基片上形成 DNA 微点阵，然后与标记的样品通过碱基互补配对原则进行分子杂交，通过检测杂交信号的强弱来判断样品中的分子组成和数量，其优点是可以快速、并行、高效地对样品进行检测和分析。

DNA 芯片技术不但改变了营养学研究的效率，而且改变了研究者的思路。最近几年，DNA 芯片技术应用于分子营养学研究的例子非常多，主要集中在应用 DNA 芯片技术研究能量、蛋白质、脂肪酸、微量元素、维生素与基因表达之间的关系方面。

1.2.3.3 RNA 干扰

RNA 干扰(RNA interference，RNAi)也称为转录后基因沉默，是近几年发展起来的新技

术,其原理是利用外源和内源性双链 RNA 在生物体内诱导同源靶基因的 mRNA 特异性降解,从而导致转录后基因沉默。由于 RNA 干扰可以特异阻断目的基因表达,因此在阐述基因功能及蛋白质相互作用等方面展示了强大的功能和诱人的前景。在动物分子营养学领域,RNAi 这种反向遗传学方法在诠释营养相关基因的功能方面显示了其卓越性能。

1.3 动物分子营养学的发展简史

人们对营养素与基因之间相互作用的最初认识,始于对先天性代谢缺陷的研究。1908 年,Garrod 博士在推测尿黑酸尿症(alcaptonuria)的病因时,首先使用了"先天性代谢缺陷"这个名词术语,并由此第一个提出了基因-酶的概念(理论),即一个基因负责一个特异酶的合成。该理论认为,先天性代谢缺陷的发生是由于基因突变或缺失,导致某种酶缺乏、代谢途径某个环节发生障碍、中间代谢产物发生堆积的结果。1917 年,Goppart 发现了半乳糖血症,这是一种罕见的半乳糖-1-磷酸尿苷转移酶(GALT)隐性缺乏病;1948 年,Gibson 发现隐性高铁血红蛋白血症是由于依赖烟酰胺腺嘌呤二核苷酸(NADH)的高铁血红蛋白还原酶缺乏所致;1952 年,Cori 证明葡萄糖-6-磷酸酶缺乏可导致冯吉尔克症(von Gierke disease);1953 年,Jervis 的研究表明,苯丙酮尿症(phenylketonuria,PKU)的发生是由于苯丙氨酸羧化酶缺乏所致。由于在先天性代谢疾病研究与治疗方面积累了丰富的经验,并获得了突出成就,1975 年美国实验生物学科学家联合会第 59 届年会在亚特兰大举行了"营养与遗传因素相互作用"专题讨论会,这是营养学历史上具有里程碑意义的一次盛会。

然而,由于当时受分子生物学发展的限制,分子营养学的发展还是非常缓慢的。尽管 20 世纪 50 年代 Waltson 和 Crick 提出了 DNA 双螺旋模板学说,60 年代 Monod 和 Jacob 提出了基因调节控制的操纵子学说,以及 70 年代初期 DNA 限制性内切酶的发现和一整套 DNA 重组技术的发展,推动了分子生物学在广度和深度两个方面以空前的高速度发展,但在一段时间内还没有广泛应用于营养学研究。1985 年,Simopoulos 博士在西雅图举行的"海洋食物与健康"会议上首次使用了分子营养学这个名词术语,并在 1988 年指出,由于分子生物学、分子遗传学、生理学、内分泌学、遗传流行病学等所取得的快速发展及向营养学研究领域的渗透,从 1988 年开始,分子营养学研究进入了高速发展的黄金时代。

1990 年,由美国科学家牵头,世界上十几个大国科学家联合,开始了人类基因组计划,2000 年人类基因组全部序列测序工作的完成,极大地推动了生命科学各个领域的快速发展。2002 年在荷兰召开的第一届国际营养基因组学会议以来,营养基因组学越来越成为营养学研究中不可忽略的一个重要组成部分,分子营养学研究又进入一个新的黄金时期。营养基因组学的显著特征是一系列能够监测数目巨大的分子表达、基因变异等的基因组技术和生物信息学在营养学研究中应用。传统方法诸如 Northern 点杂交、原位杂交、RNA 酶保护试验及实时定量反转录聚合酶链式反应(reverse transcription polymerase chain reaction,RT-PCR)等技术只能针对单个或几个有限的基因进行监测,不能反映整体基因的表达情况,营养基因组学刚好能克服这一缺点。

人类基因组测序完成后,研究的重点已由测序与辨识基因深入到探察基因的功能,营养科学也由营养素对单个基因表达及作用的分析,开始向基因组及表达产物在代谢调节中的作用研究，即向营养基因组研究方向发展(Elliott 等，2002)。以人类基因组"工作框架图"完成为标志，生命科学已进入了后基因组时代。

1986 年，美国科学家 Rodefick 提出了功能基因组学(functional genomics)，从而使生命科学研究的重心从揭示生命的所有遗传信息，转移到了在分子整体水平对功能的研究上。基因组学(genomics)是指对所有基因进行基因组作图(包括遗传图谱、物理图谱和转录图谱)、核苷酸序列分析、基因定位和基因功能分析的一门科学。但是，基因仅是遗传信息的携带者，而生命功能的真正执行者是蛋白质。基因组学由于自身的局限性，它不能回答诸如蛋白质的表达水平和表达时间、翻译后修饰及蛋白质之间或与其他生物分子的相互作用等问题。后基因组时代生命科学的中心任务就是阐明基因组所表达的真正执行生命活动的全部蛋白质的表达规律和生物功能，由此产生了一门新兴学科——蛋白质组学(proteomics)，它与基因组学共同从整体水平解析生命现象。功能基因组学研究和其他学科研究交叉，促进了一些学科的诞生，如营养基因组学。

营养基因组学是由人类基因组学催生出药物基因组学后，掀起的第二轮个性化医学浪潮，营养基因组学也越来越被科学界重视。随着人类基因组计划的完成及正在开展的家畜基因组测序工作的顺利进行，必将为营养基因组学在家畜营养与饲料科学研究领域的应用提供宽广的平台。营养基因组学研究的深入发展可进一步阐明营养代谢的分子机制，为新的营养调控理论的建立提供基础，利用强有力的生物学技术，科学家能够测定单一营养素对细胞或组织基因谱表达的影响。未来营养基因组学研究的重点主要有以下几个方面：①营养物质代谢和免疫调节效应的分子机制；②基因型对营养利用与动物健康的影响；③营养物质对动物繁殖、组织发育和生长发育等性状相关基因表达调控的分子机制；④营养物质对肉品质相关性状基因表达调控的影响；⑤在不同营养水平与饲料组成条件下对调控饲料摄入、代谢基因表达水平的影响。大量的基因信息和新颖的研究技术，为营养基因组学的深入发展提供了有力的保障。在未来的一段时间内，营养基因组学领域结合基因组学、蛋白质组学、基因型鉴定、转录组学和代谢组学，必将快速发展，并对动物营养与饲料科学研究乃至对整个畜牧业生产产生深远的影响。

1.4 动物分子营养学的应用价值

1.4.1 确定畜禽个体营养素需要量和供给量

目前已有的畜禽营养需要量是指动物在最适宜环境条件下，正常、健康生长或达到理想生产成绩对各种营养物质种类和数量的最低要求，是一个群体平均值，未能考虑个体之间的遗传差异。传统用来估测营养素需要量的方法，如消化实验、平衡实验或因子分析并非适用于所有营养素，尤其是那些具有较强稳态作用，涉及复杂分子调控的营养素。随着动物分子营养学的发展，关于特定营养素影响基因表达及特定的基因或基因型决定营养素需要量的研究会越来越受到重视，预测营养素需要的新时期正在走来。

DNA 芯片技术、mRNA 差异显示技术及 SNPs 等分子生物学技术将有助于发现大批分子水平上可特异地反映营养素水平的指标，如果结合基因表达与蛋白质表达的结果并与代谢联系起来，将为确认畜禽对营养素准确需要量的生物标志物奠定坚实的基础。应用含有某种畜禽全部基因的 cDNA 芯片来研究在营养素缺乏、适宜和过剩等状况下的基因表达图谱，将发现更多的、能用来评价营养状况的分子标记物，可使营养需要量的建立基于更科学的分子机制基础之上，从而彻底改变传统的剂量-功能反应的营养素需要量研究模式。未来将有可能应用分子标记物来研究动物对营养素需求的个体差异，通过基因组成以及代谢型的鉴定，确定畜禽个体的营养需要量，使个体营养成为可能，即根据动物的遗传潜力进行个体饲养——基因饲养。

1.4.2 构建转基因动物，开发生物工程药物

动物营养研究表明，有些生长发育和维持所必需的营养物质必须由外界供给，例如赖氨酸，但是否可以不必由外界供给而动物自身合成呢？可行的方案不外乎两种：一种是重建动物体内某些丢失的代谢途径；另一种是导入目前在动物体内尚未发现的代谢途径。转基因技术的出现使改变动物代谢途径，从而让动物自身合成赖氨酸成为可能。Rees 等(1990)已经清楚大肠杆菌合成赖氨酸途径中酶的编码基因，运用基因转移技术也证明了在细胞中施行这些途径的可行性。因此，Rees 等提出设想，把赖氨酸在微生物中生物合成的途径导入动物体内，使动物自身就能合成所需要的赖氨酸，而不必从饲料中供应。

利用转基因技术建立遗传性疾病、肿瘤和其他疾病的实验动物模型，是转基因动物研究的一项重要内容。迄今，将人类癌症基因转入动物被视为探索癌症发病机理和治疗方法的更好途径。如禽类劳氏肉瘤病的转基因研究，为人类癌症研究提供了良好的动物模型。同样，国内外已培养出许多与癌基因有关的转基因小鼠，如乳腺癌、胰腺癌等转基因小鼠，为癌症的发病机理及其防治提供了很好的实验动物模型；遗传性疾病如原发性高血压、糖尿病、镰刀形贫血及地中海贫血等十几种疾病的转基因动物模型也已建立。

利用转基因动物生产某些具有生物活性的蛋白质，即建立动物生物反应器也是当前转基因动物研究的热点。转基因生物反应器(transgenic bioreactor)具有投资少、成本低、产量大等优势。作为生物反应器的转基因动物，主要是利用其乳腺组织和血液组织进行基因的定位表达，特别是用乳腺组织生产具有生物活性的多肽药物和具有特殊营养意义的蛋白质。目前世界上有数家公司正致力于这方面的研究，已成功地在山羊、绵羊、猪乳中生产了组织血纤维蛋白酶原激活因子(TPA)、抗凝血因子等，在转基因家畜血液中获得了人免疫球蛋白、α-球蛋白、β-球蛋白、干扰素等，且都具有生物学活性。

抗菌肽是生物体产生的一种具有广谱抗菌活性的多肽，是生物先天免疫的重要组成成分。迄今为止，已在许多生物包括动物、植物及原核生物中发现了 300 多种内源性抗菌活性肽。抗菌肽具有广谱杀菌作用、相对分子质量较小、热稳定、水溶性好等优点，更为重要的是，抗菌肽对真核细胞几乎没有作用，仅作用于原核细胞和发生病变的真核细胞。因此，通过基因工程技术来调节动物体内自然抗菌肽的功能显得极为重要，尤其是通过抗菌肽基因的克隆与表达而大量生产抗菌肽是目前研究的热点之一。转基因技术还可用于开发可作疫苗用的饲料作物、工程菌株等。

1.4.3 预防畜禽营养代谢病

营养代谢病主要是由于营养物质(糖、脂、蛋白质、维生素、微量元素等)代谢紊乱引起的一类疾病。在该类疾病的发生发展过程中,涉及营养物质代谢的相关酶、辅酶等的蛋白质表达谱必定会发生改变。因此,研究该类疾病的基因差异表达情况,对阐明营养代谢病的发病机理、寻找特异性基因诊断方法具有重要意义。

营养代谢病的病因是由于基因突变,导致某种酶缺乏,从而使营养素代谢和利用发生障碍;反过来讲,可针对代谢病的特征,利用营养素来弥补或纠正这种缺陷。如典型的苯丙酮尿症,由于苯丙氨酸羧化酶缺乏,使苯丙氨酸不能代谢为酪氨酸,从而导致苯丙氨酸堆积和酪氨酸减少,因此可在日粮配方中限制苯丙氨酸的含量,增加酪氨酸的含量,来防止苯丙酮尿症的发生。

1.4.4 进一步了解基因和营养素间的交互作用

对动物营养代谢机制从分子水平上加以剖析,将有助于阐明动物体内的营养素代谢规律和复杂的相互作用机制等。日粮营养作为调控动物基因表达的重要手段,相关的原理还有很多不清楚的地方。事实上,日粮营养对于动物生长代谢的影响,其根本机制必须通过分子水平的研究才能得到科学的分析和解释。特别是对于营养素在动物体内的代谢动力学研究,只有在对体内关键代谢酶基因表达的调节和控制的机制充分认识的基础上,才有可能得到正确的答案。因此,动物分子营养学的发展,将有助于我们进一步了解基因和营养素间的交互作用。

随着动物营养学和分子生物学的不断发展,动物营养学和遗传学科的交叉和相互促进,人们改变了过去认为遗传和营养是先天和后天调节动物进化的两个对抗因素,认识到营养与动物的基因表达之间存在着相互作用关系,认识到基因不是一成不变的,而是受外界环境因素的影响。虽然对营养与基因表达的关系有了一定的研究,但这种调节的分子机制还不清楚;同时,大多数的研究还是停留在单基因的基础上,基因间的互作还未较多涉及;目前的研究停留在转录水平上,而实际上表达还受到 mRNA 加工、mRNA 的稳定性、mRNA 翻译以及翻译后加工修饰等过程的调节。研究成果表明,营养对基因表达有影响,但是大多数的研究以大鼠为研究对象,以家畜为研究对象的实验很少,这就存在种属特异性所引起的差异;同时,在以各种营养物质调控基因表达为目的的前提下,在生产中还没有合适的添加量。总之,对动物分子营养学的研究才刚刚起步,还有很长的路要走。

第2章

基因表达和基因表达调控

机体从受孕、细胞分裂、分化到生长发育，从健康状态、疾病状态到死亡等一切生命现象，无一不是基因表达调控的结果。离开了基因表达的调控，生命将变得无序，更无生命可言。精子与卵细胞结合的一刹那，就决定了一个个体的遗传学命运（即决定一个个体所携带的遗传物质，该物质决定了个体的生命特征和含有哪些致病基因及大致什么时间出现疾病、寿命的长短等）。而作为外部作用因子的营养物质或营养素对基因表达会产生直接或间接作用，对上述生命现象产生重要影响。营养素虽然在短时间内不能改变这种遗传学命运，但可通调控某些基因的表达来改变这些遗传学命运出现的时间进程。

动物营养学发展至今已有200多年的历史，在过去相当长的一段时间内，对营养素功能的认识一直停留在生物化学、酶学、内分泌学、生理学和细胞学水平上。直到20世纪80年代，随着分子生物学技术的迅速发展，才认识到营养素也是一种基因表达的调控物质，可直接或独立地调控基因表达。基因表达调控是生命科学中最为复杂的研究领域，涉及很多概念和原理，了解其中的一些基本概念，对于理解和研究营养素对基因表达的调控非常重要。

2.1 基因表达的概念和特点

2.1.1 基因表达的概念

基因表达（gene expression）是指生物基因组中结构基因所携带的遗传信息经过转录、翻译等一系列过程，合成特定的蛋白质，进而发挥其特定的生物学功能和生物学效应的一系列过程。简单来说，基因表达就是指基因的转录和翻译过程。但是，并非所有基因表达过程都产生蛋白质分子，有些基因如rRNA、tRNA等非编码基因，只转录合成RNA分子而无翻译过程，这些基因转录合成RNA的过程也属于基因表达。

在生物的生长发育过程中，遗传信息的表达按一定时间、程序发生改变，并随着内外环境条件的变化而进行调控。生物基因组的遗传信息并不是同时都表达出来的，即便是极简单的生物，其基因组所含的全部基因也不是以同样的强度同时表达。对某一个个体而言，该个体中每一种细胞中都携带相同的表达其所有特征的各种基因，但这些基因并不是在所有细胞中都同时表达，而是依据机体的不同阶段、不同的组织细胞及不同的功能状态，选择性、程序性地在特定细胞中表达特定数量的特定基因。不同类型的细胞，其基因表达的模式各不相同，每种细胞都有其特定的 mRNA 表达模式。对于特定的某个基因，各种细胞之间表达水平的差异是很大的。由此可见，生物的基因表达是在一定调控机制调控下协调进行的，每个细胞都有一套完整的基因调控系统，随时调整着不同基因的表达状态，使各种蛋白质只有在需要时才被合成。

2.1.2 基因表达的特点

生物的不同发育阶段及组织细胞存在不同的调控机制，决定了哪种基因表达或不表达，从而决定不同发育阶段同一组织细胞具有不同功能，不同组织细胞具有不同的结构和功能。所有生物的基因表达都具有严格的规律性，即表现为时间特异性（阶段特异性）和空间特异性（组织细胞特异性）。

2.1.2.1 基因表达的时间特异性（阶段特异性）

在多细胞生物从受精卵到组织、器官形成的各个不同发育阶段，相应基因严格按照一定时间顺序开启或关闭，这就是基因表达的时间特异性（temporal specificity）。同时，对于多细胞而言，这种特异性与分化、发育阶段相一致，故又称阶段特异性（stage specificity）。一个受精卵含有发育成一个成熟个体的全部遗传信息，在个体分化发育的各个阶段，各种基因严格有序地进行表达，在胚胎发育不同阶段、不同部位的细胞中的基因及开放的程度不一样，合成的蛋白质的种类和数量也各不相同，因而逐步形成了形态与功能各不相同、协调有序的组织或器官。组织细胞特有的形态和功能，取决于细胞特定的基因表达状态。而基因表达的阶段特异性决定了不同发育阶段个体具有不同的组织形态和功能。例如编码甲胎蛋白（alpha fetal protein，AFP）的基因在胎儿肝细胞中活跃表达，因此合成大量的 AFP。在成年后该基因的表达水平很低，几乎检测不到 AFP。但是，当肝细胞发生转化形成肝癌细胞时，编码 AFP 的基因又重新被激活，大量的 AFP 被合成。因此，血浆中 AFP 的水平可以作为肝癌早期诊断的一个重要指标。

2.1.2.2 基因表达的空间特异性（组织特异性）

在个体生长发育的全过程中，某种基因产物在个体不同组织空间顺序出现，被称为基因表达的空间特异性（spatial specificity）。基因表达伴随时间或阶段顺序所表现出的这种空间上的分布差异，实际上是由细胞在器官上的分布决定的，因此，基因表达的空间特异性又称细胞特异性（cell specificity）或组织特异性（tissue specificity）。多细胞生物个体在某一特定生长发育阶段，同一基因在不同的组织器官表达的多少是不同的，即便在同一生长阶段，不同的基因表达产物在不同组织、器官分布也不完全相同。例如肝细胞中涉及编码鸟氨酸循环酶类的基因表达水平要高于其他组织细胞，合成的某些酶类是肝脏所特有的；而编码胰岛素的基因只在胰岛的 β 细胞中表达，进而生成胰岛素。

基因的组织特异性表达的调控机制又可分为短效调控和长效调控两种。其中，短效调控过程是由表达细胞内的调控因子结合到基因的调控 DNA 序列上，激活基因表达。例如，糖皮质激素激活基因表达，就是激素分子先结合到受体蛋白上，这种激活的复合物再结合到靶基因上游特定的控制序列上，激活基因的转录（Tsai 和 O'Malley，1994）。长效调控过程可使细胞永久性的处于分化状态，这样每一种细胞都可以长期维持和记忆它所属的细胞类型的特征，只表达它应当表达的基因，该过程的调控是通过 DNA 与特定的蛋白质结合，组织成为染色质结构而实现的。

2.1.2.3 基因表达的选择性

在细胞分化中，基因在特定的时间和空间条件下有选择表达的现象，称为基因的选择性表达（selective expression），其结果是形成了形态结构和生理功能不同的细胞。生物体在个体发育的不同时期和不同部位，通过基因水平、转录水平等的调控，表达基因组中不同的部分，从而完成细胞分化和个体发育。基因的选择性表达有其普遍性和特殊性。

1. 普遍性

由于细胞分化发生于生物体的整个生命进程中，所以基因的选择性表达在生命过程各阶段都有所体现。不仅如此，基因的选择性表达在单细胞原核、真核生物生长发育中，甚至病毒的生命活动中也都有明显表现，充分体现了基因选择性表达的普遍性。例如，在多细胞生物的生命历程中，成熟和衰老阶段同样有基因的选择性表达。在成熟期，参与细胞分裂的基因基本不表达，用于物质转化的相关蛋白质等的基因表达，合成相应的蛋白质、酶等；而在衰老过程中，用于正常代谢的酶合成受到抑制或数量减少，加速了衰老的程度，都是基因的选择性表达的结果。人和动物的第二特征的表现，也是生长发育到一定阶段基因选择性表达的结果。即使在细胞分裂过程中，基因的选择性表达也同样存在。如在细胞分裂间期、分裂期，仅仅是部分基因在表达，合成了特定的蛋白质、酶用于分裂过程，绝大部分基因没有表达。

2. 特殊性

在某些外界因素和生物内部因素影响下，基因的选择性表达还会出现特殊性。例如，在外界环境因素（如物理、化学、生物因素）的影响下，生物体内原癌基因由抑制状态转变为激活状态，能够进行正常表达导致出现癌症，而正常生物体内的原癌基因就不能表达。基因的选择性表达的特殊性不仅表现在基因是否能在特定的空间和时间表达，还体现在表达量方面。如在高等动物体内激素分泌量的反馈调节，水平衡调节中抗利尿激素分泌量的变化，血糖平衡调节中胰岛素和胰高血糖素分泌量的高低等方面，都要通过基因的选择性表达来实现。

影响基因的选择性表达的因素比较复杂，既有外因，又有内因。现在人们已经可通过改变外界条件使生物体的有利的基因表达，抑制有害的基因的表达，为人类自身造福。例如通过特定的化疗方法使癌基因处于抑制状态，从而治疗癌症。研究发现，基因的选择性表达和体内存在 RNA 干扰机制有关。而 RNA 干扰现象普遍存在于动植物体和人体中，这对于基因的选择性表达的管理和参与对病毒感染的防护、控制活跃基因、激活抑制基因等都具有重要意义。

2.2 基因表达的方式

不同种类生物间的遗传背景不同，同种生物不同个体间的生活环境也不尽相同，导致基因的性质和功能也不完全相同。因此，当给予相同的内外环境信号刺激时，基因的反应性不尽相同，根据对内外环境刺激信号的反应性，可将基因表达的方式分为组成性表达和适应性表达，其中适应性表达又分诱导和阻遏两种。

2.2.1 组成性表达

组成性表达(constitutive expression)指较少受环境变动影响而变化的一类基因表达。某些基因表达产物在细胞或生物体整个生命过程中都是必需或必不可少的,如果缺少,细胞不能正常生存,这类基因通常称管家基因(housekeeping gene)。环境因素很少影响管家基因,这类基因在个体生长的各个阶段的大多数或全部组织中都是持续表达的,变化很小,称为基本或组成性表达,如三羧酸循环的酶编码基因。这类基因表达只受启动序列或启动子与 RNA 聚合酶相互作用的影响,而不受其他机制调节。但组成性基因表达也不是一成不变的,其表达强弱也是受一定机制调控的。

2.2.2 适应性表达

适应性表达(adaptive expression)指环境的变化容易使其表达水平变动的一类基因表达。与管家基因不同,这类基因表达极易受环境变化的影响。受到环境刺激后会产生两种反应:诱导与阻遏。在特定环境信号刺激下,某种特定的基因被激活,相应基因表达产物增加,随环境条件变化基因表达水平增高的现象称为诱导(induction),这类基因被称为可诱导的基因(inducible gene);与诱导相反,某些基因对环境信号刺激应答时被抑制,基因表达产物水平降低,随环境条件变化基因表达水平降低的现象称为阻遏(repression),相应的基因被称为可阻遏的基因(repressible gene)。同一基因在不同因素作用下,可出现诱导和阻遏两种现象。

与组成性表达不同,诱导与阻遏除受启动序列或启动子与 RNA 聚合酶相互作用的影响外,还受其他机制调节。诱导和阻遏实质上是同一事物的两种表现形式,两种机制相辅相成、互相协调、相互制约。诱导和阻遏在生物界普遍存在,也是生物体适应环境的基本途径。一个典型的例子就是乳糖操纵子机制。乳糖操纵子由启动子、操纵基因和编码 β-半乳糖苷酶、半乳糖苷透过酶、β-硫代半乳糖苷转乙酰基酶的结构基因组成(这 3 个酶参与乳糖代谢)。现已查明,环腺苷酸(cyclic adenosine monophosphate,cAMP)是葡萄糖饥饿的信号,其可与降解物基因活化蛋白(catabolite gene activator protein,CAP)结合,两者共同结合于乳糖操作子上的 CAP 位点(是启动子的一部分,RNA 聚合酶结合位点的上游),引起该位点的 DNA 片段构象发生变化,利于 RNA 聚合酶的结合,使转录起始更加频繁,3 个酶的基因可转录表达,细菌可以利用乳糖。当葡萄糖存在时,其代谢产物使得 cAMP 的浓度降低,使 CAP 处于失活状态(其不能单独结合于 CAP 位点),RNA 聚合酶不能结合于乳糖操纵子上,使得 3 个酶的基因不能转录,从而细菌也不能利用乳糖。

2.2.3 协调表达

在一定机制控制下,功能相关的一组基因,无论何种表达方式均需协调一致、共同表达,称协调表达(coordinate expression),这种调节称协调调节(coordinate regulation)。

原核基因的协调表达是通过调控单个启动基因的活性来完成的。在原核生物中,编码若干种相关蛋白质的基因接受某种特定信号而共同表达时,这些基因常常连在一起组成一个操纵子。在收到特定表达信号时,操纵子上的所有基因一起被转录。在高等真核生物中,不存在操纵子式的基因结构,一个编码基因只产生一种 mRNA 或翻译成一种蛋白质。某些功能密切相关的基因非但不连在一起,甚至处在不同染色体上。所以,真核生物的基因表达系统具有更大的灵活性,这种基因表达方式上的灵活性,必定演化出某种表达调控方式,使相关基因协调表达。目前研究表明,协调表达的基因启动子上带有共同的调控序列,可以接受共同的转录因子的激活而一起表达(Latchman,1999)。

协调调节可以使参与同一代谢途径的蛋白质(包括酶和转运蛋白及其他蛋白因子)分子比例适当,确保代谢途径有条不紊地进行,从而适应环境。

2.3 基因表达调控的基本理论

基因表达调控可发生在遗传信息传递过程的任何环节。从理论上讲,改变遗传信息传递过程的任何环节均会导致基因表达的变化。从 DNA 到 RNA 再到蛋白质,真核生物基因的表达可以在转录前、转录、转录后、翻译和翻译后 5 个水平上进行调控。其中转录水平上的调控是最重要的,只有通过转录调控使细胞不致产生过量而不必要的中间产物,基因的表达才能经济、高效、合理。

2.3.1 转录前调控

转录前调控是指发生在基因组水平上的基因结构的变化,又称 DNA 水平上的调控。这种调控方式较持久稳定,甚至有些是不可逆的,主要由机体发育过程中的体细胞分化决定。调控方式主要包括基因(染色质)丢失、基因扩增、基因重排、DNA 甲基化修饰以及染色质结构的改变等。

2.3.1.1 基因(染色质)丢失

在细胞分化过程中,可以通过丢失掉某些基因而去除这些基因的活性。在某些低等生物如原生动物、线虫、昆虫和甲壳类动物等个体发育过程中,许多细胞常常丢掉整条或部分的染色体;只有将来分化产生生殖细胞的一些细胞一直保留着整套的染色体;高等动物红细胞在发育成熟过程中也有染色质丢失的现象,都是一些不可逆的调控。

2.3.1.2 基因扩增

基因扩增(gene amplification)是指细胞内某些特定基因的拷贝数专一性地大量增加的现象,是细胞在短期内为满足某种需要而产生足够基因产物的一种调控手段。细胞在发育分化或环境改变时,对某种基因产物的需要量剧增,单纯靠调节其表达活性不足以满足需要时,通过基因扩增来增加这种基因的拷贝数以满足需要,是调控基因表达活性的一种有效方式。

2.3.1.3 基因重排

基因重排(gene rearrangement)是指某些基因片段改变原来的存在顺序,通过调整有关基因片段的衔接顺序,再重排为一个完整的转录单位。例如基因的可变区可通过基因的转座、DNA 的断裂错接使正常基因顺序发生改变。基因重排可以调节表达产物的多样性,是基因差别表达的一种调控方式。典型的例子是免疫球蛋白结构基因的表达。

2.3.1.4 DNA 甲基化

DNA 甲基化是基因表达的重要调控方式，是一种非序列性改变的表观遗传异常，在维持细胞正常发育和调节基因表达中起重要作用，也是真核细胞中最常见的转录前水平的修饰方式之一。

大量研究表明，DNA 的甲基化能关闭某些基因活性，去甲基化则诱导了基因的重新活化或表达。DNA 的甲基化能引起染色质结构、DNA 构象、DNA 稳定性及 DNA 与蛋白质相互作用方式的改变，从而调控基因的表达。通常认为，DNA 的甲基化与基因的表达呈反比。甲基化程度越高，基因的表达越低。去甲基化，可使基因的表达增加。基因某一位点（尤其是靠近 5′端调控序列）的去甲基化可使基因的转录活性增加。管家基因等在各种组织中都表达的基因的调控区多呈低甲基化，而在组织中不表达的基因多呈高甲基化。

目前认为，甲基化影响基因表达调控的机制有 3 种：①直接作用，是指基因的甲基化直接改变了基因的构型，影响 DNA 特异顺序与转录因子的结合，使基因不能转录；②间接作用，是指基因 5′端调控序列甲基化后与核内甲基化 GC 序列结合蛋白结合，阻止了转录因子与基因形成转录复合物；③DNA 的去甲基化为基因的表达调控创造了良好的染色质环境，这主要是由于 DNA 去甲基化常与 DNase Ⅰ 高敏感区同时出现，而后者是基因活化的重要标志。

DNA 的甲基化/去甲基化与基因活性的关系并不是绝对的和普遍的，脊椎动物尤其是哺乳动物 DNA 的甲基化程度比较高，在无脊椎动物中比较低，有些生物中至今未发现 DNA 甲基化。甲基化/去甲基化在基因活性调控中的意义依生物不同而有所不同，同种生物，甲基化对不同基因的活性也有不同效应。

2.3.1.5 染色质结构的变化

在细胞分化过程中，染色质结构产生了一系列的变化，导致在细胞中形成两类不同包装水平的染色质结构。染色质这种结构上的变化可以使不同细胞被限制在特定的分化状态，接受特定诱导因子的刺激而表达特定的基因群。其中结构紧凑的染色质结构在调节基因转录中起关键作用。通常，基因组中的非转录区被包装成高度浓缩的“异染色质”，而转录基因则存在于“常染色质”中。

真核生物的染色质或染色体是由 DNA 与组蛋白、非组蛋白和少量 RNA 及其他物质结合而成。组蛋白与 DNA 结合，可保护 DNA 免受损伤，维持基因组稳定性，抑制基因表达。去除组蛋白则基因转录活性增高。组蛋白和 DNA 的结合与解离是基因表达调控的重要机制。此外，组蛋白的某些赖氨酸能够发生单、双、三甲基化，精氨酸可发生单或双甲基化，其他修饰方式还有乙酰化、磷酸化、泛素化以及 ADP 核糖基化等。它们的联合组成了组蛋白密码，并通过与其他蛋白的作用调控染色质组装和基因的表达。组蛋白修饰所引起的染色质结构重塑在真核生物基因表达调控中具有重要的作用。组蛋白乙酰化主要由组蛋白乙酰化酶（histone acetylases，HATs）和组蛋白去乙酰化酶（histone deacetylases，HDACs）催化完成，HATs 通过使组蛋白赖氨酸残基乙酰化激活基因转录，而 HDACs 使组蛋白去乙酰化抑制基因转录。HATs 和 HDACs 之间的动态平衡控制着染色质的结构和基因的表达。组蛋白乙酰化状态的失衡与肿瘤发生密切相关。组蛋白甲基化修饰则可参与异染色质形成、基因印记、X 染色体失活和转录调控等多种主要生理功能。

2.3.2 转录水平调控

转录水平的调控主要指对以 DNA 上的特定基因为模板,合成初级产物这一过程的调节,是真核生物基因表达的最重要的环节。调节作用主要发生在转录的起始和终止阶段,通过 RNA 聚合酶、顺式作用元件和反式作用因子的相互作用实现。主要是反式作用因子通过结合顺式作用元件后影响转录起始复合物的形成。

2.3.2.1 RNA 聚合酶

真核生物 RNA 聚合酶(RNA polymerase,RNAPol)有 RNAPol Ⅰ、Ⅱ、Ⅲ 3 种,分别调控 3 种 RNA 的转录,其中只有 RNA 聚合酶Ⅱ的转录产物为 mRNA。真核生物的转录过程分为装配、起始、延伸和终止 4 个阶段。真核生物 RNA 聚合酶自身不能识别和结合启动子,需要在启动子上由转录因子和 RNA 聚合酶组装成活性转录复合物才能起始转录。而且,3 种 RNA 聚合酶以不同方式终止转录。基因转录是由 RNA 聚合酶催化完成的,转录水平的调控实质是对 RNA 聚合酶活性的调节,故影响 RNA 聚合酶活性的因素,均可对基因转录进行调节。如有些抗生素或化学药物,由于能够抑制 RNA 聚合酶活性,进而抑制 RNA 的合成。

2.3.2.2 顺式作用元件

顺式作用元件(cis-acting element)是指与结构基因串联的特定 DNA 序列,是转录因子的结合位点,通过与转录因子结合而调控基因转录的精确起始和转录效率。顺式作用元件一般含有蛋白结合位点,多位于基因上游或内含子中,本身不编码任何蛋白质,仅仅提供一个作用位点,通过与反式作用因子相互作用,参与基因表达的调控。在真核生物中,根据顺式作用元件在基因中的位置、转录激活作用的性质及发挥作用的方式,可将其分为启动子、增强子、沉默子、加尾信号及转录终止信号。

1. *启动子*

真核启动子是指 RNA 聚合酶及转录起始点周围的一组转录控制组件,多位于受其调控的基因上游,邻近基因转录起始点处,是基因的一部分。每个启动子包括至少一个转录起始点以及一个以上的功能组件,转录调节因子即通过这些功能组件对转录起始发挥作用。按功能组件的不同,启动子又分以下几种:

(1) TATA 盒(TATA box)　其核心序列为 TATA,共有序列是 TATAAA,是 RNA 聚合酶Ⅱ识别和结合位点。TATA 盒富含 AT 碱基,一般有 8 bp,改变其中任何一个碱基都会显著降低转录活性,又称为 Hogness box。TATA 盒是基本转录因子 TFⅡD 结合位点,而 TFⅡD 是 RNA 聚合酶结合 DNA 必不可少的。TATA 盒通常位于转录起始点上游−25～−30 区域,控制转录的精确起始。如人类的 β 珠蛋白基因启动子中 TATA 序列发生突变,β 珠蛋白产量就会大幅度下降而引起贫血症。

(2) 上游启动子元件　主要包括 CAAT 框(CAAT box)和 GC 框(GC box)。CAAT 框位于转录起始位点上游−70～−80 位置,其核心序列为 GGCAATCT,共有序列为 GGCC(T) CAATCT,功能是决定启动子的起始频率。兔的 β 珠蛋白基因的 CAAT 框变成 TTCCAATCT,其转录效率只有原来的 12%。GC 框位于转录起始位点上游−110 位置,核心序列为 GGGCGG 和 CCGCCC,主要作用是增强转录活性。上游启动子元件和启动子都是普通启动子元件,它们的协同作用决定了基因的基础转录效率。

(3) 组织特异性启动子　每一种组织细胞都有其自身独特的启动子,调控细胞特异性功能蛋白的表达。如肝细胞特异性启动子元件 HP1,位于白蛋白、抗胰蛋白酶和甲胎蛋白(AFP)等肝细胞特异性基因的调控区,与这些基因的肝细胞特异性表达有关。

(4) 诱导性启动子　如 cAMP 应答元件等,可介导对 cAMP、生长因子等信号的反应。

2. 增强子

增强子(enhancer),又称强化子(transcriptional enhancer),是远离转录起始点、决定组织特异性表达、增强启动子转录活性的特异 DNA 序列,通常位于－700～－1 000 处,所以又称为上游激活序列(upstream activator sequence,UAS)。增强子是一种远端调控元件,其发挥作用的方式与方向、距离无关。增强子的长度通常为 100～200 bp,与启动子相似,也由若干功能组件组成,基本核心组件常为 8～12 bp,可以单拷贝或多拷贝串联形式存在于这些组件中,是特异转录因子结合 DNA 的核心序列。有些组件既可在增强子、又可在启动子出现。增强子和启动子有时相隔很远,有时连续或交错覆盖出现。增强子也要通过与特定的蛋白质因子(转录因子)结合而实现其对转录的增强作用。

增强子最早是在 SV40 病毒中发现的长约 200 bp 的一段 DNA,可使旁侧的基因转录效率提高 100 倍,其后在多种真核生物,甚至在原核生物中都发现了增强子。按功能不同,增强子可分为细胞特异性的增强子和诱导性增强子。

增强子在转录起始点远端发挥作用的方式可能有以下 3 种:①增强子可以影响模板附近的 DNA 双螺旋结构,如导致 DNA 双螺旋的弯折,或在反式作用因子的参与下,以蛋白质之间的相互作用为媒介形成增强子与启动子之间“成环”连接的模式活化转录;②将模板固定在细胞核内特定位置,如连接在核基质上,有利于 DNA 拓扑异构酶改变 DNA 双螺旋结构的张力,促进 RNA 聚合酶Ⅱ在 DNA 链上的结合和滑动;③增强子区可以作为反式作用因子或 RNA 聚合酶Ⅱ进入染色质结构的“入口”。

增强子的作用特点如下:

(1) 增强子可以提高同一条 DNA 链上的基因转录效率。增强子可以远距离作用,通常距离 1～4 kb,个别情况下离开所调控的基因 30 kb 仍能发挥作用,而且在基因的上游或下游都能起作用;增强子有相位性,只有当它位于 DNA 双螺旋的某一相位时,才具有较强活性。

(2) 增强子的作用与其序列的正反方向无关,将增强子方向倒置依然能起作用。而将启动子倒置就不能起作用,这一点与启动子是很不相同的。

(3) 增强子要有启动子才能发挥作用,没有启动子存在,增强子通常不能表现其活性。但增强子对启动子没有严格的专一性,同一增强子可以影响不同类型启动子的转录。

(4) 增强子必须与特定的蛋白质因子结合后才能发挥增强转录的作用。增强子一般具有组织或细胞特异性,许多增强子只在某些细胞或组织中表现出活性,是由这些细胞或组织中具有的特异性蛋白质因子所决定的。例如,人类胰岛素基因 5′端上游约 250 个核苷酸处有一组织特异性增强子。在胰岛 β 细胞中有一种特异性蛋白因子,可以作用于这个区域,以增强胰岛素基因的转录。在其他组织细胞中没有这种蛋白因子,所以也就没有此作用。

(5) 增强子大多为重复序列,重复序列一般长约 50 bp,适合与某些蛋白因子结合。其内部常含有一个核心序列,即(G)TGGA/TA/TA/T(G),是产生增强效应时所必需的。

(6) 增强效应十分明显,一般能使基因转录频率增加 10～200 倍。经人巨细胞病毒增强子增强后的珠蛋白基因表达频率比该基因正常转录高 600～1 000 倍。

(7) 多数增强子还受外部信号的调控。例如金属硫蛋白的基因启动区上游所带的增强子,可以对环境中的锌、镉浓度做出反应。

(8) 增强子的功能可以累加,因此,要使一个增强子失活必须在多个位点上造成突变。例如SV40增强子序列可以被分为两半,每一半序列本身作为增强子功能很弱,但合在一起,即使其中间插入一些别的序列,仍然是一个有效的增强子。对SV40增强子而言,没有任何单个的突变可以使其活力降低10倍。

3. 沉默子

沉默子(silence),又称衰减子(attenuator)是一种类似增强子但起负调控作用的顺式作用元件,有人称之为沉默基因。当其结合特异蛋白因子时,对基因转录起阻遏作用。最早在酵母中发现,以后在T淋巴细胞的T抗原受体基因的转录和重排中证实这种负调控顺式元件的存在。沉默子的作用方式与增强子相似,不受序列方向的影响,能够远距离发挥作用,而且可对异源基因的表达发挥作用。沉默子与相应的反式作用因子结合后,可以使正调控系统失去作用。

4. 转录终止信号和加尾信号

终止信号(termination signal)特指转录过程产生RNA的一段序列所形成的茎-环结构,可特异性地被RNA聚合酶转录复合体识别而使转录终止。终止信号由反向重复序列以及特定的序列5′-AATAAA-3′组成。反向重复序列的转录产物可形成发卡结构,使转录终止。另外,在真核生物中还有一种能控制转录终止的蛋白质因子Rho因子。AATAAA同时是polyA加尾信号。在加多聚腺苷酸尾(ployA tail)位点的上游10～20个核苷酸处,常见保守的AATAA序列,为加尾信号。具有ployA尾基因的终止信号是G/T簇,其通式为YGTGTTYY(Y为任意核苷酸)。转录终止信号可以调控转录的终止,加尾信号可调控mRNA加上polyA尾,进而调控mRNA的稳定性。

2.3.2.3 反式作用因子

反式作用因子(trans-acting factor),又称反式作用转录因子,是位于不同染色体或同一染色体上相距较远的基因编码的蛋白因子,能直接或间接识别各种顺式调控元件并与之结合从而调控基因转录效率。

1. 反式作用因子的结构特征

反式作用因子一般都具有3个不同功能结构域(domain),即DNA结合结构域(DNA-binding domain)、转录活化结构域(activating domain)以及结合其他因子或调控蛋白的调节结构域。

(1) DNA结合结构域　该结构域能够与顺式调控元件的核心部位结合,因此,习惯上反式作用因子也称DNA结合蛋白(DNA-binding protein)。研究表明,DNA结合结构域大多在100 bp以下,通常由60～100个氨基酸残基组成。大体上有4种结构特征:螺旋-转角-螺旋(helix-turn-helix, HTH)结构、锌指(zinc finger)结构、亮氨酸拉链(leucine zipper)结构和螺旋-环-螺旋(helix-loop-helix, HLH)结构。不与DNA直接结合的转录因子没有DNA结合结构域,但能通过转录活化结构域直接或间接作用于转录复合物而影响转录效率。

(2) 转录活化结构域　通常由30～100个氨基酸残基组成,可以调节转录活性。有时一个反式作用因子可能有一个以上的转录活化结构域。结构特征有:含有很多带负电荷的α螺旋,富含谷氨酰胺或者富含脯氨酸结构,含有不规则的双性α螺旋及其外的酸性氨基酸等。

(3) 结合其他因子或调控蛋白的调节结构域　在调控元件中的回文结构及串联重复序列的存在表明反式作用因子二聚化可能是蛋白质与 DNA 作用的重要方式;而反式作用因子结构上的双性 α 螺旋(亮氨酸拉链和螺旋-环-螺旋)等是因子间同源或异源二聚化的重要基本结构。

2. 反式作用因子的分类

根据作用方式,与转录水平调节有关的反式作用因子通常可分为以下几种:

(1) 通用转录因子(general transcription factors,GTF)　通用转录因子和 RNA 聚合酶相联系,它们结合在靶基因的启动子上,形成前起始复合物(pre-initiation complex,PIC),启动基因的转录。通用转录因子是 RNA 聚合酶结合启动子所必需的一组蛋白因子,也是在多数细胞中普遍存在的转录因子,参与基因的基础表达。

(2) 组织特异性转录因子(special transcription factors)　一类与靶基因启动子和增强子(或沉默子)特异结合的转录因子,例如激活因子和抑制因子。此类因子具有细胞及基因特异性,可以增强或抑制靶基因的转录,只在特定细胞存在,并诱导特定基因的表达。基因表达的组织特异性在很大程度上取决于组织特异性转录因子的存在。

(3) 诱导性反式作用因子(induced trans-acting factors)　这些反式作用因子的活性可被特异的诱导因子所诱导。这种活性的诱导可以是新蛋白质的合成,也可以是已存在蛋白质的翻译后修饰。

(4) 种类多样的协调因子(coregulatory factors)　这类因子可以通过改变局部染色质的构象(如组蛋白酰基转移酶和甲基转移酶),对基因转录的起始具有推动作用,或者直接在转录因子和前起始复合物之间发挥桥梁作用(如中介因子(mediator)),推动前起始复合物(PIC)形成和发挥作用。主要包括:螺旋-转角-螺旋(helix-turn-helix,HTH)、锌指结构(zinc finger)、亮氨酸拉链(leucine zipper)、螺旋-环-螺旋(helix-loop-helix,HLH)和同源异形结构域(homeodomains,HD)。

反式作用因子可被诱导合成,其活性也受多种因素的调节。主要包括:磷酸化-去磷酸化、糖基化和蛋白质-蛋白质相互作用。参与基因表达调控的反式作用因子通过蛋白质和 DNA 相互作用、蛋白质和配基结合、蛋白质之间的相互作用以及蛋白质的修饰等途径发挥调控作用,它们与特异的靶基因的顺式元件结合,从而调节基因表达。

2.3.3 转录后水平调控

一般基因转录起始后,要对转录产物进行一系列的修饰、加工过程,主要包括转录的提前终止、mRNA 前体的加工(加帽、加尾、去除内含子、剪接、RNA 编辑)等,对此过程的调节,称为转录后水平调控。

2.3.3.1 加帽、加尾

真核生物基因转录生成的 mRNA 经过加帽反应在 5′端形成一个帽子结构,同时在 3′末端加上 100～200 个腺苷酸,即 polyA 尾。尾部修饰是和转录的终止同时进行的过程。该因素可保证 mRNA 在转录过程中不被降解,加速 mRNA 的迁移。mRNA 如果没有 5′帽子和 3′polyA 尾,在合成过程中会被迅速降解。研究揭示,一些 mRNA 的 polyA 尾的长度是由细胞质中选择性地增加或去掉 polyA 尾寡核苷酸的特殊方式控制的,对 polyA 尾长度的修饰可以影响翻译的效率。通常认为核糖体的大亚基能通过 mRNA 上较长的 polyA 尾之间的交互作用和蛋白质结合，该过程增强了新一轮以此 mRNA 分子为模板的翻译循环。

对 rRNA 和 tRNA 而言，核糖体在核内组装，可能是保护 rRNA 不被降解的机制；而 tRNA 在合成后，形成特殊的空间结构，可能是其抵抗降解的机制。

2.3.3.2 mRNA 的选择性剪接

与原核生物基因不同，真核生物的基因是不连续的，外显子与内含子相间排列，而转录的时候外显子和内含子是一起转录的。转录以后必须将内含子切除，才能形成成熟的 mRNA 分子。一个基因的转录产物可通过不同的剪接方法产生两种或两种以上的 mRNA，这个过程称为 mRNA 的选择性剪接。选择性剪接是基因表达调节的一个重要环节，并能成为产生新的基因和新的蛋白质的基础。经过选择性剪接，使得同一基因在不同类型的细胞中表达出不同版本的蛋白质。同一初级转录产物在不同细胞中可以用不同方式剪接加工，形成不同的成熟 mRNA 分子，使翻译成的蛋白质在含量或组成上都可能不同。一般来说，越复杂的生物，选择性剪接就越普遍。有时，通过剪接可使一个无功能的蛋白转变为有功能的蛋白。

此外，选择性剪接还可以改变蛋白质 C 端结构，表达不同功能的蛋白。在真核生物中，mRNA 的 3′端并不是由 RNA 聚合酶催化合成的，它是在 RNA 的延伸过程中某些蛋白质因子催化 RNA 在不同的位点裂解，制造出不同长度的中间产物，然后通过 polyA 聚合酶合成的 polyA 连接上去，从而改变蛋白质 C 端的长度，使其成为不同类型的蛋白质分子。

2.3.3.3 RNA 编辑

RNA 编辑(RNA editing)是在 RNA 分子上出现的一种修饰现象。mRNA 在转录后可通过断裂和再连接反应插入或删除若干核苷酸改变序列，或通过酶促脱氢和氨化反应改变碱基，因而改变编码信息，从而翻译出氨基酸序列不同的多种蛋白质。RNA 的编辑需要提供信息，或者来自向导 RNA(gRNA)，或者来自被编辑 RNA 自身(帮助酶识别编辑位点)。RNA 编辑的机制包括：核苷酸的替换、可移框的改变(核苷酸的插入或删除)、向导 RNA 作用转酯反应和酶促编辑反应。RNA 编辑可消除基因译码突变或无义突变带来的危害，通过编辑恢复正确的阅读框。有些基因的主要产物必须经过编辑才能有效起始翻译或产生正确的可移框。而选择性编辑(alternative editing)为生物发育的基因调节提供了一种途径。

RNA 编辑作为一种信息加工过程，有着多方面的生理上的重要作用，包括基因表达调控，产生新的起始和终止密码子及稳定内含子和 tRNA 的二级结构。哺乳动物中的 RNA 编辑相对比较简单，但同样具有重要作用。目前已经在哺乳动物中发现了不同的 RNA 编辑情况，但作用机制还不清楚。

2.3.3.4 反义 RNA

反义 RNA(anti-sense RNA，asRNA)是一种含有与被调控基因所产生的 mRNA 互补的碱基序列的小分子 RNA。它能通过碱基配对与对应的 mRNA 结合，形成双链复合物，影响 mRNA 的正常修饰、翻译等过程，从而封闭或抑制基因的正常表达，起到调控作用。此外，反义 RNA 可能也会抑制基因的复制和转录。Simon 等 1983 年最早发现了反义 RNA 对基因表达的调控作用，从而揭示了一种新的基因表达调控机制。

在原核生物中，反义 RNA 可与 mRNA 5′端非翻译区结合，直接抑制翻译，也可同 mRNA 5′端编码区主要是起始密码子 AUG 结合，抑制翻译起始；还可以同靶 mRNA 的非编码区互补结合，导致 mRNA 构象的变化，从而影响 mRNA 与核糖体的结合，间接抑制 mRNA 的翻译。在真核生物中，反义 RNA 的作用方式既有与原核生物相似的一种，又有自己独特的方式，即反义 RNA 可以结合在 mRNA 的 5′端，影响加帽反应；也可以作用于 mRNA polyA 尾，阻止 mRNA 的成熟及由细胞核向细胞质的转运；还可以互补于 mRNA 前体的外显子和内含子的交界处，对 mRNA 前体的剪接起调控作用。

2.3.4 翻译水平调控

翻译水平调控即蛋白质生物合成过程的调控，主要控制 mRNA 的稳定性和有选择地进行翻译。翻译水平调控主要涉及以下环节：第一，对 mRNA 从细胞核迁移到细胞质过程的调节；第二，对 mRNA 稳定性的调节；第三，对翻译因子（可溶性蛋白质因子）的修饰，主要是通过磷酸化作用对肽链起始因子、延伸因子和终止子进行修饰，影响翻译效率；第四，对特异 tRNA 结合特异氨基酸运输至 mRNA 过程的调节。最为重要的几个方面是：mRNA 自身的稳定性，翻译起始的调节，参与翻译的相关因子中起始因子的作用以及真核 mRNA 的结构等。

2.3.4.1 对 mRNA 从细胞核迁移到细胞质过程的调节

对 mRNA 从细胞核迁移到细胞质过程的调节，主要包括 mRNA 的运输和定位两部分。

1. mRNA 的运输

细胞核内所合成的 mRNA 必须经过加工步骤繁复的精细加工，然后才能被运到核外。为了保证细胞质中 mRNA 的质量，不致造成代谢的差错与混乱，细胞可在细胞核中通过外切酶将一些“不合格”的 mRNA 降解，仅将完好的 mRNA 输送到细胞质。研究表明，哺乳动物细胞核内合成的 mRNA 仅有 5%（1/20）被送到核外，加工不全或受损伤的将在核中被外切酶降解，以保证胞质中 mRNA 的质量。对合成的 mRNA 进行检验并将它输出核外，是核膜上核孔复合物的功能。该复合物主要由蛋白质构成，含有 100 多种蛋白，其中有多种蛋白参与 mRNA 的运输，起主要作用的是核输出蛋白。到达细胞质后，mRNA 继续让一些蛋白解离，而与另一些蛋白（如翻译起始因子）结合以便开始翻译，指导蛋白质的合成。但在某些调控蛋白的作用下，有时未经加工的 mRNA 分子也可能被输送到核外，例如发生在 HIV 病毒中的例子。

2. mRNA 的定位

新合成的 mRNA 需被运输到细胞质中，与核糖体结合，然后才能合成多肽链。但某些 mRNA 被运输到核外并不马上进行翻译，而是先到达一个特定的位置，即 mRNA 的定位。研究表明，引导 mRNA 定位的信号位于 3′非翻译区（untranslated region，UTR）。现已发现多种 mRNA 定位的机制，这些机制全都位于 3′非翻译区。细胞很可能通过这种方法使得特定的部位能够集中高浓度的蛋白，行使其特定的生物学功能。研究表明，3′非翻译区不仅含有引导 mRNA 定位的信息，还含有决定其寿命以及翻译效率的信息。mRNA 的非翻译区与特定的调控蛋白结合后，对 mRNA 的表达、在何处表达以及表达的量等均起着重要的调控作用。

mRNA 的定位一般与翻译控制相关。事实上，只要 mRNA 在细胞定位前不被翻译，其编码的蛋白质就能被限制在细胞的某个区域中（Palacios 和 Johnston，2001）。限制的原因很可能是，在需要某种蛋白的细胞中定位编码它的 mRNA 比移动和分割此蛋白更为有效。细胞中一定区域 mRNA 限制性定位机制的解释如下：①扩散和本位锚定；②区域化降解；③区域化合成；④主动运输；⑤肌动蛋白依赖的转运；⑥多步骤的定位。

2.3.4.2 对mRNA稳定性的调节

mRNA是蛋白质翻译的模板，其量的多少直接影响蛋白质合成的量。因此，mRNA的稳定性是翻译水平调控的一个重要方面。某些真核细胞中的mRNA进入细胞后，并不立即作为模板进行蛋白质合成，而是与一些蛋白质结合形成mRNA蛋白质颗粒，以延长寿命。在不同发育阶段，mRNA的寿命长短不同，翻译的活性也不同。mRNA的寿命越长，以它为模板进行翻译的次数越多。许多因素可通过影响mRNA稳定性，影响作为翻译模板的mRNA的数量，最终影响蛋白质表达的数量。真核生物mRNA的稳定性的调节途径主要有4个：①mRNA自身的序列元件，包括5′帽结构、5′非翻译区、编码区、3′非翻译区、polyA尾、5′端和3′端的相互作用；②mRNA结合蛋白，包括5′帽结合蛋白、编码区结合蛋白、3′UTR结合蛋白、polyA结合蛋白；③mRNA的翻译产物(自主调控)；④核酸酶、病毒、胞外因素。例如，许多不稳定mRNA 3′端的非翻译区都含有一段富含A和U的序列，是引起mRNA不稳定的因素。mRNA的降解速率和各mRNA结构特点有关，mRNA的降解可能是基因表达调控的一个重要控制点。

2.3.4.3 对翻译因子(可溶性蛋白质因子)的修饰

主要是通过磷酸化作用对肽链起始因子、延伸因子和终止子进行修饰，影响翻译起始和效率。蛋白质的生物合成包括起始、延伸和终止3个阶段，每个阶段的进行都有许多因子的参与。就翻译起始作用，哺乳动物中有13种因子，酵母有12种因子。其中很多因子对蛋白质合成的激活或抑制作用，均与因子本身的磷酸化作用密切相关。在翻译调控过程中，翻译起始调控是最重要的途径。

1. 翻译因子的磷酸化对蛋白质合成起始反应的调控

翻译起始复合物eIF-4F的磷酸化可以激活蛋白质合成，而翻译起始复合物eIF-2α的磷酸化，则可导致蛋白质合成的抑制。其中eIF-2α亚基在特异激酶的作用下磷酸化后，使鸟苷酸交换因子(eIF-2b)与非活化状态的eIF-2GDP紧密结合在一起，妨碍了eIF-2的再循环利用，从而影响eIF-2-GTP-Met-tRNAfmet前起始复合物的形成，抑制了蛋白质合成的起始。而eIF-4E的53位丝氨酸的磷酸化则促进翻译。除了eIF-2α外，对蛋白质生物合成的抑制作用还有其他途径。例如蛋白质合成延伸因子eEF-2的磷酸化也具有阻遏翻译的作用。它的抑制主要是由于磷酸化的eEF-2阻碍了肽酰-tRNA的转位。

2. mRNA非翻译区的结构对翻译的调控

mRNA分子的5′非翻译区(5′ UTR)以及AUG附近的结构特征也与翻译起始作用的调控密切相关(Kozak，1990)。

(1) 5′UTR　mRNA 5′“帽”m7PPPN结构不仅有利于mRNA由细胞核转运至细胞质和增加其稳定性，而且5′“帽”和3′的polyA尾对mRNA有效翻译的调节有协同作用。5′端AUG可以调节翻译的效率，而RNA 5′端非编码区长度可以影响翻译起始的效率和准确性。另外，5′UTR二级结构可以阻止核糖体40S亚基的迁移，对翻译起始有顺式抑制作用，作用的强弱则取决于发夹结构的稳定性及其在5′UTR中的位置。

(2) 3′UTR　首先，polyA尾在mRNA由核内向细胞质中转运时起保护作用，对mRNA的稳定性和翻译效率都有调控作用。其次，UAA、UGA和UAG这3个终止密码子，在不同种真核生物中的使用频率不同，终止密码的选用在很大程度上受mRNA中GC含量的影响。此外，3′UTR结构中的UA序列对翻译起抑制作用。随着它在3′UTR中拷贝数的增加，对翻译抑制的效率也提高，但 UA 的抑制作用与其同终止密码子的距离无关。

3. 小分子 RNA 调控翻译效率

Lee 等(1993)发现有一种小分子 RNA 可对真核生物的 mRNA 起抑制作用，这种小分子 RNA 称为 Lin-4RNA。由 Lin-4 基因编码，它能抑制一种调控生长发育的时间选择的核蛋白 Lin-4 的合成。Lin-4 基因编码 2 个小分子的 RNA，其中主要的一个长度为 22 个核苷酸，另一个则可在其 3′端延长至 4 个核苷酸。它们的核苷酸序列高度保守，只要有一个碱基的变化就会失去它对 mRNA 的抑制作用。Lin-4RNA 调控翻译的机制，可能是与 3′UTR 相结合调控 polyA 尾长度、调控细胞骨架或调整 mRNA 在细胞中的位置，而从翻译机制中隐蔽 mRNA。

4. RNA 干扰

RNA 干扰是指在进化过程中高度保守的、由双链 RNA(double-stranded RNA，dsRNA)诱发的同源 mRNA 高效特异性降解的现象。利用 RNA 干扰发展建立起来的基因敲下(knock down)和基因敲除(knock out)技术，可以特异性剔除或关闭特定基因的表达，该技术已被广泛用于探索基因功能和传染性疾病及恶性肿瘤的基因治疗领域。

5. 某些 mRNA 的翻译起始可受特定因素调控

例如，在真核生物的卵细胞中，贮存着许多 mRNA，在受精前它们中的大多数并不起始翻译，称为隐蔽 mRNA(masked mRNA)。在受精后几分钟，这些隐蔽 mRNA 被活化，蛋白质合成急剧增加，以满足快速卵裂的需要。可见受精卵中一定存在着激活隐蔽 mRNA 的某种机制。

2.3.5 翻译后水平调控

蛋白质合成后，经过化学修饰、蛋白质切割、连接等一系列的加工过程才能成为有活性的功能蛋白质。翻译后的加工过程包括：①除去起始的甲硫氨酸残基或随后几个残基；②切去分泌蛋白或膜蛋白 N 端的信号序列；③形成分子内二硫键，以固定折叠构象；④肽链断裂或切除部分肽段；⑤末端或内部某些氨基酸的修饰，如磷酸化、甲基化、羟基化；⑥加上糖基(糖蛋白)、脂类分子(脂蛋白)或配基(复杂蛋白)。此外，蛋白质还需在酶和分子伴侣帮助下进行折叠，并正确定位。这种后加工过程在基因表达调控中起重要作用。对该过程的调节即为翻译后水平调控。主要包括氨基端和羧基端修饰蛋白质的降解、翻译后蛋白质的修饰。

2.3.5.1 氨基端和羧基端的修饰

新生肽链 N 端的氨基酸是稳定残基还是去稳定残基，是控制蛋白质降解的重要因素，能够使蛋白质的数量保持在合适的水平。新合成蛋白质半衰期的长短，是决定蛋白质总的生物学功能强弱、持续时间长短的重要影响因素。因此，对新生肽链的氨基端和羧基端的修饰(水解)，是基因表达调控的一个重要环节。

在原核生物中几乎所有蛋白质都是从 N-甲酰蛋氨酸开始，真核生物中则从蛋氨酸开始。甲酰基经酶水解而除去，蛋氨酸或者氨基端的一些氨基酸残基常由氨肽酶催化而水解除去，包括除去信号肽序列。因此，成熟的蛋白质分子 N 端没有甲酰基，或没有蛋氨酸。同时，某些蛋白质分子氨基端要进行乙酰化，在羧基端也要进行修饰。

2.3.5.2 翻译后修饰

许多蛋白质翻译后可通过酶的催化或酶控制下的反应而发生修饰，称为翻译后修饰

(post-translational modification，PTM)。翻译后修饰可分为糖基化、氨甲酰化、氧化、磷酸化、乙酰化、羟基化、硫酸化、泛素化、脱酰胺、消旋和切除作用等。许多蛋白质合成后，需经过特定的修饰，才能成为有活性的功能蛋白质。即使是在翻译后就具有功能活性的蛋白质中，也有许多是可以通过特定的修饰而改变功能活性的。一些可逆的共价修饰对调节蛋白质的活性具有重要作用，如可逆的磷酸化、甲基化、酰基化等，最常见的为磷酸化和去磷酸化，例如糖原分解合成中酶的变化。

蛋白质修饰异常必然影响到蛋白质的结构和功能，严重的可导致疾病。已发现多种疾病的发生与蛋白质修饰异常有关，例如：微管相关蛋白——tau 蛋白异常磷酸化和糖基化可能与老年痴呆有关；糖化修饰异常可导致先天性糖化紊乱症；而组蛋白乙酰化异常与肿瘤发生有关。

2.3.5.3 信号肽分拣、运输、定位对蛋白质功能发挥的调控

蛋白质合成后，必须输入到细胞内特定的部位，或分泌到细胞外，才能产生特定的生物学功能。每一种蛋白质都有特定的机制将其输入到目的部位，否则，就不能产生正确的生物学功能。因此，靶向运输机制也是调控蛋白质总体活性的一种重要机制。

2.4 基因表达调控的意义

基因表达是生物基因组贮存的遗传信息经过一系列步骤表现出其生物功能的整个过程。在个体生长发育过程中生物遗传信息的表达按一定的时序发生变化，并随内外环境的变化不断加以修正，在基因的表达过程中涉及一系列的调控过程。真核生物，如真菌、植物、动物乃至人类在环境变化及个体生长发育的不同阶段调节基因的表达既为适应环境变化、调节代谢的需要，也为控制生长发育及分化的需要。同时，基因表达调控还是分子生物学的核心理论，而基因表达的每一个调控点都与养分直接或间接相关。将营养学与现代分子生物学原理和技术相结合即产生了分子营养学。有关营养与基因表达调控的研究已成为当今动物营养学界一个热点。

2.4.1 生命的必需，维持个体发育与分化

生物的基因表达调控，不是杂乱无章的，而是受着严密而精确的程序调控的，尽管目前对调控机理了解得还不是太清楚，但是人们已经认识到，不仅生命的遗传信息是生物生存所必需的，遗传信息的表达调控也是生命的本质所在，基因的程序性表达调控是多细胞个体生长发育的核心和关键。

真核生物都是多细胞的复杂有机体，多细胞个体的生命大多源于单个细胞——受精卵。由一个受精卵开始，在个体发育过程中逐步产生分化出各种组织和细胞类型。生物体在个体发育的不同时期、不同部位，通过不同水平的调控，表达基因组中不同的部分，从而完成细胞分化和个体发育。这种分化和发育是基因表达调控的结果。在正常情况下，个体的各种细胞类群总是按照一定的“计划”不断进行严格的调控，关闭某些基因，开启另一些基因，使个体发育得以顺利进行，而到了一定时期，在大多数细胞中分裂和生长停止，只需要维持自身。

在生物逐渐发育成长的过程中，需要在相应阶段使大量不同基因表达产生所必需的蛋白质和酶体系，因此，个体生长发育的不同阶段，细胞中蛋白质分子和含量差异很大，即使同一生长发育阶段不同组织器官内蛋白质分子分布也存在很大差异。这些差异是调节细胞表型的关键，也是基因程序化表达调控的结果。高等哺乳动物各种组织器官的发育、分化都是由一些特定基因控制的。基因在特定的时间和空间条件下通过有选择的表达，形成了形态结构和生理功能不同的细胞。生物体通过一系列的严格调控，使这些基因按不同时间阶段顺序表达，才使得生物体组织器官发育、分化能够正常进行。当某种基因缺陷或表达异常时，可能伴随着细胞形态和功能的改变，相应的组织或器官会表现发育异常。例如，当人体正常基因转变成癌基因一定程度后，正常细胞就有可能向肿瘤细胞转化。

2.4.2 适应外部环境，维持生长和增殖

生物体赖以生存的外部环境是在不断变化的，生物只有适应环境才能生存。为了适应多变的环境，保持体内代谢过程的正常状态，生物体通常改变基因表达的情况以适应环境变化、维持生长和发育的需要。如当周围的营养、温度、湿度、酸度、渗透压等条件变化时，从低等生物到高等生物，包括人体中的所有活细胞都必须对环境信号变化做出适当反应，改变自身基因表达速率，以调整体内执行相应功能蛋白质的种类和数量，从而改变自身的代谢状况、活动等，以更好地适应环境变化。生物体这种适应环境、调节代谢的能力往往与某种或某些蛋白质分子的生物学功能有关，即与基因表达及调控有关。细胞内某种功能蛋白质分子的有或无、多或少、活性强或弱等变化是由这些蛋白质分子的编码基因表达与否、表达水平高低、表达产物是否正常等状况决定的。

原核生物、单细胞生物和高等生物都普遍存在着适应性表达。改变基因表达的情况以适应环境，在原核生物、单细胞生物中尤其显得突出和重要，例如：周围有充足的葡萄糖时，细菌就可以利用葡萄糖作能源和碳源，不必更多去合成利用其他糖类的酶类，细菌与葡萄糖代谢有关的酶编码基因表达，而与其他糖类代谢有关的酶基因关闭；当外界没有葡萄糖时，细菌就要适应环境中存在的其他糖类（如乳糖、半乳糖、阿拉伯糖等），开放能利用这些糖的酶类基因，适应环境中存在的这些糖类，以达到满足生长需要的目的。对于内环境保持稳定的高等哺乳类，也经常要变动基因的表达来适应环境，例如：在冷或热环境下适应生活的动物与适宜温度下生活相比较，其肝脏合成的蛋白质图谱就有明显的不同；长期摄取不同的食物，体内合成代谢酶类的情况也会有所不同。

生物只有适应多变的环境，才能防止生命活动中的浪费现象和有害后果的发生，保持体内代谢过程的正常。所以说，基因表达调控是生物适应环境生存的必需，生物只有适应环境才能生存，基因表达调控使生物适应环境，维持生长和增殖。

2.4.3 基因表达调控在分子营养学研究中的应用

随着分子生物学研究不断向深度和广度两个方面的蓬勃发展，人类对生命现象的认识正在由现象逐渐走向本质。从20世纪80年代开始，人们逐渐意识到营养素也是一种基因表达的调控物质，可直接或独立地调控基因表达。分子营养学就是营养学与现代分子生物学原理

和技术有机结合而产生的一门新兴的边缘学科。主要是研究营养素与基因之间的相互作用。一方面研究营养素对基因表达的调控作用;另一方面研究遗传因素对营养素消化、吸收、分布、代谢和排泄的决定作用。其中,营养与基因表达调控的研究是当今动物营养学界一个热点,如何通过改变日粮组成调节体内相关基因的表达,从而使动物体处于最佳生长状况已成为现代动物营养学研究的重点,通过营养对动物基因表达的调控途径及其机理的研究,将为有效调控某些特定有益基因的表达提供理论依据。

随着人类基因组计划的完成及正在开展的家畜基因组测序工作的顺利进行,营养科学已经从机体代谢和组织细胞的层面发展到基因层面上来,而且从研究营养素对单个基因的表达及作用开始向基因组及表达产物在代谢调节中的作用,即营养基因组研究方向发展。所谓营养基因组学(nutrigenomics),就是研究日粮或营养物质在基因学范畴中,在某个特定时刻,对细胞、组织或生物体的转录组、蛋白质组和代谢组产生的影响的一门学科。其主要研究内容是营养与基因的关系及其对健康的影响,可能的应用范围包括营养素作用的分子机制、营养素的个体需要量、个体食谱的制定以及食品安全等。

目前,营养基因组学的研究还处在起步阶段,如何高效地利用营养基因组学的技术进行人类和动物营养需要的研究已成为紧迫的问题。应用基因组学技术从 DNA 和 mRNA 的水平研究营养素对细胞中众多基因的调控已成为营养科学普遍而有效的方法之一。DNA 芯片和 mRNA 差异显示技术、蛋白质组学技术(双向凝胶电泳、多维蛋白质分析技术、自上而下的蛋白质分析技术)、代谢组学(核磁共振波谱、气相色谱-质谱联用、毛细管电泳技术)等均被用来研究营养与基因的相互作用。

就畜牧生产而言,日粮配制和营养供给是影响动物生产的主要方面,营养基因组学的研究和发展为动物营养学家提供了新的理念和创新,例如:在基因表达水平上评估饲料营养配比的效果,确定营养素对动物生产和动物健康的影响可以更为有效地发挥动物的生产潜能;营养基因组学的发展还可为动物营养状态的好坏提供更快更灵敏的生物标记,多种营养素的缺乏或过量都可以从基因的表达变化上体现出来。对饲料和畜产品中病原菌的检测、饲料原料掺假的鉴别以及资源环境的保护等饲料和畜产品安全问题,营养基因组学技术也可以起到良好的检察和监督作用。

2.5 营养素调控动物基因表达的机制

随着营养学和分子生物学技术的不断发展,人们已经认识到日粮营养物质与许多基因表达之间存在广泛的作用。大量的体内外研究证实,除了一些营养素对遗传物质具有保护作用以及基因表达需要营养物质外,营养素还可以对基因表达进行转录前、转录中、转录后、翻译和翻译后的调控作用。营养素在每一个调节位点上都能以不同的方式对基因的表达产生影响(图 2.1)。不同营养素各有其重点或专一调节水平,但绝大多数营养素对基因表达的调节在转录水平上。在真核生物中,一些营养素或与其相关代谢产物直接与特异性蛋白质(如受体等)结合形成转录因子或反式作用因子,作用于其他转录因子或基因组中顺式作用元件,从而发挥调控基因表达的作用;有些营养素通过激素、细胞因子等间接调控基因表达。

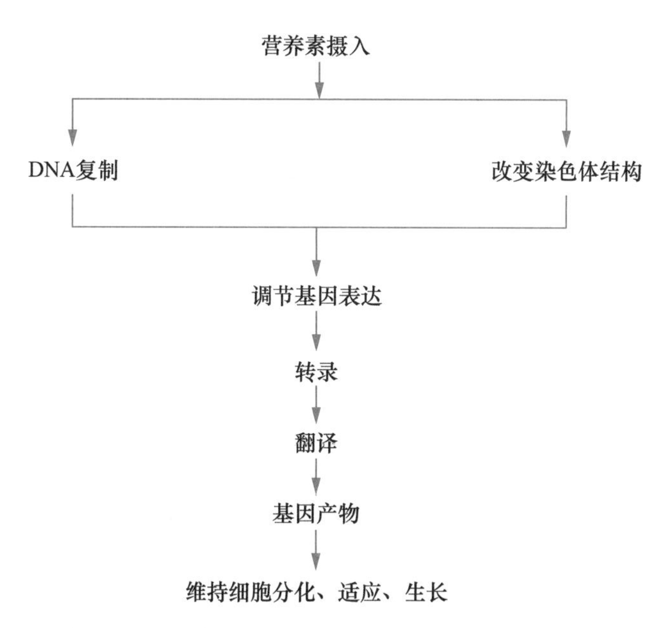

图 2.1 营养素摄入对基因表达的影响(Castro,1987)

2.5.1 营养物质调节基因表达的一般模式

营养素对基因表达的调控是指动物摄入的营养物质经过一系列的转运及信号传递过程,将信号传递到细胞质或细胞核,与其他要素一起调控染色质的活化、基因的转录、mRNA 的稳定性及其翻译过程。

研究表明,在从 DNA 到 RNA 再到蛋白质的途径中,基因表达的每一步都受到一系列的调控。对大多数基因,特别是真核基因,转录水平上的调控作用比翻译水平上强。而且多由 DNA 上的启动子部位发挥调控作用。作为顺式作用元件,DNA 启动子部位负责结合 RNA 聚合酶以及许多转录因子。某些启动子(如 GC、TATA 和 CAAT)常出现于许多被 RNA 聚合酶转录的基因中。这些启动子序列与转录因子相互作用,从而形成起始复合物。影响转录的其他因子称为反式作用因子，通常由蛋白质所组成。这些因子可能是蛋白质或肽类激素，也可能是一种维生素-受体蛋白质、一种矿物质或一种矿物质-蛋白质复合物、一种类固醇激素-受体蛋白质复合物。

营养素对基因表达调控的一般模式是:营养素或其最终信号分子与特定的蛋白质因子结合,形成反式作用因子,与 DNA 或 mRNA 结合后调控基因的表达。其中的转运细胞信号可分为胞外信号、跨膜信号和胞内信号 3 部分。当生物体受到外界环境刺激时,先产生胞间信使即第一信使,包括激素、生长因子、细胞因子等,这些信号分子到达细胞表面后,与细胞膜上的受体结合,再将信息传递给胞内第二信使;然后通过蛋白质的可逆磷酸化将信息传递到特定效应部位,从而完成整个通信过程。

研究发现,细胞中含有不同脂肪酸的脂类调控因子,许多脂类与细胞内信号途径直接相关。需要脂肪酸酰基化进行膜转位和活化的信号,可以受日粮脂肪酸的调控。另外,一些脂肪酸对细胞内与信号转导有关的酶有重要影响,改变日粮脂肪酸组成可以改变其信号转导功能。

氨基酸可以刺激信号转导，除肝细胞外，其他一些胰岛素敏感的细胞都存在氨基酸信号途径。氨基酸可以通过抑制蛋白质磷酸酶 2A(PP2A)或改变酶与信号转导物质的结合活性影响胰岛素信号途径。而多糖对信号转导的影响作用是通过与细胞表面的多糖受体结合完成的。研究表明，多糖可引起淋巴细胞内钙离子浓度改变。多糖还能够调节淋巴细胞内 cAMP 和 cGMP 的含量及其相对比值。cAMP 主要参与免疫调控的负反馈，而 cGMP 诱导免疫细胞的增殖活化。

2.5.2 营养素对基因表达的调节方式和特点

营养素对基因表达的调节方式分为直接调控和间接调控两种。直接调控就是营养素可与细胞内调节蛋白(包括转录因子)作用，从而影响基因的转录速度及 mRNA 的丰度和翻译。如锌是通过占据转录因子上的一个位点来增加转录速率，而铁则是通过与那些可与 mRNA 作用的蛋白质结合从而影响 mRNA 丰度，最终提高或抑制它们的翻译。间接调控指特殊营养物质摄入可诱导次级介质(secondary mediator)的出现，其中包括许多信号传导系统、激素和细胞分裂素等。如高碳水化合物日粮往往诱发胰岛素分泌量的增加，而胰岛素可调节脂肪酸合成酶基因表达，并刺激其合成，从而使动物体脂肪酸合成量增加。

研究发现，几乎所有的营养素对基因的表达都有调节作用，其调节基因表达的特点如下：①一种营养素可以调控多种基因的表达，同时一种基因的表达又受多种营养素的调节；②一种营养素不仅可对其本身代谢途径所涉及的基因表达进行调节，还可影响其他营养素代谢途径所涉及的基因表达；③营养素不仅对调控细胞增殖、分化及机体生长发育相关的基因表达进行调节，而且还可对致病基因的表达产生重要的调节作用。

多种营养素对基因表达的调控作用是通过 UTR，特别是 3′UTR 实现的。表 2.1 总结了营养素对基因表达的调控方式和作用位点。

表 2.1 营养素对基因表达的调控方式和作用位点(Hesketh 等，1998)

靶基因	营养素	调节方式	调节位点
铁蛋白	铁	翻译	5′UTR
运铁蛋白受体	铁	稳定性	3′UTR
胞质 GSH-Px	硒	翻译	3′UTR
磷脂羟过氧化 GSH-Px	硒	翻译	?
金属硫蛋白-1	—	定位	3′UTR
金属硫蛋白-2	锌	翻译(?)	?
葡萄糖转运蛋白-1	—	翻译	5′UTR
脂蛋白脂酶	?	翻译	3′UTR
c-myc	氨基酸	稳定性	?
c-myc	—	定位	3′UTR
精氨琥珀酸裂解酶	—	定位	—
肌酸激酶	—	定位	3′UTR
视黄醇结合蛋白	维生素 C	稳定性	?
脱脂蛋白 CⅢ	高浓度血脂	?	3′UTR

注：GSH-Px(glutathione peroxidase)，谷胱甘肽过氧化物酶。

2.5.3 营养物质调控基因表达的途径

2.5.3.1 营养物质直接进入细胞质或核内，调节基因表达

营养物质可以直接进入细胞质或核内参与调节蛋白作用，从而影响转录的速度。一些矿物元素、维生素和甾醇类激素通过此种方式参与基因表达的调控。其中视黄醇、1,25-二羟维生素 D_3 以转录因子配体形式与其结合，改变基因表达。铁结合蛋白可在翻译水平上调节基因的表达。当细胞中铁缺乏时，翻译起始位点被铁应答元件所覆盖，作为负的调控因素，使翻译不能进行。而当细胞中存在铁时，它与应答元件结合，导致 mRNA 的翻译起始位点暴露，从而使翻译得以进行。许多 mRNA 的翻译都以这种方式受到营养素的调控。缺锌主要是影响染色质结构和基因表达。而锌对基因表达的影响主要表现在：①维持 DNA 聚合酶活性，锌离子是 DNA 聚合酶的一个重要组成成分，锌缺乏则其活性丧失；②影响复制蛋白而发挥作用，复制蛋白是保证 DNA 复制所必需的；③影响 RNA 聚合酶活性及转录因子的作用，导致基因转录的异常，从而使蛋白质表达发生改变。

2.5.3.2 营养素通过其代谢产物介导基因表达调控

部分营养素通过其代谢产物介导基因表达调控，这些基因中往往含有某些关键代谢酶的密码，可以控制新陈代谢途径中关键酶的表达，从而对整个新陈代谢产生影响。其中脂肪就是以其代谢产物脂肪酸来实现调控基因表达。脂肪酸能显著影响动物体内与脂肪酸代谢有关蛋白和酶的 mRNA 的丰度。脂肪酸主要通过中间代谢产物脂酰辅酶 A 硫脂来介导基因的表达。维生素 A(视黄醇，retinol，ROH)对基因表达的影响也是通过其代谢产物视黄酸(retinoic acid，RA)介导的。视黄酸对基因的表达调控与肿瘤细胞的分化、胚胎的发育以及疾病的发生密切相关。

2.5.3.3 营养素通过激素介导基因表达调控

糖类、氨基酸以此种方式对基因表达进行调控。饲料碳水化合物含量对磷酸烯醇式丙酮酸羧激酶 (PEPCK)基因表达的调控就是通过激素的变化来实现的。营养吸收的变化将导致循环中葡萄糖的变化，反过来成为激素分泌的信号。PEPCK 是肝和肾中糖原异生的关键酶，可与代谢信号相呼应，其表达可受到饲料营养成分的调控。很多证据表明，胰高血糖素、甲状腺激素、糖皮质激素、视黄酸也可诱导该基因的转录，而胰岛素则抑制它的转录。营养成分对 PEPCK 的调控主要是通过与其启动子作用而实现的。当饲料中含有大量糖类时，由于胰岛素的作用而抑制了 PEPCK 基因的转录导致其水平下降。当禁食或饲料中含低糖时，情况则刚好相反。

当然，营养物质不仅仅是以某种固定方式调控基因的表达，例如视黄醇就可以通过代谢产物和激素介导两种方式来调控基因表达。

2.5.4 日粮营养物质对动物基因表达调控的主要机制

分子生物学技术研究发现，日粮营养对动物基因表达调控的分子生物学基础主要表现在对关键代谢酶蛋白质的转录、转录后(mRNA)的稳定性、翻译及定位的调节作用。关键控制点主要有：mRNA 的翻译、mRNA 的稳定性、mRNA 的定位、核内 mRNA 加工的调节及对

mRNA 5′和 3′非翻译区的调节。

在日粮营养对基因表达的多水平、多层次调控过程中，对基因转录的调控是最主要的调控方式。转录的调控由一组蛋白质发挥作用，决定 DNA 中的哪一区要被转录，营养素能与这些蛋白质结合并发挥作用。特异性 DNA 结合蛋白作为基因表达的调节物只是这种调节作用的一部分，大多数基因要受到多个调节因素的联合作用。在日粮营养受限或日粮营养供给变化导致动物代谢的改变中，基因的转录后调控发挥着重要的作用。日粮导致的某些蛋白质合成的变化与 UTR 的调节有关。真核生物 mRNA 的 5′和 3′ UTR 存在调控元件，通过调节 mRNA 的腺苷聚合物稳定性、在细胞中的分布定位以及翻译的调控信号，对基因表达起着核心作用，而转录后基因表达的调节也可能影响动物的营养需求。

多种营养素的缺乏或过量都可以从基因的表达变化上体现出来，在基因表达水平上评估饲料营养配比的效果，确定营养素对动物生产和动物健康的影响作用可以更为有效地发挥动物的生产潜能。如何利用营养与基因的互作关系，通过改变日粮组分来调节畜禽体内相关基因的表达，从而使动物处于最佳的生长状态，已成为现代动物营养学研究的重点，在生产实际中也具有十分重要的意义。

第3章

营养素对基因表达的调控

营养物质是动物进行新陈代谢的物质基础，只有获得平衡充足的营养物质，动物才能正常生长发育，并繁衍后代。随着营养学研究的深入、分子生物学的发展，人们从分子水平逐步认识到营养素与动物基因表达之间存在着密切的关系。表现型是基因型与环境因子共同作用的结果，而营养作为一种重要的外界环境因子对遗传和变异必然产生一定的影响。营养作为一种调控物或调控因素通过多种途径、在多水平上对生命活动中的基因表达进行调控，即在营养素对动物生长、发育、繁殖、健康等影响的众多途径中，有些是通过影响基因表达来实现的。大量的研究表明，日粮中的营养物质，如能量、蛋白质、脂肪、维生素和微量元素等对很多基因的表达都有影响，而这些基因与动物的生长发育有重大关系。认识和利用营养物质与基因的相互作用，通过日粮营养素的改变来控制基因的转录、mRNA 的加工和翻译，从而调节基因的表达，将是动物生产上的重大突破。

3.1 蛋白质对基因表达的调控

3.1.1 蛋白质的生理作用

蛋白质是信息大分子，是 DNA 遗传信息的体现者。蛋白质是生命活动的物质基础，几乎在一切生命过程中都起着关键性的作用。蛋白质的种类非常多，每一种蛋白质都有特殊的结构与功能，它们在错综复杂的生命活动中各自扮演着重要的角色，发挥重要的作用。

(1) 酶类　是具有催化作用的一类蛋白质。生物体内的一切化学反应，几乎都是在酶催化下进行的。没有酶，就没有新陈代谢，也就没有生命。

(2) 激素蛋白类　对人和动物体内某些物质的代谢过程，具有重要的调节作用，从而保证机体的正常生理活动。

(3) 运输蛋白类　专门运输新陈代谢所需要的各种小分子、离子以及电子。

(4) 运动蛋白类　能使细胞或生物体发生运动。

(5) 防御蛋白类　能抵御细菌、病毒等异物对机体的侵害，保护机体。

(6) 受体蛋白类　存在于细胞的各个部分，在细胞之间化学信息的传递过程中起重要作用。

(7) 生长、分化的调控蛋白类　对细胞的生长、分化、基因表达起调节作用。

(8) 营养和贮存蛋白类　能贮存氨基酸等，作为人和动物的营养物。

(9) 结构蛋白类　是不溶性纤维蛋白质，具有强大的抗拉作用，作为机体的结构成分，对机体起支持作用。

(10) 毒素蛋白类　是极少量就能使人和动物中毒，甚至于死亡的异体蛋白质。

(11) 膜蛋白类　是生物膜功能的体现者。

综上所述，蛋白质在生命活动过程中发挥了极其重要的作用，是生命活动所依赖的物质基础。没有蛋白质，就没有生命。

3.1.2　蛋白质对基因表达的调控

3.1.2.1　蛋白质对 NPY 基因表达的调控

神经肽(neuropeptide Y，NPY)是由 36 个氨基酸组成的肽，富含于中枢和周围神经系统。NPY 可刺激动物采食，注入 NPY 可导致饮食过度和体内脂肪堆积增加。禁食或限食可导致室旁核 NPY 水平上升，同时 NPY 基因在下丘脑的表达也上升。

White 等(1994)试验证明，限蛋白质实验组的大鼠下丘脑 NPY 基因表达上升。限能组下丘脑 NPY 基因的 mRNA 表达与自由采食的对照组相比升高了约 75%。蛋白质限制组 NPY 基因表达的增加量与限能组相当，两组之间无明显差别。而限制碳水化合物组与限制脂肪组的 NPY 基因表达与对照组无差别，不同碳水化合物和脂肪组中，只要蛋白质含量一致，其 NPY 基因表达量也一样，在正常蛋白质含量，限制脂肪或碳水化合物的两组中，NPY 基因表达没有上升，由此可以推断限能组 NPY 上升的原因可能是蛋白质缺少造成的。另一方面，喂给高蛋白日粮可降低脂肪组织脂肪酸合成酶的 mRNA 的数量，但不影响肝脏组织脂肪酸合成酶的 mRNA 数量，以利于体脂肪的沉积减少。据此两方面的研究成果，认为在猪和肉鸡饲粮中设计高蛋白含量可以抑制其体脂肪的合成，生产出高瘦肉率低脂肪含量的鸡肉和猪肉。从安全性考虑，这种用营养来调控基因从而生产出高瘦肉低脂肪的畜禽肉产品比使用药物实用可行。但另一方面，通过适量降低饲粮蛋白质含量可提高畜禽 NPY 的分泌，从而促进动物采食，提高日增重，同时也增加了其绝对蛋白质的摄入量。

3.1.2.2　蛋白质对 GHR 基因表达的调控

生长激素(growth hormone，GH)是控制动物出生后生长的主要激素。生长的控制是由 GH 通过 GH 受体(growth hormone receptor，GHR)及类胰岛素生长因子-Ⅰ(insulin-like growth factor-Ⅰ，IGF-Ⅰ)的作用实现的，IGF-Ⅰ是 GH 促进生长的最重要的介导物。Brameld (1996)研究了日粮蛋白质水平和引入外源 GH 对生长猪肝脏、骨骼肌和脂肪组织 IGF-Ⅰ和 GHR mRNA 表达的影响。结果发现，引入 GH 可以提高肝脏、脂肪组织和半腱肌 IGF-Ⅰ及肝脏和肌肉组织 GHR 的表达，但对眼肌的 IGF-Ⅰ和脂肪组织中 GHR 的表达没有提高效果；提高饲粮蛋白质水平只能提高脂肪组织中 IGF-Ⅰ和肝脏中 GHR 的表达，对脂肪组织和肌肉中 GHR 的表达有降低效果，但对其他组织中 IGF-Ⅰ没有影响。该试验表明，激素或营养对基因表达的调控作用具有组织特异性和基因种类特异性。Brameld 等(1999)认为，能量(以葡萄糖形式)似乎主要调控 GHR 的表达，而蛋白质(以氨基酸形式)主要调控 IGF-Ⅰ基因的表达。从组织的作用看，肝脏是营养及代谢状况的感受器，是营养与基因互作的主要位点。从基质中去掉精氨酸、脯氨酸、苏氨酸、色氨酸和缬氨酸后，GHR 的表达也明显下降。研究表明，营养不良对 GHR 和 IGF-Ⅰ基因的表达具有直接的抑制作用，该作用与激素水平无关，且是 GH 作用受阻的重要原因。

3.1.2.3 蛋白质对 IGF-Ⅰ、IGF-Ⅱ基因表达的调控

在动物内分泌生长轴中，促生长激素释放激素和 IGF-Ⅰ及相关的受体与结合蛋白构成的生长轴是调控机体生长的中心环节。IGF-Ⅰ的分泌主要受营养、生长激素、局部细胞因子及发育阶段调控，而营养是动物出生后调控 IGF-Ⅰ合成的一个重要因子。

试验表明，蛋白质、能量不足时，生长受阻，同样伴随 IGF-Ⅰ的合成量下降。Pell 等(1993)给绵羊饲喂不同蛋白质-能量平衡比例的日粮，发现生长下降与肝脏 IGF-Ⅰ mRNA 表达量的下降高度相关，表明营养不良降低了 IGF-Ⅰ基因的转录。研究发现，猪、鸡、鼠循环 IGF-Ⅰ水平在禁食或长期营养不良时下降，禁食后重新采食可恢复正常水平；劣质蛋白质及必需氨基酸的缺乏可引起循环 IGF-Ⅰ水平下降，表明 IGF-Ⅰ合成、分泌是营养调节生长的关键控制点。禁食、能量-蛋白质限制时，肝脏 IGF-Ⅰ mRNA 丰度下降，说明营养物质在 mRNA 水平调控 IGF-Ⅰ mRNA 合成。

日粮粗蛋白质的品质和含量均能影响肝脏最长种类 IGF-Ⅰ mRNA 水平，但大鼠上研究表明，肝脏最长种类 IGF-Ⅰ mRNA 表达受蛋白质品质影响比含量大，说明这可能是日粮蛋白质品质控制动物生长的关键点。尽管不同种类的 IGF-Ⅰ mRNA 功能尚不清楚，但 Thissen 等(1992)研究表明，能量-蛋白质限制的动物，肝脏 IGF-Ⅰ mRNA 翻译效率的降低可能是由于其平均长度下降所致。哺乳动物 IGF-Ⅰ mRNA 长度在 0.8～8.0 kb 之间变动，这些转录模板的差异可能决定其翻译出的 IGF-Ⅰ蛋白质是以内分泌还是以旁分泌或以自分泌方式发挥作用。禁食、能量限制时，肝脏所有不同长度的 IGF-Ⅰ mRNA 水平都下降，而蛋白质限制时，其最长种类 IGF-Ⅰ mRNA(7.5～8.0 kb)水平显著下降，其他种类下降不明显。

刘景云等(2009)通过半定量 RT-PCR 的方法研究了日粮不同蛋白质水平(蛋白质摄入分别为营养需要量的 75%、100%、125%)对绵羊腹部皮下脂肪、肠系膜脂肪和半腱肌组织 IGF-Ⅰ基因表达的影响(日粮不同蛋白水平下绵羊不同组织中 IGF-Ⅰ半定量 RT-PCR 产物的电泳图及 IGF-Ⅰ mRNA 相对丰度见图 3.1 至图 3.6)，结果表明，随着日粮蛋白质水平的升高，IGF-Ⅰ表达量增加，且表达具有组织特异性，在腹部皮下脂肪、肠系膜脂肪中，3 个蛋白水平组之间相对表达量差异显著，低蛋白组与高蛋白组差异极显著。在半腱肌组织中，高蛋白组 IGF-Ⅰ表达量极显著高于低蛋白组，而中蛋白组(标准组)IGF-Ⅰ表达量与高蛋白组和低蛋白组间差异均不显著。

哺乳动物体内存在另一种类胰岛素生长因子(insulin-like growth factor-Ⅱ，IGF-Ⅱ)，IGF-Ⅱ主要在胚胎和胎儿组织中产生，是胚胎和胎儿的主要生长因子。长期营养不良可导致 IGF-Ⅱ生物合成降低。与啮齿动物不同，人出生后 IGF-Ⅱ基因持续在肝脏中高水平表达，血清中 IGF-Ⅱ水平一直很高，长期能量-蛋白质限制伴随循环 IGF-Ⅱ水平下降。李启富等(1999)研究了营养不良对新生大鼠胰岛素与胰高血糖素及 IGF-Ⅱ基因表达的影响。以限制妊

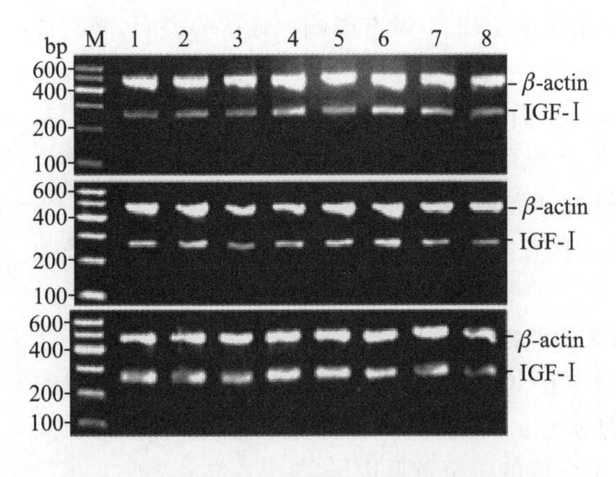

图 3.1　日粮不同蛋白质水平下绵羊腹部皮下脂肪组织中 IGF-Ⅰ半定量 RT-PCR 产物电泳图

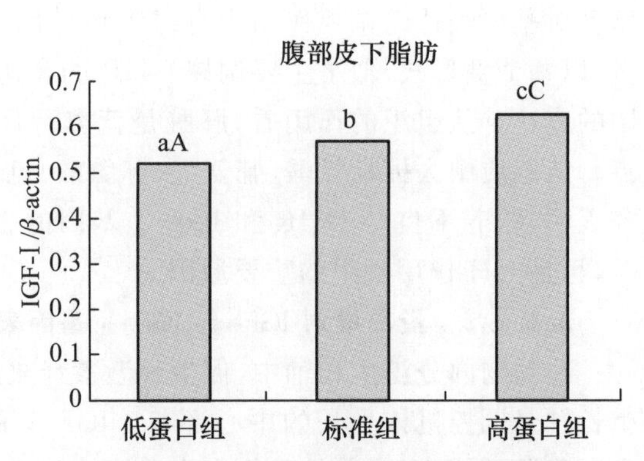

图 3.2　日粮不同蛋白质水平下绵羊腹部皮下脂肪组织中 IGF-Ⅰ mRNA 相对丰度

（上标不同小写字母表示差异显著，不同大写字母表示差异极显著）

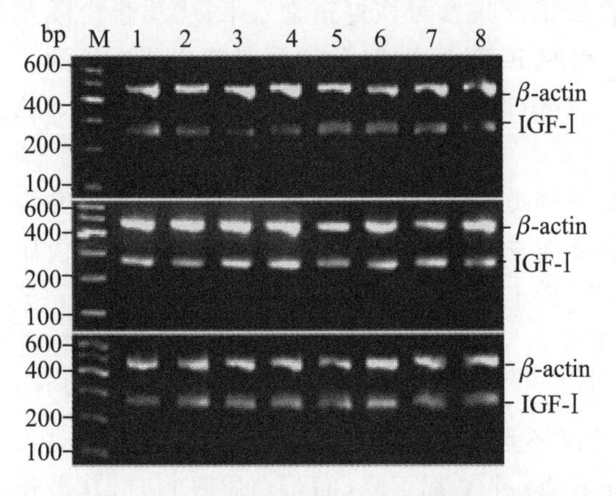

图 3.3　日粮不同蛋白质水平下绵羊肠系膜脂肪组织中 IGF-Ⅰ半定量 RT-PCR 产物电泳图

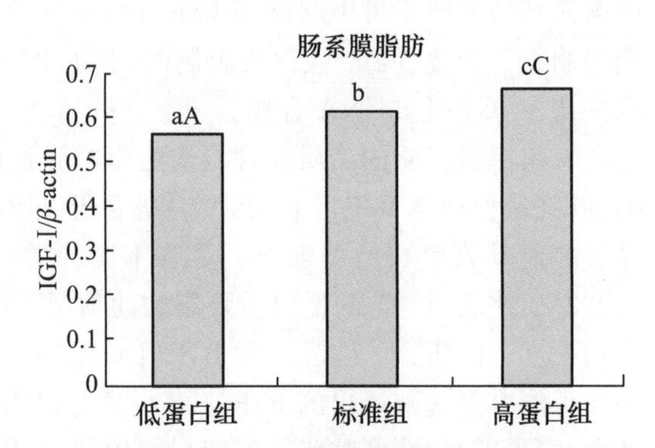

图 3.4　日粮不同蛋白质水平下绵羊肠系膜脂肪组织中 IGF-Ⅰ mRNA 相对丰度

（上标不同小写字母表示差异显著，不同大写字母表示差异极显著）

娠晚期（14～21 d）雌性大鼠摄食量（低于正常 50%）以制备营养不良新生大鼠模型，利用 Northern 印迹法分析胰腺胰岛素、胰高血糖素的基因表达，以及胰腺和肝脏 IGF-Ⅱ基因表达。结果发现，营养不良新生大鼠胰腺胰岛素 mRNA 含量明显低于正常对照组，而胰高血糖素 mRNA 含量无明显变化；营养不良新生大鼠胰腺和肝脏 IGF-Ⅱ mRNA 含量与正常对照比较无明显变化。他们得出结论，胚胎期营养不良可抑制胰岛素基因表达，而对胰高血糖素和 IGF-Ⅱ基因表达影响不明显。

Muaku 等（1995）限制妊娠期雌鼠蛋白质摄入，也观察到新生大鼠血浆 IGF-Ⅰ浓度下降和肝 IGF-Ⅰ mRNA 含量减少，但血浆 IGF-Ⅱ和肝 IGF-Ⅱ mRNA 含量均无变化。

研究发现，成年人禁食 5 d 后重新进食不影响血浆 IGF-Ⅱ水平，日粮和蛋白质水平亦不影响泌乳奶牛血浆 IGF-Ⅱ浓度，肉鸡中也有类似发现，表明 IGF-Ⅱ对营养敏感性较 IGF-Ⅰ弱。

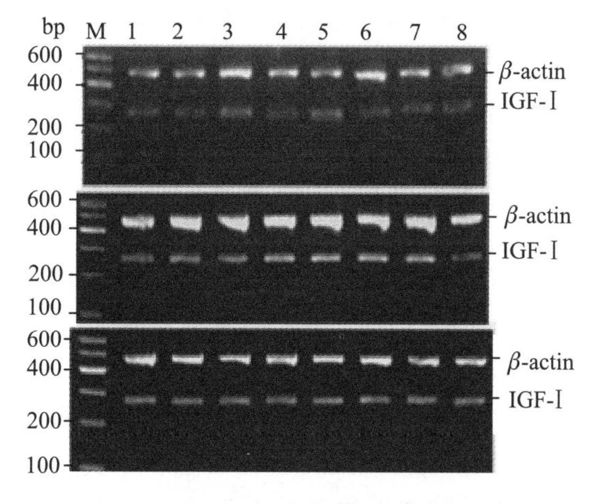

图 3.5 日粮不同蛋白质水平下绵羊半腱肌中 IGF-Ⅰ半定量 RT-PCR 产物电泳图

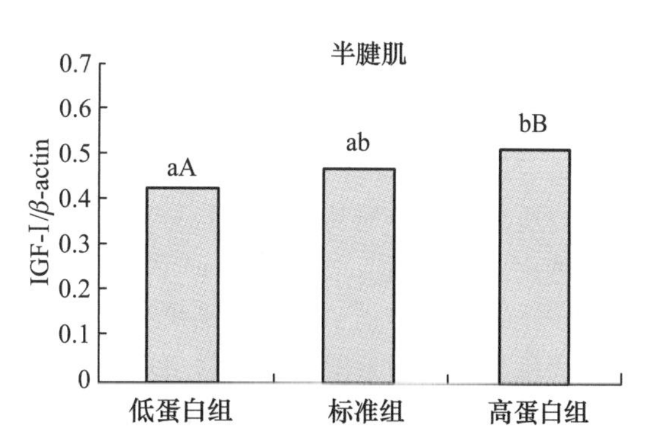

图 3.6 日粮不同蛋白质水平下绵羊半腱肌中 IGF-Ⅰ mRNA 相对丰度

（上标不同小写字母表示差异显著，不同大写字母表示差异极显著）

中枢神经系统总 IGF-Ⅱ的高水平表达表明它可能是一种神经肽或神经生长调节因子。幼龄大鼠在极度蛋白质限制时，在大脑中 IGF-Ⅱ基因的表达水平下降。能量限制的成年大鼠 IGF-Ⅱ mRNA 丰度下降，而 β-肌动蛋白、成纤维生长因子等的 mRNA 丰度则不受影响，表明营养不良引起的大脑生长缓慢或精神运动性疾病可能与 IGF-Ⅱ基因表达水平下降有关。营养调控 IGF-Ⅱ合成在体外培养的大鼠肝细胞中亦被证明，限制一种必需氨基酸导致 IGF-Ⅱ mRNA 丰度下降和分泌含 E 区多肽的 IGF-Ⅱ前体减少。

IGF-Ⅰ和 IGF-Ⅱ的大多数作用均需要 IGF-Ⅰ受体（Ⅰ型受体）参与。IGF-Ⅰ受体与 IGF-Ⅰ和 IGF-Ⅱ的亲和力较高，而与胰岛素的亲和力较低；IGF-Ⅱ受体与 IGF-Ⅱ亲和力远大于 IGF-Ⅰ，与胰岛素则不结合。IGF-Ⅰ和 IGF-Ⅱ主要是通过与 IGF-Ⅰ受体结合而发生生物学反应。

Ziegler 等（1995）试验表明，猪禁食时空肠 IGF-Ⅰ受体及其 mRNA 水平变化不显著，但重新采食后 IGF-Ⅰ数目增加。有关营养对 IGF-Ⅰ受体调控的报道较少，尚需进一步研究。

3.1.2.4 蛋白质对 IGFBP-1 和 IGFBP-2 基因表达的调控

类胰岛素生长因子（insulin-like growth factors，IGFs）活性受到类胰岛素生长因子结合蛋白（insulin-like growth factors-binding proteins，IGFBPs）的调节。目前，已知 IGFBPs 至少有 6 种，其中类胰岛素生长因子结合蛋白-1（IGFBP-1）和类胰岛素生长因子结合蛋白-2（IGFBP-2）可与 IGF-Ⅰ结合，使其丧失与 IGF-Ⅰ受体结合的能力，阻止其生物学作用的发挥。氨基酸是影响 IGFBP-1 表达的一个重要的调节因子。

在神经内分泌生长轴中，IGFBPs 通过与 IGF-Ⅰ、IGF-Ⅱ特异结合调节 IGF 活性。在 6 种 IGFBPs 中，IGFBP-1 是唯一在体内可迅速进行调节的，其血浆浓度在进食前后可变化 10 倍左右。禁食、营养不良均可升高血浆中 IGFBP-1 含量。IGFBP-1 主要在肝脏合成，其表达受胰岛素、生长激素和血糖调节。给大鼠注射 IGFBP-1 会导致大鼠生长受阻，器官受损。营养不良导致的生长抑制中，血清生长激素正常或升高，而 IGF-Ⅰ水平下降，IGFBP-1 含量则急剧上升,表明两者的调节机制不同,并在生长的营养调控中起重要作用。为了阐明蛋白质营养对血浆中 IGFBPs 的影响机理,Takenaka 等(2000)研究了肝脏中 IGFBPs 的 mRNA 含量。蛋白质营养不良与血浆中 IGFBP-1 增加相关,并观察到肝脏中 IGFBP-1 mRNA 浓度明显增加。在蛋白质缺乏条件下,血浆中 IGFBP-2 浓度增加,并且肝脏中 IGFBP-2 mRNA 增加。当蛋白质缺乏时,血浆中 IGFBP-3 明显降低。然而,这种降低与肝脏中 IGFBP-3 的 mRNA 含量不存在相关。肝脏中 IGFBP-1 mRNA 浓度也受胰岛素和糖皮质激素的影响,胰岛素降低其含量,而糖皮质激素则增加其含量。Takenaka 等(2000)研究是否在蛋白质缺乏状况下,可通过胰岛素或糖皮质激素调节来提高 IGFBP-1 mRNA 含量。结果表明,它不受这些激素调节,因为在 IGFBP-1 基因的启动子区域识别出一种氨基酸应答元件。

大鼠禁食或能量限制时血清 IGFBP-1 显著上升,饲喂无氮日粮时则稍微上升。喂无氮日粮或禁食大鼠与喂酪蛋白大鼠相比肝脏 IGFBP-1 mRNA 丰度增加,禁食后重新采食肝脏 IGFBP-1 mRNA 丰度迅速下降。大鼠 IGFBP-2 基因在大脑中表达水平较高,而其他组织较低。能量-蛋白质限制导致肝脏 IGFBP-2 基因表达增加,但不影响大脑中 IGFBP-2 的基因表达,可能是大脑 IGFBP-2 基因表达水平本来就很高,营养限制不能增加其表达水平。IGFBP-2 基因表达的组织特异性可能表明了大脑与其他组织在营养不良情况下生理适应性上的差异。日粮蛋白质限制时,大鼠血浆 IGFBP-3 水平下降。

Straus 等(1990)报道,蛋白质不足可增加 IGFBP-1 的转录,不过增加的初级转录体数量明显少于成熟 mRNA 数量,这说明其中涉及提高 mRNA 稳定性调控。

3.1.2.5 蛋白质对 FAS 基因表达的调控

脂肪酸合成酶(fatty acid synthase,FAS)是脂肪酸生物合成过程中将小分子碳单位聚合成长链脂肪酸的关键酶。脂肪酸的合成在细胞质中进行。脂肪酸合成酶系可分为Ⅰ型和Ⅱ型两种类型。FAS 活性的高低将影响整个机体中脂肪的含量。该酶基因的表达量在脂肪组织中最高,肝脏中其次,肺中也有一部分,而肠道和心脏中却很少。

目前关于蛋白质对脂肪酸合成酶基因表达调控的报道不多,但认为增加动物日粮中蛋白质的含量会抑制动物脂肪酸合成酶基因的表达调控。Clarke(1990)研究发现,喂给高蛋白日粮可降低脂肪组织 FAS mRNA 的数量,但不影响肝脏组织 FAS mRNA 的数量,可以使体脂肪的沉积减少。因此从安全性考虑用营养来调控基因从而生产出高瘦肉低脂肪的畜禽肉产品比使用药物实用可行。Mildner 和 Clarke(1991)报道,高蛋白饲粮将抑制猪脂肪组织中 FAS 基因的表达,其 mRNA 的含量显著下降。他们采用蛋白质含量分别为 14%、18%、24%的日粮饲喂 60～110 kg 的肥育猪,屠宰后测定脂肪组织中 FAS mRNA 的含量,发现高蛋白日粮组中的含量分别下降了 11.7%和 48.2%,但对脂肪酸结合蛋白和肝脏中 FAS 的表达则没有影响。

张英杰等(2010)通过半定量 RT-PCR 的方法研究了日粮不同蛋白质水平(蛋白质摄入分别为营养需要量的 75%、100%、125%)对绵羊腹部皮下脂肪、肠系膜脂肪和半腱肌肌内脂肪 FAS 基因表达的影响(日粮不同蛋白水平下绵羊不同组织中 FAS 半定量 RT-PCR 产物的电泳图及 FAS mRNA 相对丰度见图 3.7 至图 3.12)。结果表明,随着日粮蛋白质水平的升高 FAS 表达量降低,且表达具有组织特异性。在腹部皮下脂肪、肠系膜脂肪中 FAS mRNA 丰度,中蛋白组和低蛋白组差异不显著,高蛋白组显著低于中蛋白组和低蛋白组。在半腱肌肌内脂肪中 FAS mRNA 丰度,中蛋白组与高蛋白组和低蛋白组差异显著,高蛋白组极显著低于低蛋白组。

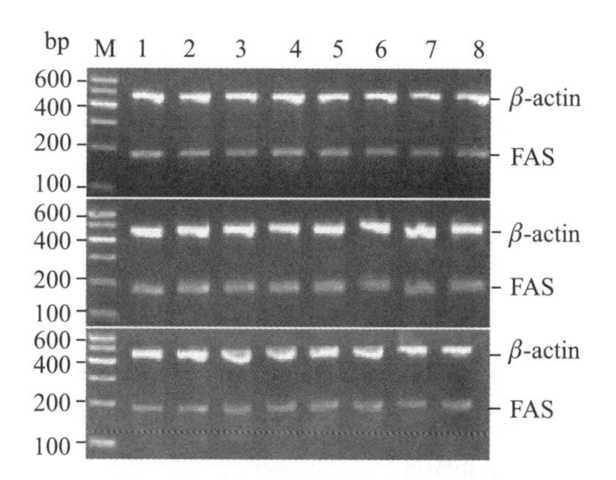

图 3.7 日粮不同蛋白水平下绵羊腹部皮下脂肪组织中 FAS 半定量 RT-PCR 产物电泳图

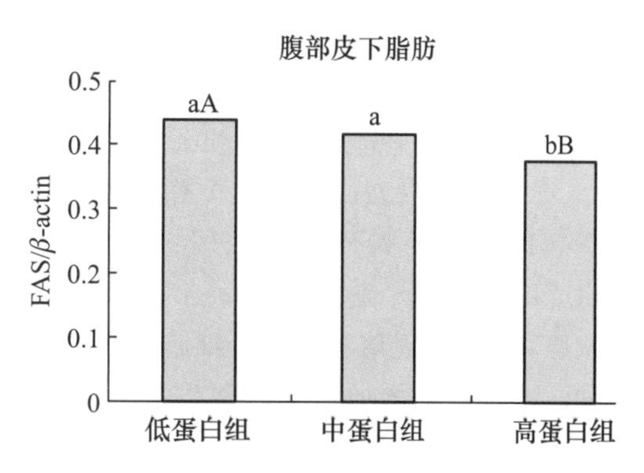

图 3.8 日粮不同蛋白水平下绵羊腹部皮下脂肪组织中 FAS mRNA 相对丰度

（上标不同小写字母表示差异显著，不同大写字母表示差异极显著）

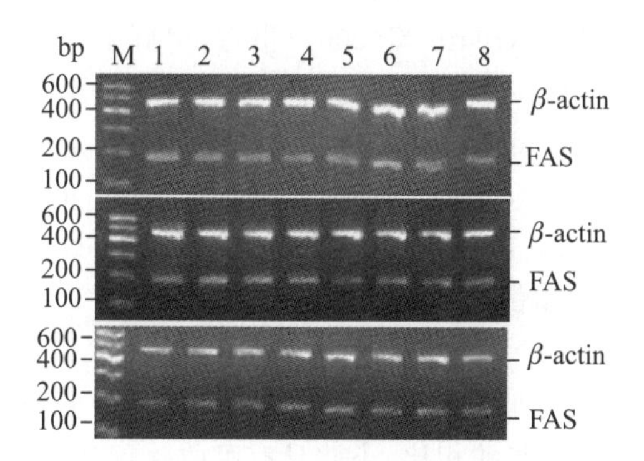

图 3.9 日粮不同蛋白水平下绵羊肠系膜脂肪组织中 FAS 半定量 RT-PCR 产物电泳图

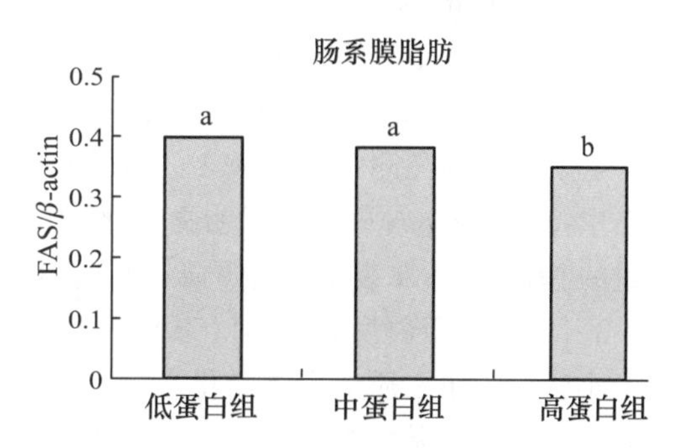

图 3.10 日粮不同蛋白水平下绵羊肠系膜脂肪组织中 FAS mRNA 相对丰度

（上标不同小写字母表示差异显著）

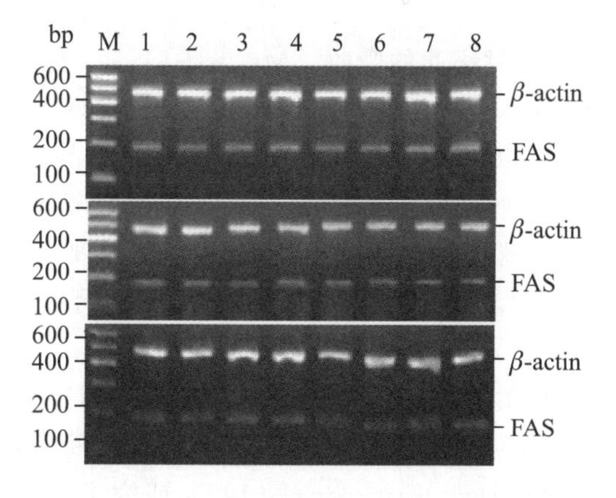

图 3.11 日粮不同蛋白水平下绵羊半腱肌中 FAS 半定量 RT-PCR 产物电泳图

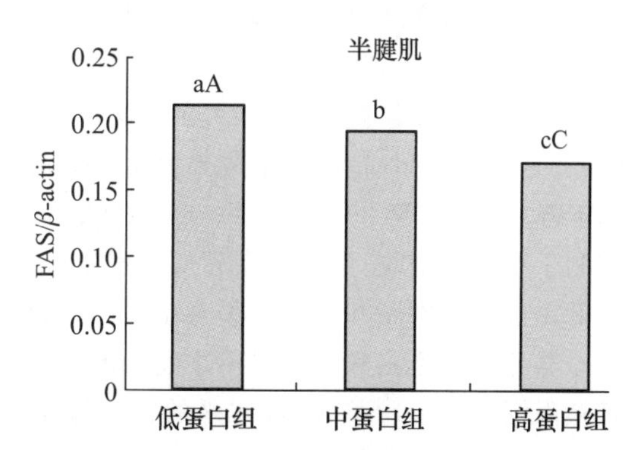

图 3.12 日粮不同蛋白水平下绵羊半腱肌中 FAS mRNA 相对丰度

（上标不同小写字母表示差异显著，不同大写字母表示差异极显著）

可见，日粮中蛋白质含量能调控脂肪组织中 FAS 基因的表达，但这种调控发生在哪个水平及其作用机制尚不明确。

3.1.2.6 **蛋白质对 ME 基因表达的调控**

苹果酸酶(malic enzyme，ME)可催化苹果酸氧化脱羧形成丙酮酸和 CO_2，同时催化烟酰胺腺嘌呤二核苷磷酸(nicotinamide adenine dinucleotide phosphate，$NADP^+$)形成还原型辅酶Ⅱ NADPH(烟酰胺腺嘌呤二核苷酸磷酸)，它是禽类肝脏合成长链脂肪酸时所需能量的来源。ME 于 16 日龄的鸡胚肝脏中开始出现，以后逐渐增加，并受到激素与营养的调控。研究表明，刚出壳的小鸡或小鹅在采食 24 h 后，肝脏 ME mRNA 的浓度分别会增加 30 倍或 50 倍。在甲状腺素 T_3 处理培养鸡胚肝细胞时，ME mRNA 浓度会增加 100 倍以上，而胰高血糖素可使这种激素诱导的增加降低 99%以上。在所有组织中，ME mRNA 的浓度与 ME 的合成速度密切相关，这表明 ME 合成的营养与激素调控为转录前水平的调控。

日粮蛋白对 ME 基因表达的调控与蛋白的水平和采食时间有关，7～28 日龄的肉鸡分别采食 12%、21%、30%蛋白水平的日粮，体内脂肪合成和 ME 的活性与日粮蛋白水平呈反比，但 ME、FAS 的基因表达并不与酶活性的变化一致，12%和 21%蛋白组间的 ME 和 FAS 的基因表达没有差异，而 30%蛋白组的基因表达显著下降。Kristin 等(2001)报道，鸡肝脏 ME 的活性也随日粮中蛋白质含量的变化而变化，给肉用仔鸡在不同时间内饲喂蛋白质含量不等的饲粮(每 100 g 日粮分别含蛋白质 13 g、22 g、40 g)，这些日粮的能量相等，且脂肪含量也一样。每个试验间隔测量肝脏 ME 的活性和 mRNA 的表达。试验表明，在饲喂期为 1.5 h 的试验组中，ME mRNA 的表达无明显变化，但在饲喂期为 3 h、6 h、24 h 的试验组中，饲喂高蛋白一组的 ME mRNA 表达显著下降，而低蛋白组和中间组的表达都显著提高。

3.1.2.7 **蛋白质对 PepT1 基因表达的调控**

小肽作为蛋白质的主要消化产物，在氨基酸消化、吸收和代谢中起着重要作用。小肽与游离氨基酸的吸收是两个相互独立的转运系统，与游离氨基酸相比，小肽具有吸收速度快、耗能低、不易饱和，且各种肽之间转运无竞争性与抑制性等特点。小肽转运蛋白参与二肽和三肽的跨膜转运。日粮中蛋白质营养水平的高低会对小肽转运蛋白(peptide-transporter 1，PepT1)基因的表达产生影响。

现有的研究结果表明，营养不良将会显著影响动物对小肽的吸收。Maria 等(1972)发现，短期的限饲(50%正常量)成年大鼠会提高单位小肠对小肽的吸收。Miller 等(1984)发现蛋白质营养不良程度越高，未成年大鼠空肠对小肽吸收量(以单位体重计)就越大。Cheeseman 等(1986)用低蛋白日粮饲喂未成年大鼠，单位面积小肠吸收小肽活性提高，但游离氨基酸吸收量却下降。Ihara 等(2000)用 Western 杂交分析表明，大鼠在营养不良条件下，PepT1 水平提高有利于小肽的吸收；然而也有相反的报道(Schedl 等，1979)，仓鼠在饥饿和半饥饿状态下都会降低单位重量空肠和回肠黏膜对小肽的吸收。

养分转运蛋白和底物水平之间可能存在一种正相关。Ihara 等(2000)认为高蛋白日粮和日粮限饲对 PepT1 mRNA 水平的影响属于两种不同的调控机制，因为在饥饿一段时间后重新饲喂，PepT1 mRNA 表达与高蛋白日粮的模式完全相反。Erickson 等(1995)研究发现，小肠远端部位转运蛋白受高蛋白日粮的上调，他们认为该区域在肽和氨基酸吸收方面起着重要作用，并认为它是日粮诱导小肽和氨基酸转运蛋白变化的主要场所；而 Ihara 等(2000)的研究表明，小肠近端部位的 PepT1 mRNA 上调幅度要比中间段和远端部位大，到目前为止尚无法解释这一差异。在营养不良条件下,体脂和糖原作为能量贮备而被利用,由于蛋白质是组织结构组成部分和生物活性物质,在体内并没有贮存库,蛋白质的损失或缺乏将导致生理功能的迅速下降,因此,在营养不良条件下 PepT1 mRNA 表达上调可能是一种适应性机制。在日粮供给后,使机体能迅速吸收小肽,假如这种上调机制出现迟缓,那么必需营养物质通过小肠吸收效率将会大大降低,导致动物生产性能显著下降。

3.1.2.8 活性肽对相关基因表达的调控

酪啡肽是动物胃肠道中重要的外源生物活性肽,是一类具有阿片活性的信号分子,具有调节机体消化道运动和胃肠道内分泌,影响动物整体代谢活动的作用。研究表明,它可以直接作用于胃肠道阿片受体,也可以通过非阿片途径促进胃泌素、胰岛素等激素的分泌,间接调节消化道发育和代谢。谈寅飞等(2000)研究发现,用酪蛋白和谷蛋白灌流湖羊皱胃时其食糜中阿片样总活性升高,并影响瘤胃消化代谢;用酪啡肽对仔猪胃窦黏膜的组织体外灌流可刺激胃泌素增加。张源淑等(2004)研究了乳源活性肽对早期断奶仔猪胃泌素 mRNA 表达的影响。结果表明,乳源活性肽可通过上调胃泌素 mRNA 的表达,刺激胃泌素的分泌,对仔猪胃内酸性环境的成熟和胃肠道发育具有促进作用。

3.1.2.9 蛋白质对 calpain 和 CAST 基因表达的调控

钙蛋白酶系统主要是由钙蛋白酶(calpain)和钙蛋白酶抑制蛋白(calpastatin,CAST)组成,在细胞内普遍存在,广泛参与机体生长与代谢过程,在肌原纤维更新和宰后嫩化中扮演重要角色。CAST 是一种内源性的、需要钙离子激活的钙蛋白酶抑制剂,可抑制肌肉内蛋白质降解,降低肌细胞生长速度;屠宰后可抑制钙蛋白酶的活性,降低蛋白质水解。calpain 活性也受肌细胞中钙离子浓度的影响,钙离子可以激活钙蛋白酶蛋白,根据激活所需的钙离子浓度 calpain 分为 μ-calpain(微摩尔级)和 m-calpain(毫摩尔级)。屠宰后钙蛋白酶系统中的 CAST 与 μ-calpain 活性的比值与嫩度高度相关,calpain 表达减少以及 CAST 表达量的增加都会导致肌肉蛋白水解率及宰后肉嫩度的下降。Ilian 等(2001)研究发现除了 μ-calpain 与肉嫩度有关外,其 mRNA 水平与肌肉的嫩度具有高度相关性。张勇等(2008)在各日粮能量及氨基酸模式保持一致的前提下,分别饲喂蛋白质水平为 10%、18%和 26%的日粮,研究饲料不同蛋白质含量对 CAST 和 μ-calpain mRNA 在骨骼肌中(猪背最长肌)的表达量,结果表明,日粮不同蛋白质水平对 CAST 和 μ-calpain mRNA 在骨骼肌中的表达量有显著影响。CAST mRNA 在骨骼肌中的表达量随日粮蛋白质水平的升高而升高,μ-calpain mRNA 在骨骼肌中的表达量随日粮蛋白质水平的升高而下降。骨骼肌中 CAST mRNA 的表达量与 μ-calpain mRNA 的表达量显著负相关,CAST mRNA 表达量越高,μ-calpain mRNA 的表达量越低。骨骼肌剪切力与 CAST 表达量显著正相关,骨骼肌中 CAST mRNA 的表达量越高,骨骼肌剪切力值越高。骨骼肌剪切力与 μ-calpain 显著负相关,骨骼肌中 μ-calpain mRNA 的表达量越高,骨骼肌剪切力值越低。

由于目前国内外关于日粮不同蛋白质水平对 CAST 基因和 μ-calpain 基因 mRNA 在骨骼肌中相对表达量的研究鲜有报道,有关日粮不同蛋白质水平对蛋白酶抑制蛋白和钙蛋白酶基因表达量的影响机理还需要进一步研究。

3.1.2.10 蛋白质对肠道 CAT1 基因表达的调控

研究表明,小肠中负责阳离子氨基酸转运的载体蛋白有 4 类,即 y^+、$B^{0,+}$、$b^{0,+}$和 y^+L。其中 y^+ 系统是最主要的阳离子氨基酸转运系统。y^+ 系统有 4 个碱性氨基酸转运蛋白,即

CAT1、CAT2A、CAT2B 和 CAT3。其中碱性氨基酸转运载体-1(cationic amino acid transporter-1,CAT1)是 y^+ 系统中最主要的转运蛋白,几乎在所有组织细胞中均表达。Hyatt 等(1997)将大鼠肝癌细胞置于氨基酸营养不足的环境下 4 h 后,发现 CAT1 mRNA 表达量增加了 3 倍。石常友(2008)等研究发现,育肥猪在 3 种蛋白质水平饲喂条件下,CAT1 mRNA 相对表达量均以空肠中最高,十二指肠次之,回肠最低。饲喂高蛋白质日粮组(19%),与对照组(16%)相比,CAT1 mRNA(相对于 β-actin)在肥育猪十二指肠、空肠和回肠中分别提高了 58.4%、23.2%和 24.5%,而饲喂低蛋白质日粮时,十二指肠、空肠中分别提高 93.1%和 122.6%,差异显著,而在回肠中降低了 14.3%,表明低蛋白质水平对育肥猪肠道 CAT1 mRNA 相对表达量的影响较大,尤其是对空肠 CAT1 mRNA 的相对表达量影响显著。此外,试验中各组采食量差异不显著,表明 CAT1 mRNA 相对表达量的显著提高跟采食量无关,可能与蛋白质以及碱性氨基酸摄入量与正常水平相比要低有关(特别是赖氨酸摄入量低于 NRC 水平),因此饲喂低蛋白质水平的肥育猪可能能够通过特定的感受器或传感器,启动肠道细胞信号传导路径,上调十二指肠和空肠 CAT1 基因表达,从而使机体获得更多的第一限制性氨基酸——赖氨酸,以满足需要。

3.1.2.11 金属硫蛋白对 SOD、GSH-Px 和 CAT 基因表达的调控

金属硫蛋白(metallothionein,MT)是一类低分子质量、富含金属和半胱氨酸的功能性结合蛋白,几乎存在于哺乳动物的所有组织中,是一种具有广泛而重要的生理学和生物学功能的天然生物活性物质。针对实验动物和人类 MT 的研究发现,MT 的主要作用是参与微量元素贮存、运转和代谢,拮抗电离辐射,清除羟基自由基,重金属解毒,增强机体的免疫力,提高抗应激和抗氧化能力,参与 DNA 的复制、转录和能量代谢的调节过程。尤以清除羟基自由基、抗氧化和抗应激的作用甚大,因而越来越受到人们的广泛关注。

李丽立等(2006)用仔猪作模型,研究了经锌元素诱导的外源性金属硫蛋白(Zn-MT)对机体抗氧化功能和超氧化物歧化酶(superoxide dismutase,SOD)基因表达的影响。试验选用杜×长×大杂交仔猪 18 头,随机分为 3 组,分别肌肉注射经生理盐水溶解的猪肝 Zn-MT 0 mg/kg(1 组)、0.8 mg/kg(2 组)、1.6 mg/kg(3 组),让仔猪运动产生应激,注射 MT 后 3 h 和 6 h,分别从每组取 3 头仔猪屠宰取肝脏,测定肝脏中与抗氧化有关的生化指标,检测肝脏 SOD 基因表达水平。结果表明:在应激条件下,补充外源性 Zn-MT 一段时间后,仔猪肝脏 SOD、谷胱甘肽过氧化物酶(glutathione peroxidase,GSH-Px)活性显著升高,肝脏抗活性氧和抗超氧阴离子水平也有提高的趋势。注射 Zn-MT 后 6 h,0.8 mg/kg、1.6 mg/kg 组仔猪肝脏 SOD 基因表达水平比对照组有显著提高,而且比注射后 3 h 也显著增加,表明 MT 对 SOD 基因表达的诱导与时间和剂量关系密切。

张彬等(2007)研究了外源性 MT 对奶牛 SOD 基因表达水平的影响。将 28 头泌乳奶牛随机分成 A、B、C、D 4 组,分别按每头 0 mg(对照)、6.0 mg、12.0 mg 和 16.0 mg 剂量静脉注射经生理盐水溶解的 Zn-MT,探讨外源性 MT 对奶牛抗热应激的调控作用及其机理,结果表明:补给外源性 MT 后,B、C 和 D 组的血液 GSH-Px 活性、红细胞 SOD 活性、血清 MT 含量、奶 MT 含量及 SOD 基因表达水平均显著高于 A 组;C 和 D 组的上述各项指标又优于 B 组。在试验期第 15 天,B、C 和 D 组奶牛 SOD 基因表达水平分别较对照提高了 7.02%、10.53%和 12.72%;在试验期第 30 天和第 45 天,3 个试验组 SOD 基因表达水平均比 A 组相应日龄的 SOD 基因表达水平显著提高。此外,张彬等(2010)研究了不同剂量的外源性 MT 和 MT 不同

作用时间对奶牛抗氧化酶GSH-Px和过氧化氢酶(catalase,CAT)基因表达水平的影响。选取24头中国荷斯坦奶牛经产泌乳母牛,随机均分为Ⅰ、Ⅱ、Ⅲ、Ⅳ 4组,分别按每头0 mg(对照组)、4.0 mg、8.0 mg和12.0 mg静脉注射Zn-MT。每隔15 d逐头采取血样,测定不同剂量的外源性MT和MT不同作用时间对奶牛抗氧化酶GSH-Px和CAT基因表达水平的影响。结果表明,补给外源性MT后,3个试验组GSH-Px和CAT基因表达水平都有不同幅度的提高,其中Ⅲ组和Ⅳ组GSH-Px基因表达量分别较对照组有显著提高。Ⅲ组CAT基因表达水平显著高于对照组;Ⅳ组CAT基因表达水平又比对照组、Ⅱ组和Ⅲ组分别提高了22.88%、17.71%和7.10%。而Ⅱ组GSH-Px和CAT基因表达量与对照组差异均不显著。从不同时间看,补给外源性MT后,各组GSH-Px和CAT基因表达水平逐步升高,至第30天时达最高,第45天时又有下降。尤其是第30天时的GSH-Px基因表达水平及第15天和第30天时的CAT基因表达水平均显著高于第1天。综上可见,外源性MT能够有效地提高抗氧化应激酶SOD、GSH-Px和CAT基因的表达水平,而且呈现较为明显的剂量效应和时间效应,说明外源性MT提高奶牛抗氧化应激能力的机制之一是提高了奶牛抗氧化酶基因表达水平。

3.1.3 氨基酸对基因表达的调控

蛋白质在生命活动中的重要功能取决于它的化学组成、结构与性质。氨基酸是构成蛋白质的基本单位,其最主要的功能是在机体内合成蛋白质。氨基酸还是合成许多激素的前体(如甲状腺素、肾上腺素、5-羟色胺等),是嘌呤、嘧啶、血红素以及磷脂中含氮碱基的主要合成原料。另外,氨基酸还具有重要的非蛋白质功能,如膳食中蛋白质摄入过多时,机体可通过氨基酸的生糖、生酮作用转变成糖和脂肪或直接氧化供能。

氨基酸不但可作为某些信号传导途径的神经传递因子或前体物,它还是调节细胞生物过程的一类营养信号分子。与体内脂类、葡萄糖贮存不同的是,机体没有重要的氨基酸贮存库,更为不利的是,多细胞生物体自身并不能合成机体所需的所有氨基酸。因此,氨基酸代谢更容易受各种营养不良或应激刺激的影响。近年来的研究发现,当饮食条件和外界环境条件发生变化时(如不平衡膳食、低蛋白膳食或膳食中缺乏某一种必需氨基酸),可直接引起某种氨基酸水平的变化,此时机体就会适时地调整氨基酸相关基因的表达,以保证体内氨基酸的稳态水平,氨基酸与基因表达关系的研究正受到越来越多的关注。

氨基酸对基因表达调控的研究始于原核生物酵母。目前,已在酵母体内发现多种氨基酸反应体系,根据其作用的基本原理,归纳为一般调控过程(general control process)和特异调控过程(specific control process)两大类。在哺乳动物体内,氨基酸对基因表达的调控过程较酵母复杂得多,如:某种必需氨基酸缺乏既能增强一些基因的表达,也能抑制另一些基因的表达。氨基酸对基因表达的调控具有独特之处——它能同时在转录水平和翻译水平调控基因表达。

3.1.3.1 氨基酸对CHOP基因表达的调控

1. CHOP基因简介

CHOP基因,即C/EBP(CCAAT-enhancer binding proteins,CCAAT-增强子结合蛋白)同源蛋白基因,是生长抑制和DNA损伤所诱导的基因家族成员之一,也被称为GADD153(growth arrest and DNA damage-inducible 153)基因。1989年,首次从哺乳动物细胞内分离

出 GADDs 基因,GADDs 基因家族有 5 个成员,它们分别是 GADD34、GADD45α、GADD45β、GADD45γ 和 GADD153。CHOP 基因广泛存在于动物各种组织细胞中,通常情况下它的转录水平很低,几乎检测不到。当细胞受到某些刺激时,CHOP 基因的表达才会被诱导。

Park 等(1992)从人肺脏成纤维细胞基因组 DNA 文库中分离定位了 CHOP 基因。CHOP 基因定位在人 12 号染色体上。人 CHOP mRNA 有一个特点,在其 3′端非翻译区有两段 AUUUA 五聚体的折叠,该序列与一些基因的 mRNA 的不稳定性有关,具有这种结构特点的基因,如一些癌基因、细胞因子和转录因子基因只短暂表达,CHOP 的半衰期很短。

CHOP 基因编码一种 C/EBP 转录因子家族相关蛋白,它可与 C/EBP 和 June/Fos 低聚果糖家族的其他成员形成异源二聚体,这种二聚体结构能抑制 CHOP 的活性,但对其他一些基因则起活化作用。许多能引起细胞应激反应的化学物或环境因子诱导 CHOP 基因表达,其中应激对 CHOP 基因的诱导作用与活化内质网膜有关。

C/EBP 家族成员在调节能量代谢、细胞增殖和分化及其他特异基因的表达方面发挥着重要作用。CHOP 通过与 C/EBP 家族成员结合为稳定的异源二聚体而参与多种基因表达的调节。在离体实验条件下,CHOP 基因的异位过表达(heterotopic overexpression)可抑制成纤维细胞的生长,抑制脂肪细胞的分化,诱导细胞凋亡。

2. 氨基酸对 CHOP 基因表达的调控

Marten(1994)报道,在大鼠肝细胞培养基质中去掉氨基酸后促进了数个基因的表达,提高幅度最大的是 CHOP 基因。近来,已经证明亮氨酸限制可诱导所有受试细胞 CHOP 基因的表达。亮氨酸限制既可以增加 CHOP mRNA 的转录,又可以增加转录产物的稳定性。同位素原位杂交试验证明:在亮氨酸限制 4 h 后,CHOP 基因的转录速率大大增加(21 倍),而核糖体蛋白 S26 亚基基因的转录速率保持不变。Jousse 等(1999)为研究亮氨酸限制是否影响 CHOP mRNA 的半衰期,细胞先在不含亮氨酸培养液中培养 16 h,然后加放线菌素 D(4 μg/mg)及 0 或 420 μmol/L 亮氨酸,然后在不同时间从细胞中提取 mRNA。结果表明,加入亮氨酸使 CHOP mRNA 浓度急剧下降。在亮氨酸限制细胞中,CHOP mRNA 的半衰期比对照细胞增加了 3 倍。这些试验表明,亮氨酸限制引起的 CHOP mRNA 浓度升高是由于转录速率增加及 CHOP mRNA 稳定性增强所致。

Bruhat 等(1999)为研究亮氨酸限制对 CHOP 启动子的影响,将 pCHOP 基因 −954～−91 bp 的 5′侧翼核苷酸序列与荧光素酶(luciferase,LUC)基因嵌合,然后在亮氨酸缺乏或正常的情况下转染 Hela 细胞(人宫颈癌细胞)。结果表明,在亮氨酸缺乏的情况下,pCHOP 调控的 LUC 活性增加了 7 倍。这说明亮氨酸缺乏所调节的 CHOP 转录是通过核苷酸序列位于 −954～−91 bp 的启动子实现的。pCHOP 基因含数个调控元件,它们可能参与氨基酸缺乏所诱导的基因表达。用序列缺失和氨基酸定点突变法研究相关区域,确定了 2 个顺式作用元件,对 pCHOP 基因的调控都非常重要。第一个位于 −313～−295 bp,包括一个氨基酸应答元件。该位置的突变会显著影响氨基酸调节的 pCHOP 活性。第二个位于 CHOP 基因转录起始区的下游。此区域突变,会使亮氨酸限制导致的 LUC 活性急剧升高,而启动子转录活性也仍然升高。因此这是一个负调控元件。当两个元件都突变,则 pCHOP 的活性不再受亮氨酸限制调控。为进一步研究这两种元件在基因表达调控中的作用,研究者将 pCHOP 的氨基酸应答元件的一个或两个拷贝插入胸腺嘧啶脱氧核苷激酶基因的启动子序列中。结果发现,CHOP 基因的氨基酸应答元件足以将氨基酸调控性转移到该酶基因中。将 CHOP 基因氨基酸负调控序列插入由强启动子巨细胞病毒(cytomegalo virus)启动的LUC基因中,发现该负调控元件显著降低了LUC的活性,并将氨基酸反应带入了巨细胞病毒启动子中。

3.1.3.2 氨基酸对GHR、IGF-Ⅰ、IGFBP-1基因表达的调控

生长激素(growth hormone,GH)是控制动物出生后生长的主要激素。GH对生长的控制必须通过GH受体(growth hormone receptor,GHR)及IGF-Ⅰ的作用才能实现。组织中GHR量的多少、功能的正常与否将影响GH生理功能的发挥。IGF-Ⅰ是一种广谱性的促生长因子,它能够诱导细胞分化,促进DNA合成和细胞分裂,从而导致蛋白质合成的增加和生长速度的加快。大多数动物试验均表明营养不良导致的生长受阻往往伴随有血浆GH水平的提高而不是下降,但IGF-Ⅰ的合成量下降。

1. 氨基酸对GHR、IGF-Ⅰ、IGFBP-1基因表达的调控

日粮氨基酸的供给影响IGF-Ⅰ和GHR基因的表达。Brameld等(1999)应用猪肝细胞培养技术研究发现,从培养基中去除色氨酸、精氨酸、脯氨酸、苏氨酸和缬氨酸,IGF-Ⅰ的表达受到抑制,而提高精氨酸、脯氨酸、苏氨酸和色氨酸的浓度则显著提高IGF-Ⅰ的表达,并在一定范围内存在剂量依赖关系;在培养基中去除赖氨酸、苯丙氨酸、色氨酸、脯氨酸、苏氨酸降低GHR基因的表达,但不存在剂量依赖性,而精氨酸对GHR表达无影响。

另外,日粮氨基酸的组成和比例亦影响IGF-Ⅰ的表达。Kanamoto等(1994)对生长鼠分别喂以24%酪蛋白、24%玉米蛋白、无蛋白日粮、禁食,3 d后测定肝组织中的IGF-Ⅰ mRNA含量,IGF-Ⅰ mRNA含量按下列次序递减:酪蛋白100%、玉米蛋白52%、无蛋白27%、禁食24%。

目前,已知IGFBP至少有6种,其中IGFBP-1和IGFBP-2可与IGF-Ⅰ结合,使其丧失与IGF-Ⅰ受体结合的能力,阻止其生物学作用的发挥。氨基酸是影响IGFBP-1表达的一个重要调节因子。

Bruhat等(1996)研究表明,IGFBP-1 mRNA和IGFBP-1在细胞中的基础水平很低,而当培养基中亮氨酸的浓度下降时,其浓度迅速上升。对其他的氨基酸研究表明,耗竭精氨酸、胱氨酸及其他必需氨基酸都对人肝癌细胞系Hepa-2的IGFBP-1 mRNA水平产生显著影响,且存在剂量依赖性。尤其值得注意的是,血浆浓度受营养状况影响大的氨基酸正是对IGFBP-1调控起主要作用的氨基酸。Jousse等(1998)设计了一种培养液,其氨基酸浓度与大鼠饲喂不同日粮静脉血中的氨基酸浓度相同。结果发现当培养液氨基酸浓度与饲喂低蛋白日粮大鼠静脉血中浓度相同时,培养的Hepa细胞中IGFBP-1高度表达。模拟体内营养状态的氨基酸浓度能显著调节IGFBP-1的表达。

李建升等(2009)通过在绵羊日粮中补充赖氨酸盐酸盐,研究了不同赖氨酸的添加量对绵羊肝脏和背最长肌中GHR、IGF-Ⅰ基因表达丰度的影响。试验选用年龄、体重、营养状况相近的陶蒙杂交一代母羊15只,平均分为A、B、C 3组。基础日粮由玉米、苜蓿草粉、小麦麸皮、棉籽粕、豆粕、玉米秸秆粉等组成,A、B、C组分别在基础日粮中添加0 g、4 g、10 g赖氨酸盐酸盐。预试期7 d,正试期28 d。试验结束后,羊全部屠宰,用荧光定量PCR法测定了不同处理中肝脏和背最长肌中GHR基因和IGF-Ⅰ基因的表达丰度。结果表明:GHR基因在绵羊肝脏组织和背最长肌组织中的相对表达量随日粮中赖氨酸水平的增加而升高,但肝脏中相对表达量A组中最低,在C组中最高,3组之间的差异极显著;背最长肌组织中的相对表达量在A组中最低,C组中最高,B组和C组都极显著高于A组,但B、C组之间的差异不显著。绵羊

GHR基因的表达具有组织特异性，在同一赖氨酸水平下，不同部位的组织中GHR基因的表达水平不同，添加4 g赖氨酸和添加10 g赖氨酸时，肝脏组织中的GHR基因丰度都显著高于背最长肌组织中GHR基因丰度。IGF-Ⅰ基因在绵羊肝脏组织中和背最长肌组织中的相对表达量随日粮中赖氨酸水平的增加依次升高，3组之间的差异极显著。绵羊IGF-Ⅰ基因的表达具有组织特异性，在同一赖氨酸水平下，不同部位的组织中IGF-Ⅰ基因的表达水平不同，添加4 g赖氨酸时和添加10 g赖氨酸时，肝脏组织中的IGF-Ⅰ基因丰度都显著高于背最长肌组织中IGF-Ⅰ基因丰度。表明赖氨酸能在一定范围内通过刺激激素的分泌来达到调节组织生长发育的目的。

2. 半胱胺对GHR受体、IGF-Ⅰ和IGF-Ⅰ型受体基因表达的调控

贾斌等(2005)研究了半胱胺(cysteamine, CS)对羊毛生长及皮肤中GH受体、IGF-Ⅰ和IGF-Ⅰ型受体基因表达的影响。选取罗米丽×中国美利奴(新疆军垦型)杂交一代断奶母羔214只，随机分成两组，在日粮中分别添加3.5 g/kg(试验组)和0 g/kg(对照组)生长调节剂CT2000(半胱胺盐酸盐)，实验期为120 d。于试验前和试验结束时称重，采毛和皮肤样品，测定母羔生长速度，羊毛长度、细度、强度、弯曲度和羊毛油汗颜色，并用RT-PCR方法定量分析绵羊皮肤中生长激素受体(GHR)、类胰岛素生长因子-Ⅰ(IGF-Ⅰ)和类胰岛素生长因子Ⅰ型受体(IGF-ⅠR)的相对丰度。实验结果显示，与对照组相比较，试验组平均日增重提高12.77%，羊毛平均日增长提高24.01%，羊毛纤维直径平均日增长提高217.31%，羊毛纤维强度没有显著的差异，羊毛油汗颜色和羊毛弯曲度的正常百分率显著提高；皮肤中表达量增加110.57%，IGF-Ⅰ、IGF-ⅠR mRNA表达量无明显变化。以上结果表明，半胱胺(CT2000)能够显著提高羔羊生长性能，促进羊毛生长，其机制可能与提高皮肤中GHR水平有关。任道平等(2009)研究发现，添加半胱胺(每千克体重7.5 mg和15 mg)能提高东北细毛羊肝脏和肌肉中IGF-Ⅰ mRNA的表达量，但对皮肤中的IGF-Ⅰ mRNA表达量的影响不大。

王希春等(2008)研究了半胱胺对仔猪血清促生长类激素水平及不同组织中GHR表达的影响，选取临床检查健康的90头新生杜×长×大三元杂交仔猪，随机分成3组，在14日龄，分别给对照组、试验Ⅰ组、试验Ⅱ组仔猪饲喂基础日粮、基础日粮＋120 mg/kg半胱胺及基础日粮＋200 mg/kg半胱胺，试验期31 d，在14日龄、24日龄、32日龄和45日龄，从每组分别选取10头仔猪经前腔静脉采血，测定血清GH、生长抑素(somatostatin, SS)、三碘甲腺原氨酸(triodothyronine, T_3)、甲状腺素(thyroxine, T_4)和IGF-Ⅰ水平。在45日龄时，每组选6头仔猪，屠宰取样，采用RT-PCR方法，定量分析组织中GHR mRNA的相对丰度。结果表明，在45日龄时，Ⅰ、Ⅱ组仔猪肝脏中的GHR mRNA表达量显著高于对照组。与对照组相比，Ⅰ、Ⅱ组仔猪血清IGF-Ⅰ的浓度有显著的提高，表明半胱胺可通过影响下丘脑-垂体-肝脏这一生长轴，提高肝脏组织中的GHR含量，促进IGF-Ⅰ的分泌，从而促进仔猪的生长。Ⅰ、Ⅱ组仔猪心脏中的GHR mRNA表达量较对照组仔猪有升高的趋势，但差异不显著，可能是由于饲喂时间过短。另外，胸腺和脾脏中GHR mRNA的表达量也显著升高。

3. 谷氨酰胺对断奶仔猪肝脏SOD、GSH-Px及骨髓和空肠黏膜中PR-39基因表达的调控

SOD和GSH-Px是机体抗氧化系统中最重要的两种酶。其中SOD对机体的氧化与抗氧化平衡起着至关重要的作用，能清除体内过多的超氧阴离子自由基(O_2^-)，保护细胞免受损伤；GSH-Px是机体内广泛存在的一种重要的过氧化物分解酶，能特异地催化还原型谷胱甘肽(glutathione, GSH)对氢过氧化物的还原反应，在细胞内能清除有害的过氧化物代谢产物，阻

断脂质过氧化连锁反应，从而起到保护细胞膜结构和功能完整的作用。许梓荣等(2008)选用60头21日龄断奶杜×长×大仔猪，随机分为2组，每组设3个重复，每个重复10头。试验组在基础日粮中添加0.5%谷氨酰胺(glutamine，Gln)，分别于断奶后0 d、7 d、14 d屠宰采样，采用相对定量RT-PCR方法检测其对仔猪肝脏中SOD和GSH-Px mRNA表达水平的影响。发现与对照组相比，试验组SOD基因表达量减少，而GSH-Px表达量有所增加。在断奶后7 d、14 d，仔猪肝脏SOD mRNA表达量分别降低了47.94%和77.02%；GSH-Px mRNA表达量分别提高了73.16%和28.27%。表明添加Gln可以减少断奶应激时自由基的产生，从而减少了应激对机体的损伤。

PR-39(praline-arginine rich 39 amino acid peptide)是内源型抗菌肽(cathelicidins)家族中富含脯氨酸的小分子肽，具有广谱抗菌活性，在动物机体免疫及组织损伤修复中发挥着重要的作用。研究表明，不同生长阶段猪PR-39 mRNA表达有显著性差异，断奶显著降低其表达；体外和体内试验均表明某些物质可有效调控其表达。有研究表明，Gln在维持动物机体的正常生理功能方面起着非常重要的作用，尤其是在一些应激条件下，加入外源Gln可以明显改善动物肠道的形态结构和维持功能完整，增强消化与吸收，防止毒素和细菌移位的发生，提高免疫细胞的分泌量及其活性，增强整个机体免疫系统的功能等。赵玉蓉等(2009)研究了谷氨酰胺对断奶仔猪抗菌肽PR-39 mRNA表达的影响。选取64头胎次相同、28日龄断奶、体重(7.50±0.67)kg的三元杂交仔猪(杜×长×大)，随机分为2个组，即基础日粮对照组和1.0% Gln添加组。于试验第28天，进行细胞因子白细胞介素-1 (interleukin 1，IL-1)、白细胞介素-6 (interleukin 6，IL-6)和肿瘤坏死因子α(tumor necrosis factor α，TNF-α)含量的分析。在第30天，采用半定量RT-PCR研究日粮中添加Gln对PR-39 mRNA的影响。结果表明：添加Gln能显著提高仔猪血清中IL-1含量，与对照组相比，骨髓和空肠黏膜中PR-39 mRNA表达量分别提高50.5%和24.0%。说明断奶仔猪日粮中添加Gln能显著促进骨髓及空肠黏膜PR-39 mRNA的表达，提示Gln在预防断奶仔猪腹泻，提高仔猪的抗病能力和促进小肠黏膜结构的完整等方面的功能可能与抗菌肽PR-39基因表达加强、抑制肠道有害微生物的繁殖、促进肠道有益微生物增加和促使消化道损伤修复有关。

4. 限制性氨基酸对IGFBP-1基因表达的调控

Bruhat(1999)研究了限制性氨基酸在调控哺乳动物基因表达中的作用，结果发现去除精氨酸、胱氨酸和全部必需氨基酸可引发IGFBP-1 mRNA和蛋白质的表达，且存在剂量依赖性。用与饲喂低蛋白日粮大鼠相同的门脉血氨基酸浓度的氨基酸去处理HepG2细胞，可明显增加IGFBP-1表达，且这种作用的分子学机制是氨基酸限制可诱发CHOP mRNA表达，其机理是通过增加CHOP转录和mRNA稳定性来提高其表达。科学家进一步鉴定了CHOP基因上的2个元件，它们对于氨基酸限制激活基因转录是必需的，因此可以断言氨基酸本身或在与激素共同作用下，在调控基因表达中发挥重要的作用。

3.1.3.3 氨基酸对氨基酸代谢相关酶基因表达的调控

研究表明，饲喂氨基酸不平衡日粮将刺激氨基酸降解酶活性的提高。Yuan等(2000)研究发现，肉鸡饲喂苏氨酸不平衡日粮3 h后，血浆中苏氨酸浓度显著降低，而肝脏苏氨酸脱氢酶活性显著升高，苏氨酸脱氢酶活性的提高有可能增加肉鸡对苏氨酸的需要量。Benevenga等(1993)观察到，采食某一氨基酸低于其需要量的日粮，其他氨基酸的氧化率提高。如生长猪日粮限制组氨酸的供给时，苯丙氨酸氧化率提高，而当组氨酸添加到满足其需要时，苯丙氨酸的氧化率降低至基础水平。然而这些降解酶活性的提高是否是由于采食不平衡氨基酸日粮促进了编码该酶的基因的表达还有待研究。

1. 氨基酸对天冬氨酸合成酶基因表达的调控

天冬氨酸合成酶可催化天冬酰胺和谷氨酸合成天冬氨酸，当培养的细胞被转移至缺乏天冬氨酸的介质中时，天冬氨酸合成酶 mRNA 增加，其中可能涉及基因启动子中的反式作用因子。氨基酸缺乏时，氨基酸转运载体 A（一种依赖于 Na^{+} 的中性氨基酸转运载体）的表达率增加，其他载体则没有这种反应。上述现象可能是动物对营养变化的一种适应性机制。Kilberg 等（1994）认为，对于哺乳动物，氨基酸调控基因表达是通过一系列中间环节完成的。其中，氨基酸缺乏导致一种调节蛋白的从头合成是提高相关基因 mRNA 数量所必需的。

2. 氨基酸对组氨酸降解酶基因表达的调控

Torres 等（1999）试验表明，饲喂组氨酸不平衡的日粮，大鼠的采食量和日增重降低，组氨酸降解酶活性显著提高，而且不平衡的程度越大，组氨酸降解酶的活性越大。组氨酸降解酶的活性与组氨酸降解酶 mRNA 的浓度高度相关。也就是说，氨基酸不平衡促进了氨基酸降解酶的基因表达，进而加快了氨基酸的降解。Gregory 等（1998）在鼠 α-Tc6 细胞培养基中分别进行不加氨基酸、加 20 种氨基酸混合物（对照组）和分别去除单个氨基酸等处理。结果表明，培养基中不加任何氨基酸与对照组相比，前胰岛素原 mRNA 水平降低 67%。在分别去除单个氨基酸的实验中发现，只有去除组氨酸才降低 mRNA 水平，组氨酸在转录和转录后水平上调控该基因的表达。Kimball 等（1996）研究表明，在肝细胞培养基中去除组氨酸，降低蛋白质的合成和白蛋白 mRNA 的表达。

氨基酸对基因表达的调控作用具有组织特异性和基因种类特异性，基因表达的组织特异性和时空特异性是否与氨基酸在机体的分配与代谢的组织特异性和时空特异性有关？是否由于氨基酸本身、氨基酸代谢产物或氨基酸影响激素的分泌进而由激素介导或通过其他信号转导系统调控基因的表达？这些都值得进一步深入研究。

3.2 碳水化合物对基因表达的调控

3.2.1 碳水化合物的生理作用

碳水化合物是多羟基醛类和多羟基酮类化合物及其缩合物和某些衍生物的总称。植物性饲料中的碳水化合物按其结构性质可以分为两类：一类为可溶性碳水化合物，主要包括单糖、双糖和多糖（淀粉），这类可溶性碳水化合物又叫无氮浸出物，是易被动物消化的碳水化合物；另一类为粗纤维，是难被动物消化的碳水化合物，主要包括纤维素、半纤维素和木质素等。

碳水化合物的生理作用有以下几点：

（1）动物体组织的构成物质　碳水化合物是细胞膜的糖蛋白、神经组织的糖脂以及传递遗传信息的脱氧核糖核酸（DNA）的重要组成成分。

（2）动物体内能量的主要来源　碳水化合物在体内可迅速氧化，及时提供能量。

（3）动物体内能量贮备物质　碳水化合物的摄入充足时，机体首先以碳水化合物作为能量来源，从而避免将宝贵的蛋白质用来提供能量。

(4) 粗纤维是动物日粮中不可缺少的成分 粗纤维不易消化，吸水量大，可起到填充胃肠道的作用；粗纤维对动物肠黏膜有刺激作用，可促进胃肠道的蠕动和粪便的排泄；对于反刍动物和马属动物，粗纤维在瘤胃和盲肠中经发酵形成的挥发性脂肪酸，是重要的能量来源。

(5) 抗酮作用 在肝脏中，脂肪酸氧化分解的中间产物乙酰乙酸、β-羟基丁酸及丙酮，三者统称为酮体。碳水化合物氧化供能，阻止脂肪动员，脂肪酸在肝中 β 氧化降低，乙酰辅酶 A 缩合形成的酮体减少。

(6) 糖原有保肝解毒作用 肝内糖原贮备充足时，肝细胞对某些有毒的化学物质和各种致病微生物产生的毒素有较强的解毒能力。

(7) 调整肠道微生物环境 一些低聚糖，如低聚果糖、低聚木糖、大豆低聚糖、低聚异麦芽糖、低聚半乳糖等具有促进有益菌增殖的作用，进而改善肠道的微生态平衡。

(8) 润滑作用 碳水化合物中的糖蛋白和蛋白多糖有润滑作用。

3.2.2 碳水化合物对基因表达的调控

碳水化合物对许多基因的表达有调控作用，主要表现在碳水化合物在胃肠道被消化成葡萄糖及吸收入血以后，葡萄糖能刺激脂肪组织、肝脏和胰岛 β 细胞中脂肪合成酶系和糖酵解酶基因的转录。

3.2.2.1 碳水化合物对 FAS 和 HSL 基因表达的调控

脂肪酸合成酶(FAS)是脂肪酸合成的主要限速酶，存在于脂肪、肝脏及肺等组织中，在动物体内催化丙二酸单酰辅酶 A 连续缩合成长链脂肪酸的反应。动物每天从食物中摄取能量，并在肝脏和脂肪组织中把多余的能量转变成脂肪贮存起来。动物体脂肪沉积所需要的脂肪酸大多来自脂肪酸的体内合成，即由 FAS 催化乙酰辅酶 A 和丙二酸单酰辅酶 A 合成脂肪酸。因此，FAS 蛋白的多寡、活性的高低将直接控制着体内脂肪合成的强弱，从而影响整个机体脂肪的含量。目前已有证据表明，肝脏和脂肪组织中 FAS 的活性及其基因表达受多种激素和饲粮营养成分的影响。饲粮碳水化合物和脂肪对 FAS 基因的表达都有重要影响。饲粮脂肪抑制 FAS 基因的表达，其作用机理可能是通过过氧化物酶体增殖物激活受体 (peroxisome proliferator-activated receptor，PPAR)产生作用；饲粮碳水化合物促进 FAS 基因表达，其作用机理可能是通过葡萄糖和胰岛素产生作用。

Coupe 等(1990)给哺乳的仔鼠饲喂碳水化合物，能在几小时后诱发肝脏和白脂肪组织中 FAS 和乙酰辅酶羧化酶(acetyl-CoA carboxylase，ACC)mRNA 的出现。FAS、ACC 和 ATP-柠檬酸裂解酶(ATP-citrate lyase，ATP-CL)是脂肪合成途径中 3 个主要的代谢酶，高碳水化合物、低脂肪的日粮使这些酶的基因转录得到加强，已有大量的试验证实了这一点。Maury 等(1993)研究表明，如果在正常断奶仔鼠饲料中加入肠道 α-葡萄糖苷酶阻断剂，将减少采食后肠道中葡萄糖的产量，从而显著降低 FAS 和 ACC 的表达。Girard 等(1994)给断奶后的仔鼠饲喂高脂肪、低碳水化合物的饲粮，发现肝脏中 FAS、ACC 和 ATP-CL mRNA 含量的提高和酶活的增强都受到了抑制。

Foufelle 等(1992)的实验表明，2-脱氧葡萄糖在脂肪组织中有类似葡萄糖的作用，能激发 FAS 等基因的表达，并且其 1 mmol/L 的功效相当于 20 mmol/L 葡萄糖的作用。这提示脂肪组织中 6-磷酸-2-脱氧葡萄糖可能是信号源，6-磷酸葡萄糖应该是诱导 FAS 表达的天然信号。

Foufelle 等(1992)将 19 日龄哺乳仔鼠的脂肪组织在无血清培养基中培养 6～24 h 后，加入葡萄糖和胰岛素能显著提高培养液中 FAS 和 ACC mRNA 的含量，其水平与已断奶并采食高碳水化合物的 30 日龄仔鼠体内的含量相当。葡萄糖、胰岛素的这一作用能被放线菌素 D 抑制，表明它们是通过加强基因转录来实现其功效的。实验还表明，单独添加葡萄糖能提高 FAS 和 ACC mRNA 的含量，并在一定范围内与剂量呈正比，葡萄糖的最佳作用剂量为 20 mmol/L，而单独添加胰岛素则没有效果。当然，葡萄糖的作用效果可以通过与胰岛素的协同作用而得到显著增强。

Kim(1996)在大鼠上实验，分别测定了大鼠在饲喂高碳水化合物日粮、饥饿状态、禁食后再饲喂高碳水化合物 3 种情况下 FAS mRNA 的丰度。结果发现，饲喂高碳水化合物日粮的大鼠，肝 FAS mRNA 丰度增加 3～5 倍，而饥饿显著降低 FAS mRNA 的丰度，禁食后再饲喂高碳水化合物，FAS mRNA 丰度比禁食组增加 20～30 倍。Semenkovich(1993)等在培养人的 HepG2 细胞时发现，生理浓度的 *D*-葡萄糖增加 FAS mRNA 丰度 2.7～5.4 倍，乳酸和柠檬酸也有这种效应。他认为葡萄糖诱导 FAS mRNA 丰度增加主要是提高 FAS mRNA 的稳定性，而不是在 FAS 基因转录水平调节它的表达的。但 Hasegawa 等(1999)发现了一种 DNA 结合蛋白——葡萄糖应答元件结合蛋白(glucose response element binding protein，GRBP)，它结合于 FAS 基因的胰岛素应答元件(insulin response element，IRE)，从而诱导肝 FAS 基因的转录。给动物饲喂高碳水化合物，GRBP 蛋白的含量增加，而在饥饿、饲喂高脂日粮和高蛋白日粮时，GRBP 蛋白的含量降低。这些结果表明，碳水化合物也许是通过调节 GRBP 蛋白的含量，从而在转录水平上对 FAS mRNA 的丰度进行调控的。

张涛等(2007)通过半定量 RT-PCR 的方法研究了不同能量水平(低、中、高能量组能量摄入分别为营养需要量的 75%、100%、125%)条件下绵羊尾部脂肪组织中 FAS 基因的表达规律，表明 FAS 基因在绵羊尾部组织中的相对表达量随日粮当中能量水平的增加而呈升高的趋势，相对表达量在低能量组中最低，高能量组中最高，3 组之间的差异极显著(表 3.1)。

表 3.1 日粮能量水平对绵羊尾部脂肪组织中 FAS 表达量的影响

组别	低能量组	中能量组	高能量组
平均值	0.204 ± 0.050^{C}	0.413 ± 0.043^{B}	0.635 ± 0.056^{A}

注：1. 低、中、高能量组能量摄入分别为营养需要量的 75%、100%、125%。

2. 行肩标不同大写字母表示差异极显著($P<0.01$)。

已有试验研究证实激素敏感脂肪酶(hormone-sensitive lipase，HSL)在骨骼肌、心肌和肝脏中发挥着调节作用，HSL 在骨骼肌中的活性主要是由肾上腺素来调节的，并通过 cAMP 水平来调节(Langfort 等，1999)。另据报道，细胞外信号调节激酶(extracellular mitogen-activated protein kinases，EPK)的活性也与 HSL 的活性有关(Watt 等，2003)。Hansson 等(2005)在缺失 HSL 的鼠肌肉中发现，其糖原利用相关的酶表达增加，表明缺失 HSL 鼠通过增加利用糖来弥补脂肪利用的降低，说明 HSL 在肌内脂肪代谢中有重要的作用。

Qiao 等(2007)研究发现，在哈萨克羊背最长肌 HSL mRNA 水平与肌内脂肪含量有显著的负相关，在新疆细毛羊肌肉中，肌肉 HSL mRNA 水平与肌内脂肪含量没有明显的相关性，表明 HSL 基因表达水平呈现一定的品种差异性。刘作华等(2007)在研究长白×荣昌杂交猪日粮能量水平、肌内脂肪含量与 HSL mRNA 丰度三者之间的关系时发现，HSL mRNA 在背最长肌的表达量与能量水平呈极显著负相关，与肌内脂肪含量呈显著负相关。

Holm 等(1988)用 RNA 杂交分析法检测不同组织中的 HSL 基因 mRNA 水平，发现脂肪组织和一些胆固醇生成组织 mRNA 较丰富，而心肌和骨骼肌 HSL 基因 mRNA 含量很少，认为不同组织转录起始位点的不同可能是造成 HSL mRNA 表达差异的主要原因。

刘作华等(2007)以葡萄糖作为能量来源，通过猪前体脂肪细胞的体外培养，研究能量水平对脂肪细胞 FAS 和 HSL 基因表达的直接作用。研究结果表明：随着葡萄糖浓度的增加，前体脂肪细胞中 FAS mRNA 和 HSL mRNA 表达量均明显提高；在相同葡萄糖浓度下，随着培养时间的增加前体脂肪细胞中 FAS mRNA 和 HSL mRNA 的表达量略有降低。刘作华等(2009)选择初始体重约 20 kg 的长白×荣昌杂交猪 72 头，随机分为 3 个处理，研究日粮能量水平对生长育肥猪 FAS 和 HSL 活性及基因表达量的影响。日粮消化能分别为 11.75 MJ/kg(低能量组)、13.05 MJ/kg(中能量组)和 14.36 MJ/kg(高能量组)。试验猪体重达到 100 kg 时屠宰。结果表明：与低能量组相比，中能量组和高能量组的脂肪组织、肝脏组织和肌肉组织的 FAS 活性显著提高，而 HSL 活性明显降低，并且 FAS 和 HSL 活性具有组织差异性，脂肪组织中活性最高，肝脏组织中的活性其次，肌肉组织中的活性最低；与低能量组相比，中能量组和高能量组的脂肪组织和肌肉组织的 FAS mRNA 表达量均明显提高，HSL mRNA 表达量均显著降低。本研究结果初步表明，能量水平调控脂肪沉积可能是通过调节 FAS 和 HSL 的活性及基因表达量来实现的。

程善燕等(2010)研究表明，绵羊日粮不同能量水平(低、中、高能量组代谢能分别为 7.21 MJ/d、10.33 MJ/d、13.49 MJ/d；蛋白质水平基本一致)影响皮下脂肪、背最长肌、股二头肌和心脏组织 HSL mRNA 表达量。随着日粮能量水平的升高，绵羊皮下脂肪、背最长肌、股二头肌和心脏组织 HSL mRNA 丰度逐渐减少，且 HSL 基因在绵羊不同组织中的表达具有组织特异性，HSL 基因在皮下脂肪组织表达量极显著高于背最长肌、股二头肌和心脏(表 3.2)。

表 3.2 日粮能量水平对绵羊不同组织中 HSL mRNA 丰度的影响

不同组织	低能量组	中能量组	高能量组
皮下脂肪	5.57 ± 0.56^{A}	4.48 ± 0.42^{B}	3.59 ± 0.54^{C}
背最长肌	4.42 ± 0.36^{A}	2.94 ± 0.33^{Bb}	2.08 ± 0.18^{Bc}
股二头肌	3.51 ± 0.27^{A}	2.46 ± 0.35^{Bb}	1.89 ± 0.34^{Bc}
心脏	2.17 ± 0.28^{Aa}	1.34 ± 0.48^{b}	0.72 ± 0.40^{Cc}

注：1. 低、中、高能量组代谢能分别为 7.21 MJ/d、10.33 MJ/d、13.49 MJ/d。
2. 行肩标不同大写字母表示差异极显著($P<0.01$)，不同小写字母表示差异显著($P<0.05$)。

3.2.2.2 碳水化合物对 ob 基因表达的调控

肥胖基因编码的瘦素(leptin)是脂肪细胞分泌的一种激素，具有调节摄食行为、减少能量消耗和降低动物采食量的作用。

Kolaczynski 等(1996)研究发现，人在禁食状态下会引起脂肪组织肥胖(obese，ob)基因表达及血浆瘦素水平的降低，再度饮食又可迅速恢复。能量摄入水平对 ob 基因表达有重要的调节作用，这种调节作用表现在翻译水平；瘦素水平增高，是机体对能量摄入增加、体重增加作出的反馈调节，其目的是降低能量摄入，增加能量消耗，维持体重在一个相对平衡的范围。

瘦素可使神经肽(NPY)分泌减少，引起采食量减少。葡萄糖对Leptin表达的影响只有少量限于体内的研究结果。据Mizuno(1996)报道，葡萄糖促进鼠Leptin表达，但Bodkin等(1996)报道，葡萄糖对猴Leptin表达无作用。

Spurlock(1998)报道禁食减少猪ob基因的表达，但维持状态或低于维持状态较自由采食状态对ob基因的表达无差异，ob基因的表达只与猪脂肪的沉积量和脂肪占体重的百分比有关。王方年(1999)用不同葡萄糖浓度培养3T3-F442A脂肪细胞，研究葡萄糖对Leptin表达的影响：当葡萄糖浓度为5～10 mmol/L时，Leptin表达有十分明显的升高(约7倍)。继续升高葡萄糖的浓度，Leptin的表达未见升高，表现出饱和性特点。葡萄糖浓度升至25 mmol/L时，Leptin的表达有明显下降，这种抑制作用很可能是由于"葡萄糖毒性作用"造成的。

张涛等(2007)通过半定量RT-PCR的方法研究了不同能量水平(低、中、高能量组能量摄入分别为营养需要量的75%、100%、125%)条件下绵羊尾部脂肪组织中ob基因的表达规律，表明ob基因在绵羊尾部组织中的相对表达量随日粮当中能量水平的增加而呈升高的趋势，相对表达量在低能量组中最低，高能量组中最高，3组之间的差异极显著(表3.3)。

表3.3　日粮能量水平对绵羊尾部脂肪组织中ob表达量的影响

组别	低能量组	中能量组	高能量组
平均值	0.204 ± 0.050^{C}	0.526 ± 0.043^{B}	0.871 ± 0.125^{A}

注：1. 低、中、高能量组能量摄入分别为营养需要量的75%、100%、125%。
2. 行肩标不同大写字母表示差异极显著($P < 0.01$)。

牛淑玲等(2007)采用荧光RT-PCR法研究了不同能量摄入水平对围产期奶牛脂肪组织Leptin mRNA和HSL mRNA表达的影响，表明不同能量摄入水平显著影响脂肪组织Leptin mRNA和HSL mRNA的表达。低能饲喂(标准日粮减少20%，能量摄入80%组)明显提高了脂肪组织中Leptin mRNA表达，降低了HSL mRNA表达；而高能饲喂(标准日粮增加20%，能量摄入120%组)明显降低了脂肪组织中Leptin mRNA表达，提高了HSL mRNA表达。

3.2.2.3　碳水化合物对糖代谢相关酶基因表达的调控

1. 对葡萄糖-6-磷酸脱氢酶基因表达的调控

葡萄糖-6-磷酸脱氢酶(glucose-6-phosphate dehydrogenase，G-6-PD)是存在于所有细胞和组织中的一种看家酶，是磷酸戊糖旁路代谢的起始酶，它提供戊糖用于核酸合成，提供还原型辅酶(NADPH)，用于各种生物合成及维持血红蛋白和红细胞膜的稳定性。G-6-PD缺乏不仅影响NADPH的生物合成，并且妨碍过氧化氢和成熟红细胞的其他化合物的解毒作用。G-6-PD缺陷是人类最常见的酶缺陷病，全世界约有4亿人受累，其实质是G-6-PD基因突变。

脂肪和脂肪酸的生物合成需要来自糖代谢的能量，也需要NADPH，因而提供NADPH的磷酸戊糖途径中的G-6-PD的含量、活力均会对脂肪合成产生影响。Morikawa等(1984)、Prostko等(1989)研究报道，高碳水化合物日粮能促进G-6-PD基因在大鼠肝实质细胞中表达。Spolarics(1999)进一步研究了高碳水化合物日粮对大鼠肝窦状内皮细胞和实质细胞中G-6-PD活力和mRNA的含量的影响，表明短期喂高碳水化合物日粮，能促进G-6-PD基因在肝窦状内皮细胞和实质细胞中表达。Spolarics对大鼠分别进行5种处理：①禁食24 h；②禁食 24 h 后，喂以标准日粮 48 h；③禁食 24 h 后，喂高碳水化合物日粮 48 h；④喂标准日粮；⑤喂标准日粮后，喂高碳水化合物日粮 48 h。结果，在肝窦状内皮细胞中，G-6-PD 的活力处理③是处理①的 2.5 倍，处理⑤是处理④的 2.25 倍。在肝实质细胞，G-6-PD 的活力处理③、处理⑤比处理④高出 700%～1 200%；采用 Northern 杂交分析方法，肝窦状内皮细胞中，测得 G-6-PD mRNA 含量，处理③是处理①的 4 倍。该结果表明，短期喂高碳水化合物日粮，能促进 G-6-PD 基因在肝窦状内皮细胞和实质细胞中表达。

2. 对葡萄糖激酶（GK）基因表达的调控

葡萄糖激酶（glucokinase，GK）是糖酵解过程中调节血糖的关键酶。早期研究表明，鱼类 GK 缺乏或活性很低，被认为是限制鱼体对碳水化合物利用的原因之一。但是后来大量研究表明鱼类肝脏存在 GK，日粮中碳水化合物（CHO）能诱导硬头鳟、虹鳟、鲤鱼等肝胰脏 GK 活性增加，并能增加硬头鳟、虹鳟和鲤鱼肝脏 GK 基因的表达。刘波等（2008）研究了不同 CHO 水平对翘嘴红鲌生长、GK 活性及 GK 基因表达的影响。选用 540 尾（40.73±0.44）g 翘嘴红鲌，随机分成为高 CHO 组、中 CHO 组、无 CHO 组，每组设 3 个重复，饲养 8 周，测定鱼体生长、血液指标、GK 活性及 GK mRNA 水平等指标。结果显示，摄食后，血糖先上升后趋于平缓，其中高 CHO 组相对高，无糖组低；血浆甘油三酯先上升后下降再上升又下降，其中高 CHO 组相对较高，中 CHO 组最低；无 CHO 组血浆胆固醇、中 CHO 组己糖激酶（hexokinase，HK）活性、高 CHO 组葡萄糖脱氢酶（glucose dehydrogenase，GDH）相对较低，其他各组在投喂后都呈现先上升后下降。GK 活性总体呈上升趋势，各组在禁食时，检测不到 GK 活性，饲料 CHO 含量越高，GK 活性也越高，但是 GK mRNA 的水平与 CHO 含量并不呈线性关系。血糖、GK 活性与 GK mRNA 的水平之间有一定的相关性，摄食高 CHO 饲料可诱导 GK 活性及基因的表达，造成持续高血糖，可能不利于生长。

3.2.2.4 碳水化合物对糖异生相关酶基因表达的调控

1. 对葡萄糖-6-磷酸酶（G-6-Pase）基因表达的调控

葡萄糖-6-磷酸酶（G-6-Pase）是糖代谢过程中一个重要的酶，由于它是糖异生和糖原分解的最后一步反应的限速酶，因此其活性的变化直接影响到内生性糖的输出。目前对 G-6-Pase 结构功能的认识还不是完全清楚，人们研究较多的是其催化亚基（G-6-PC）和 6-磷酸葡萄糖转运亚基（G-6-PT）。

方显锋等（2005）研究了葡萄糖以及木糖醇对 G-6-Pase 基因表达的调控机制。将原代培养的大鼠肝细胞在不同浓度葡萄糖和木糖醇的培养液中培养 4 h 后提取 RNA，以半定量 RT-PCR 方法检测细胞 G-6-PC 和 G-6-PT 的 mRNA 水平。结果发现，高浓度的葡萄糖可使肝细胞 G-6-PC 和 G-6-PT 的 mRNA 水平升高。25 mmol/L 的葡萄糖能够使 G-6-PC 和 G-6-PT 的 mRNA 升高 2 倍以上。小剂量的木糖醇能够促进 G-6-PC 和 G-6-PT 的转录，当木糖醇浓度大于 5 mmol/L 时这种促进作用逐渐消失甚至表现为抑制作用。葡萄糖能够明显地促进 G-6-Pase 基因的转录，该酶在糖尿病的发生发展中起着重要的作用。

2. 对磷酸烯醇式丙酮酸羧激酶（PEPCK）基因表达的调控

磷酸烯醇式丙酮酸羧激酶（phosphoenolpyruvate carboxykinase，PEPCK）是肝和肾中糖原异生的关键酶，它的基因转录区起始位点上游 500 bp 内含有许多调节单元，可与代谢信号相呼应；该基因的表达可受到日粮碳水化合物的调控。糖类等碳水化合物对 PEPCK 的调控主要是通过对其启动子的作用，当动物进食含有大量碳水化合物的饲料时，PEPCK 启动子就会关闭，从而使 PEPCK 水平大幅度下降，而当禁食或饲喂高蛋白质低碳水化合物的饲料时 PEPCK 的启动子就会处于打开状态，从而导致 PEPCK 水平得到大幅度提高。

Assout 等(1987)通过对大鼠 PEPCK 基因的分析表明，PEPCK 基因启动子位于－460～73 之间，其中包含了大多数激素调控基因转录所必需的组织特异性调控元件。日粮中糖的含量水平会影响胰岛素、cAMP 等的相对水平，而胰岛素与 cAMP 等的相对水平又会影响到特异性转录因子的活性，特异性转录因子与 PEPCK 启动子上的相应调控元件结合与否，又会影响 PEPCK 基因的表达。Short 等(1992)的研究认为，PEPCK 基因转录的调控区相当复杂，它包含着 3 个功能区，每一个区由蛋白质结合位点群构成。区域Ⅰ包含了基本必需的元件和 cAMP 调控区；区域Ⅱ由一系列蛋白质结合位点组成，它可以通过与结合区域Ⅰ上的转录因子的相互作用来调节 PEPCK 基因的转录，其中被命名为 P3(Ⅰ)的调控元件对 PEPCK 在肝脏中的特异性表达具有重要意义，并为 PEPCK 启动和 cAMP 充分作用所必需；区域Ⅲ含有一套复杂的调控元件，包括糖皮质激素、视黄酸对基因转录的正调控和胰岛素的负调控作用。在上述调控元件中最主要的有 cAMP 应答元件(cAMP response element，CRE)(－87～－74)和 P3(Ⅰ)(－248～－230)，如 cAMP 的诱导和胰岛素的抑制作用就是通过这两个元件。当日粮中含有大量糖类时，由于胰岛素的作用而抑制了 PEPCK 基因的转录，导致其水平下降。当禁食或日粮中含低糖时，情况则刚好相反。胰高血糖素、甲状腺激素、糖皮质激素、视黄酸可诱导该基因的转录，而胰岛素则抑制它的转录。

PEPCK 在肝和肾中的合成速度与其 mRNA 水平密切相关，而 mRNA 又受到基因转录及 mRNA 本身稳定性的控制。胰高血糖素可诱导该基因的转录，胰岛素可抑制其转录。PEPCK mRNA 的半衰期为 30 min，但 cAMP 有助于其稳定，因此 PEPCK 基因的即时调节受控于 cAMP 和胰岛素水平，而它们又受饲料中糖含量的影响。James 等(1981)的研究认为，当动物进食含大量糖类的饲料时，肝中 PEPCK 水平大幅度下降，而如果禁食或给以高蛋白质低糖的饲料时，则可以使其水平提高。因此，当进食含大量糖类的饲料时，由于 cAMP 水平急剧下降以及胰岛素水平急剧上升，从而抑制 PEPCK 基因的表达，导致肝中 PEPCK 水平大幅度下降，当禁食或饲喂高蛋白低糖饲料时，则情况恰好相反。

在水产方面，Tranulis 等(1996)研究发现大西洋鲑的 PEPCK 不受日粮中的碳水化合物影响；Panserat 等(2000)对虹鳟和金头鲷的研究也发现饲料营养成分和摄食时间不影响 PEPCK 基因的表达；Panserat 等(2002)研究显示摄食后 6 h 和 24 h，鲤 PEPCK 表达没差异，并且摄食含糖饲料比无糖饲料时，该基因的表达有所降低，但差异不显著。俞菊华等(2007)使用实时定量 RT-PCR 测定了摄食无糖(脂肪 9.13%，蛋白 63.38%)、高糖(糖 23.93%，脂肪 9.94%，蛋白 40.53%)、低脂(中糖)(脂肪 9.92%，糖 14.45%，蛋白 50.14%)、高脂(脂肪 19.93%，糖 14.98%，蛋白 40.88%)饲料的翘嘴红鲌在摄食后 0 h、3 h、6 h、12 h、24 h PEPCK 的表达水平。结果显示，饲料中糖含量一致的情况下，高脂组和低脂组翘嘴红鲌 PEPCK 的表达差异不显著；脂肪水平一致时，高糖(23.93%)和中糖(14.45%)饲料组翘嘴红鲌 PEPCK 的表达，除了在 0 h、3 h 时高糖组显著高外，6 h、12 h、24 h 没显著差异，但 12 h、24 h 高糖组 PEPCK 相对较低，分别是中糖组的 75%和 65%，无糖组 PEPCK 的表达量除了在 12 h 和其他各组一致(均较低)外，在其他时间均明显高，特别是摄食后 24 h 其表达量为其他组同期的 2.5～4.7 倍。表明当饲料中至少含 14.45%糖，但又低于 23.93%时，饲料中的营养成分对 PEPCK 的表达没显著影响，而无糖饲料 PEPCK 的表达明显较高。

3.2.2.5 碳水化合物对其他基因的调控

1. 对苹果酸酶(ME)基因转录活性的调控

苹果酸酶可催化苹果酸氧化脱羧形成丙酮酸和 CO_2,同时催化 $NADP^+$ 形成 NADPH,它是禽类肝脏合成长链脂肪酸时所需能量的来源。ME 在 16 日龄的鸡胚肝脏中开始出现,以后逐渐增加,并受到激素与营养的调控。

高碳水化合物可以提高 ME 基因转录活性。Dozin 等(1986)以甲状腺机能正常或甲状腺机能减退的小鼠为研究对象,给予高碳水化合物日粮。甲状腺机能正常的小鼠给予高碳水化合物日粮 10 d 后,细胞 ME mRNA 水平增加 7～8 倍,ME 活性同时也被提高。这种效应不是 ME 基因转录活性增加的结果,也不是核内 ME mRNA 序列含量增加的结果,细胞质 mRNA 的增加与细胞质内 mRNA 的延迟降解相一致。高碳水化合物日粮对 ME 活性的调控具有肝脏组织特异性。肝脏内反应的数量与甲状腺的状态有关,甲状腺机能减退时降低,正常小鼠注射甲状腺素后反应提高。

营养因素主要通过调控 ME mRNA 水平而调节酶的活性。Goodridge 等(1989)采用 Northern 印迹技术研究了饥饿及采食状态下体内肝脏 ME mRNA 浓度,禁食鸡在采食 24 h 后会引起 ME mRNA 的丰度增加 35 倍以上。

2. 对胰岛细胞中胰岛素基因表达的调控

胰岛素生物合成与胰岛素 mRNA 水平密切相关,通过检测胰岛细胞中胰岛素 mRNA 水平,可观察 β 细胞的功能状态。胰岛素基因表达受营养物质、神经递质、内分泌激素、细胞因子等调控,葡萄糖则是其主要生理调节剂。

刘铭等(2003)研究发现,长期高浓度葡萄糖培养导致大鼠胰岛细胞和小鼠胰岛 βTc3 细胞对葡萄糖刺激的胰岛素分泌反应降低和细胞内胰岛素含量的减少;高糖培养 14 d 可以使大鼠胰岛细胞 IDx-Ⅰ(islet duodenal homeobox Ⅰ)和葡萄糖转运蛋白 2(glucose transporter 2, GLUT2)mRNA 表达明显减少,转录因子 C/EBPβ mRNA 表达明显增加,葡萄糖激酶(GK) mRNA 表达无明显变化;高糖培养可以明显增加大鼠胰岛细胞和小鼠 βTc3 细胞凋亡百分率;大鼠胰岛细胞高糖培养 14 d 后 B 细胞淋巴瘤/白血病 xS(Bcl-xS)基因 mRNA 水平明显增加,B 细胞淋巴瘤/白血病 xL(Bcl-xL)基因 mRNA 水平无明显变化,Bcl-xL/Bcl-xS mRNA 比率明显减少。结论,长期高糖培养可以诱导大鼠胰岛细胞和小鼠 βTc3 细胞凋亡和功能缺陷;IDx-Ⅰ表达的变化在大鼠胰岛细胞功能缺陷中起重要作用;大鼠胰岛细胞的 Bcl-xL/Bcl-xS 比率变化在高糖所致的胰岛细胞凋亡中起重要作用。

董凌燕等(2004)研究显示,长期的高血糖状态可抑制胰岛素基因的表达,而且,这种作用呈现剂量和时间的依赖性关系,即血糖越高,持续时间越长,对胰岛素基因表达的抑制作用越强,此为葡萄糖毒性作用,最终使胰岛 β 细胞功能耗竭。不仅如此,低血糖也可以抑制胰岛素基因的表达。

3. 对 AQPap 基因、AR 基因、GLUT4、LPH 及微血管内皮细胞基因表达的调控

脂肪水孔蛋白(aquaporin adipose,AQPap)是脂肪组织特异表达的甘油水孔蛋白,它负责在脂肪分解时将脂肪细胞内的甘油转运至细胞外,参与能量供应。胰岛素对 3T3 -L1 脂肪细胞 AQPap mRNA 表达具有抑制作用,呈剂量依赖性及时间依赖性。葡萄糖与胰岛素是反映机体能量状况的重要信号分子。脂肪组织特异表达的一些与糖脂代谢有关的基因可能会受葡萄糖的影响。周红文等(2004)利用半定量 RT-PCR 技术及 Western 印迹法研究胰岛素、葡萄

糖对成熟脂肪细胞 AQPap 基因表达的影响。结果表明，胰岛素对 AQPap 的表达具有抑制作用，而高浓度葡萄糖则对 AQPap 的表达具有促进作用。

醛糖还原酶（aldose reductase，AR）是多元醇通路的限速酶。何玲（2005）研究表明，葡萄糖能诱导内皮细胞 AR 基因表达，增强 AR 活性，且在一定范围内呈时间及浓度依赖性。

李益明等（2000）报道，糖尿病大鼠的骨骼肌中葡萄糖转运蛋白 4（glucose transporter 4，GLUT4）mRNA 的含量明显低于正常大鼠，根皮苷治疗在不影响体重和胰岛素水平的基础上，使糖尿病大鼠的血糖降低、骨骼肌中 GLUT4 mRNA 的含量增加；根皮苷治疗对正常大鼠的血糖、胰岛素和 GLUT4 mRNA 无影响。

Tanaka 等（1998）用长期饲喂低碳水化合物日粮的 7 周龄小鼠进行饲养试验。所用饲料含有各种单糖，饲喂 12 h 后进行检测，经检验表明果糖、蔗糖、半乳糖和甘油可以使促脂解素（lipotropin or lipotropic hormone，LPH）mRNA 的丰度升高，同时空肠中乳糖酶活性也会提高。通过比较，葡萄糖不能引发 LPH mRNA 水平的显著升高。经分析表明，碳水化合物对 LPH mRNA 表达提高的作用是通过转录水平的控制而实现的。

张斌等（2004）研究高糖对 SD 大鼠肺微血管内皮细胞基因表达谱的影响。结果显示，高糖可能通过影响微血管内皮物质代谢、信号转导、细胞膜结构和细胞外基质等的表达而导致血管内皮功能紊乱。

4. 对肝脏脂肪沉积相关基因表达的调控

填饲诱导的水禽脂肪肝是由于食物中碳水化合物引起的在肝脏中强烈的脂肪生成，特别是大量的中性脂肪，尤其是甘油三酯（triglyceride，TG）在肝实质细胞内的异常沉积。Hermier（1997）认为可能是由于填饲引起从头合成的 TG 组装到新生极低密度脂蛋白（very low density lipoprotein，VLDL）颗粒的能力受到损害，使 TG 随 VLDL 分泌的途径被抑制。动物体内肝 VLDL-TG 生成与分泌的强弱取决于 VLDL-TG 生成、分泌相关基因的表达状态。和 VLDL 合成和分泌代谢有关的甘油二酯酰基转移酶 2（diacylglycerol acyltransferase 2，DGAT2）、肝脏 X 受体（liver X receptor，LXR）和脂蛋白脂酶（lipoprotein lipase，LPL）等基因在不同的物种中，其组织表达特异性存在差异，造成肝脂质分泌差异。Heijboer 等（2005）报道在填饲诱发脂肪沉积过程中，VLDL-TG 分泌相关蛋白（DGAT2、LXR 和 LPL）mRNA 的表达与调控可能起着重要作用。王继文等（2008）以四川白鹅和朗德鹅为材料，研究填饲对鹅肝脏脂质沉积及脂质分泌有关基因表达的影响。结果表明，对鹅填饲高能碳水化合物可诱导 DGAT2 mRNA 表达量下降，LXRα 和 LPL mRNA 表达量增加，推测 LXRα 对肝脏 TG 积聚及血浆 VLDL-TG 分泌都有促进作用，LPL 和 DGAT2 基因表达促进肝中脂质的水解或抑制肝 VLDL-TG 分泌。

3.2.2.6 其他糖类对基因表达的调控

1. *D*-半乳糖

刘克明等（2005）研究了 *D*-半乳糖致氧化损伤模型鼠超氧化物歧化酶（SOD）活性及其基因表达的相关性。结果显示，*D*-半乳糖造模小鼠 SOD 活力降低，SOD 基因表达也相应降低。人参蜂王浆口服液可减弱 *D*-半乳糖对 SOD 活力及 SOD 基因表达的抑制作用。

谢文杰等（2005）采用 cDNA 芯片研究了 *D*-半乳糖皮下注射小鼠海马的基因表达变化。结果显示，在 4 000 个待研究的基因中，两组小鼠海马间存在 2 倍表达差异的有 76 个，其中上调 26 个，下调 50 个。经分析，模型组基因表达谱与老年性痴呆（Alzheimer disease，AD）相关基因表达谱在氧应激、能量代谢相关基因等方面有相似之处，提示 *D*-半乳糖小鼠模型有可能作为拟 AD 病理模型。

2. 枸杞多糖

沈自尹等(2002)利用末端脱氧核糖核酸转移酶(terminal deoxynucleotidyl transferase，TdT)介导的 dUTP 缺口末端标记技术(TUNEL)标记的流式细胞术和荧光实时定量 PCR 技术，研究了老年大鼠和年轻大鼠 T 细胞凋亡百分率及抗凋亡和促凋亡基因(fas、fasL、TNFR1、bax、bcl-2、TNFR2)mRNA 表达情况，并研究了枸杞多糖对老年大鼠 T 细胞凋亡百分率及促凋亡和抗凋亡基因 mRNA 表达的影响。结果显示，枸杞多糖能够有效地降低老年大鼠 T 细胞的过度凋亡，而且可以下调促凋亡的肿瘤坏死因子受体 1(tumor necrosis factor receptor 1，TNFR1)基因 mRNA 表达，并上调抗凋亡的 bcl-2 基因 mRNA 表达。枸杞多糖下调促凋亡基因表达的同时上调抗凋亡基因的表达，从而改善老年大鼠 T 细胞过度凋亡的状态。

张民等(2003)研究证明，下丘脑损伤性肥胖小鼠脂肪组织内的乙酰辅酶 A 羧化酶(ACC) mRNA 含量较正常小鼠明显减少，而摄入枸杞多糖-4 (lycium barbarum polysaccharide，LBP-4)后，其体内的 ACC mRNA 水平得到了极显著的提高，且其增加量随 LBP-4 摄入量的增加而增加，表现出明显的量效关系。因此，LBP-4 的降脂减肥作用可能是通过调节体内能量代谢来实现的。

3. 黄芪多糖

黄芪多糖(astragalus polysaccharides，APS)是从黄芪分离出的多糖组分，由葡萄糖、半乳糖、阿拉伯糖等组成，具有抗炎、抗肿瘤和较强的免疫增强作用，兽医临床上已将其用于治疗畜禽病毒性疾病，并有研究用于开发免疫调节饲料添加剂。欧德渊等(2007)研究了黄芪多糖对细菌脂多糖诱导仔猪腹腔巨噬细胞分泌肿瘤坏死因子 α(tumor necrosis factor-α，TNF-α)、一氧化氮(nitric oxide，NO)及白细胞介素-1(interleukin-1，IL-1)的影响，结果完全培养液组、APS 组、APS+LPS 组 TNF-α mRNA 的表达显著或极显著低于细菌脂多糖(lipopolysaccharide，LPS)组。表明，APS 可以抑制 LPS 诱导的仔猪腹腔巨噬细胞产生 IL-1、NO 及 TNF-α 表达(蛋白和基因水平)。

王秋菊等(2010)研究黄芪对雏鸭 IL-2 基因表达的影响。将 20 只雏鸭随机分成对照组和试验组，试验组雏鸭用黄芪拌料饲喂，对照组雏鸭不用黄芪拌料饲喂，15 d 后处死，提取脾组织总 RNA，通过实时荧光定量 RT-PCR 测定两组雏鸭 IL-2 基因表达情况。结果试验组雏鸭 IL-2 基因表达量是对照组 IL-2 基因表达量的 7.892 倍，表明黄芪能够提高雏鸭体内 IL-2 基因的表达，提高机体免疫力，从而增强雏鸭的抗病能力。

Yuan 等(2008)给鲤鱼腹腔注射不同剂量的 APS 24 h 后发现，鲤鱼 C 型溶菌酶基因(Lysozyme-c)在头肾、鳃和脾脏等组织中均有表达，5 mg/kg 处理组的鳃组织和 25 mg/kg 处理组的脾脏组织中 Lysozyme-c 基因表达量显著升高。孙永欣(2009)给仿刺参体腔注射不同剂量的 APS 注射液，24 h 后发现，5 mg/kg 和 10 mg/kg 量的 APS 可提高体细胞中溶菌酶 mRNA 表达量，其中 5 mg/kg 剂量组达显著水平，剂量为 20 mg/kg 时基本无效。汤菊芬(2011)等研究发现，吉富罗非鱼腹腔注射 20 mg/mL 高剂量 APS 后，其鳃、头肾、肝脏 3 个组织中的 Lysozyme-c 基因表达量显著高于对照组；注射 2 mg/mL 低剂量 APS 后，Lysozyme-c 基因表达量仅在脾脏中出现显著上调。结果表明，APS 可通过诱导 Lysozyme-c 基因在鳃、头肾、肝脏和脾脏等组织的表达量，来提高吉富罗非鱼的机体免疫力。

4. 其他多糖

赵玉蓉等(2008)研究了牛膝多糖(achyranthes bidentata polysaccharides,ABPs)对断奶仔猪抗菌肽(protegrin-1,PG-1)mRNA 表达的影响,结果显示日粮中添加不同量牛膝多糖均不同程度地促进断奶仔猪骨髓 PG-1 mRNA 的表达,且日粮中以 0.10%添加量为适宜,0.15%牛膝多糖组与 0.10%牛膝多糖组相比,PG-1 mRNA 的表达有下降趋势,其原因可能和高剂量多糖对动物机体的免疫起抑制作用有关。

刘洪凤等(2011)研究了南瓜多糖对Ⅱ型糖尿病大鼠糖脂代谢和脂联素(adiponectin)基因表达的影响,表明南瓜多糖可上调 adiponectin 基因表达,降低胰岛素抵抗;降低Ⅱ型糖尿病大鼠血糖和改善其脂代谢紊乱。

3.3 脂肪对基因表达的调控

3.3.1 脂肪的定义

脂类是油、脂肪、类脂的总称。食物中的油脂主要是油和脂肪,一般把常温下是液体的称作油,而把常温下是固体的称作脂肪。脂肪是由甘油和脂肪酸组成的三酰甘油酯,其中甘油的分子比较简单,而脂肪酸的种类和长短却不相同。因此,脂肪的性质和特点主要取决于脂肪酸,不同食物中的脂肪所含有的脂肪酸种类和含量不一样。自然界有 40 多种脂肪酸,因此可形成多种脂肪酸甘油三酯。脂肪酸一般由 4～24 个碳原子组成。脂肪酸分三大类,即饱和脂肪酸、单不饱和脂肪酸、多不饱和脂肪酸。脂肪在多数有机溶剂中溶解,但不溶解于水。

在自然界中,最丰富的是混合甘油三酯,在食物中占脂肪的 98%。所有的细胞都含有磷脂,它是细胞膜和血液中的结构物,在脑、神经、肝中含量特别高,卵磷脂是膳食和体内最丰富的磷脂之一。4 种脂蛋白(乳糜微粒、极低密度脂蛋白、低密度脂蛋白、高密度脂蛋白)是血液中脂类的主要运输工具。

3.3.2 脂肪的生理作用

脂肪主要分布在机体皮下组织、大网膜、肠系膜和肾脏四周等处。体内脂肪的含量常随营养状况、能量消耗等因素而变动。其主要生理作用有:

(1) 氧化供能　脂肪所含的碳和氢比碳水化合物多,因此在氧化时可释放出较多热量。

(2) 构成机体组织　类脂作为细胞膜结构的基本原料,占细胞膜重量的 50%左右。细胞的各种膜主要是由类脂(磷脂、胆固醇)与蛋白质结合而成的脂蛋白构成的。一些固醇则是制造体内固醇类激素的必需物质,如肾上腺皮质激素、性激素等。

(3) 供给必需脂肪酸　脂肪中含有的必需脂肪酸主要靠膳食提供,它主要用于磷脂的合成,是所有细胞结构的重要组成部分;在保持皮肤微血管正常通透性,以及对精子形成、前列腺素的合成等方面具有重要作用。

(4) 调节体温和保护内脏器官　脂肪大部分贮存在皮下,用于调节体温,保护对温度敏感的组织,防止热能散失。脂肪分布填充在各内脏器官间隙中,可使其免受震动和机械损伤,并维持皮肤的生长发育。

(5) 增加饱腹感　脂肪在胃内消化较缓、停留时间较长,可增加饱腹感,使动物不易感到饥饿。

(6) 促进脂溶性维生素的吸收　脂溶性维生素 A、维生素 D、维生素 E、维生素 K 等不溶于水,它们只有通过溶于脂肪中才能被吸收利用。因此,摄取脂肪,就能使食物中的脂溶性维生素溶解于脂肪中,被机体吸收。如果脂肪摄入过少就会影响上述维生素的吸收。

(7) 脂肪组织的内分泌功能　脂肪组织可分泌瘦素(leptin)、肿瘤坏死因子 α(tumor necrosis factor-α,TNF-α)、白细胞介素(interleukin,IL)、纤维蛋白溶酶原激活因子抑制物(plasminogen activator inhibitor,PAI)、血管紧张素原(angiotensinogen)、雌激素(estrogen)、类胰岛素生长因子(insulin-like growth factor,IGF)、类胰岛素生长因子结合蛋白-3(IGF binding protein-3,IGFBP-3)、脂联素(adiponectin)、抵抗素(resistin)等。

3.3.3 脂肪酸的主要性质

(1) 水溶性　脂肪酸分子由极性羟基和非极性烃基所组成。因此,它具有亲水性和疏水性两种不同的性质。所以,有的脂肪酸能溶于水,有的不能溶于水。烃链的长度对溶解度有影响。碳链相同,有无不饱和键对溶解度无影响。

(2) 熔点　饱和脂肪酸的熔点依其分子质量而变动,分子质量越大,其熔点就越高。不饱和脂肪酸的双键越多,熔点越低。纯脂肪酸和由单一脂肪酸组成的甘油酯,其凝固点和熔点是一致的,而由混合脂肪酸组成的甘油酯的凝固点和熔点则不同。

(3) 吸收光谱　脂肪酸在紫外和红外区显示出特有的吸收光谱,可用来对脂肪酸进行定性、定量或结构研究。红外吸收光谱可有效地应用于判断脂肪酸的结构。它可以区别有无不饱和键、是反式还是顺式、脂肪酸侧链的情况以及检出过氧化物等特殊原子团。

(4) 皂化作用　脂肪内脂肪酸和甘油结合的酯键容易被氢氧化钾或氢氧化钠水解,生成甘油和水溶性的肥皂。这种水解称为皂化作用。

(5) 加氢作用　脂肪分子中如果含有不饱和脂肪酸,其所含的双键可因加氢而变为饱和脂肪酸。含双键数目越多,则吸收氢量也越多。加氢使脂肪硬度增加,不易氧化酸败,有利于贮存,但损失必需脂肪酸。

(6) 加碘作用　脂肪分子中的不饱和双键可以加碘,每 100 g 脂肪所吸收碘的克数称为碘价。脂肪所含的不饱和脂肪酸愈多,或不饱和脂肪酸所含的双键越多,碘价越高。根据碘价高低可以知道脂肪中脂肪酸的不饱和程度。

3.3.4 脂肪对基因表达的调控

3.3.4.1 脂肪对 FAS 基因表达的调控

动物每天从食物中摄取能量,并在肝脏和脂肪组织中把多余的能量转变成脂肪贮存起来。动物体脂沉积所需要的脂肪酸大多来自脂肪酸的体内合成,即由 FAS 催化乙酰辅酶 A 和丙二酸单酰辅酶 A 合成脂肪酸。因此,FAS 蛋白的多寡、活性的高低对控制动物体脂沉积具有重要意义。

大量研究表明，日粮脂肪酸对FAS基因表达具有抑制作用，特别是日粮多不饱和脂肪酸(polyunsaturated fatty acid，PUFA)可以抑制肝脏中脂肪合成。日粮中脂肪酸对FAS基因转录的抑制导致该酶转录减少，结果降低了脂肪的合成。脂肪酸控制基因转录的能力取决于脂肪酸的碳链长度、双键位置和数量。

脂肪酸链上的双键，特别是从甲基末端起的第一个双键的位置，对FAS活性的影响具有特殊的作用。Clarke(1992)和Dana等(1996)研究发现，当第一个双键位于*n*-3时，对FAS的抑制作用比*n*-6强，第一个双键位于*n*-9时，与饱和脂肪酸的作用相似，对FAS基因的表达基本无影响，*n*-3和*n*-6脂肪族是FAS基因表达的强抑制剂。饲喂大鼠高碳水化合物(无脂)日粮，补加少量长链PUFA(20～30 g/kg)能明显降低脂肪合成能力及FAS活力，相反，单不饱和脂肪酸则没有这种能力。但这种作用对肝有效，对脂肪组织无效。

Mersmant(1973)发现，在成年猪日粮中添加脂肪酸，可以降低FAS的活性，减少脂肪酸的合成。Mathew等(1981)用无脂肪、含红花油(多不饱和脂肪酸)和含牛脂(饱和脂肪酸)的日粮喂大鼠，观察脂肪酸对FAS的影响，测定FAS的活性。结果发现PUFA降低FAS mRNA的量是FAS基因转录受到抑制的缘故。喂含牛脂(饱和脂肪酸)日粮的大鼠FAS的活性显著低于喂无脂日粮的大鼠；喂含红花油(多不饱和脂肪酸)日粮的大鼠FAS活性显著低于牛脂(饱和脂肪酸)日粮的大鼠。

Clarke等(1990)用饱和脂肪酸(软脂酸甘油酯)、单不饱和脂肪酸(三油酸甘油酯*n*-9)、双不饱和脂肪酸(红花油*n*-6)和多不饱和脂肪酸(鱼油*n*-3)喂大鼠，测定肝脏中FAS基因表达。结果表明，日粮中多不饱和脂肪酸降低了肝脏中FAS mRNA 75%～90%，鱼油比红花油更有效，而软脂酸甘油酯和三油酸甘油酯无影响。由此推断，日粮中多不饱和脂肪酸是肝脏脂肪酸和甘油三酯合成的强抑制剂，饱和与单不饱和脂肪酸很少或没有这种抑制作用。鱼油中含有多不饱和脂肪酸(主要脂肪酸成分为二十碳五烯酸和二十二碳六烯酸)，红花油为双不饱和脂肪酸，它们降低了FAS的活性，FAS活性的降低主要是降低了FAS mRNA的量。饲喂红花油大鼠肝中FAS mRNA的量是饲喂鱼油量的2倍，而高碳水化合物日粮中加鱼油，大鼠肝中FAS mRNA的量是加饱和脂肪酸(软脂酸甘油酯)和单不饱和脂肪酸的13%和15%。同时，Clarke等(1990)的试验还证明了(*n*-3)亚油酸对FAS mRNA量的抑制比(*n*-6)亚油酸有效。可见，日粮PUFA(*n*-3)是FAS mRNA的强抑制剂，故海生鱼油在FAS基因转录上比植物油更为有效。

William等(1990)测定了多不饱和脂肪酸(鱼油)和饱和脂肪酸(软脂酸甘油酯)对大鼠肝脏中FAS基因表达的影响。结果表明，磷酸烯醇式丙酮酸羧激酶和肌动蛋白不受脂肪酸饱和程度的影响，但与软脂酸甘油酯相比，鱼油显著地降低了FAS的基因转录。Ikuo等(1994)用鼠做试验，分别饲喂含亚麻酸(18:3)、二十碳五烯酸和二十二碳六烯酸的日粮。结果表明，在对FAS活性抑制中，二十碳五烯酸和二十二碳六烯酸比亚麻酸更有效，而饱和脂肪酸影响不显著。

段铭等(2003)运用牛油、豆油、鱼油3种脂肪酸组成不同的脂肪源设计日粮，研究其对肉仔鸡肝脏中FAS、ACC、*β*-羟基-*β*-甲基戊二酸单酰辅酶A还原酶(*β*-hydroxy-*β*-methylglutaryl-CoA reductase，HMGR)基因mRNA表达量的影响。结果表明，富含PUFA的鱼油相对其他脂肪源对3种基因表达的抑制作用最为明显。运用RT-PCR定量的3种基因的mRNA的量分别比牛油组下降了50.35%、40.35%和81.49%，差异显著。而豆油组中这3种基因的表达相对牛油组下降了1.48%、20.69%、24.53%，其抑制效果不如鱼油。表明PUFA在转录水平上可以有效抑制肉仔鸡肝脏中FAS、ACC、HMGR基因的表达。

王爱民等(2010)使用实时荧光定量PCR分别测定了饲喂3.71%、7.67%和16.55%脂肪饲料的吉富罗非鱼肝脏和肌肉中FAS mRNA的表达丰度以及再投喂后6 h、12 h、24 h、48 h肝脏中FAS mRNA的表达丰度。结果显示，饲料脂肪水平对肝脏中FAS活性无显著影响；肝脏中FAS mRNA的表达丰度显著高于肌肉，肝脏和肌肉中FAS mRNA的表达丰度随着饲料中脂肪水平增加而显著下降；再次投喂后6～48 h，各个组的肝脏中FAS mRNA表达丰度显著下降。结果说明，吉富罗非鱼肝脏中FAS mRNA的表达丰度高于肌肉，饲料脂肪水平能够抑制FAS mRNA表达，脂肪水平越高抑制作用越明显，再投饲后6～48 h，FAS基因的表达受到抑制。

有关日粮中脂肪酸对脂肪或FAS影响的研究，绝大多数以大鼠为试验动物，以家畜为试验动物的研究较少。不同的动物，脂肪或脂肪酸在不同的组织研究结果各异。由于试验对象不同，应考虑这些研究结果是否适用于畜禽的问题，因而此问题还有待进一步研究。

3.3.4.2　脂肪对胰脂肪酶基因表达的调控

脂肪酶是动物消化日粮中脂肪的消化酶。它的活性高低影响着机体对日粮中脂肪的消化利用能力，但同时它又受到日粮中脂肪含量和类型的调控，也就是说后者将影响脂肪酶基因的表达。

Wicker等(1990)报道，增加日粮中多不饱和脂肪酸含量，会增加胰脂酶的转录和mRNA含量。Ricketts等(1994)也研究了日粮中油脂类型(红花油和猪油)和含量(每千克日粮含50 g和174 g)对鼠脂肪酶转录和翻译的影响。在喂以中等含量(174 g)的红花油和猪油时，大鼠胰脂酶-3(rpL-3)mRNA水平比低脂肪日粮(50 g)分别提高了163%和212%。大鼠胰脂酶-1(rpL-1) mRNA水平分别提高50%和135%。在喂以中等含量脂肪的日粮时，含多不饱和脂肪酸的红花油组比猪油组脂肪酶活性提高80%；但在低脂肪水平时，红花油组比猪油组低50%。同时还发现脂肪酶活性与红花油采食量有线性关系，而与猪油采食量无线性关系。该研究结果显示，胰脂酶mRNA含量随日粮脂肪含量的增加而增加，而胰脂酶活力取决于脂肪类型和含量。Rajas等(2002)研究发现，增加日粮中多不饱和脂肪含量，会增加胰脂酶的转录和mRNA含量。Brannon等(1990)研究表明，脂肪的含量可能在翻译前水平上调控脂肪酶基因的表达，脂肪类型可能在翻译水平或翻译后水平调控胰脂肪酶基因的表达。当然，这还需要试验来进一步证明。

3.3.4.3　脂肪对Leptin基因表达的调控

瘦素(leptin)是脂肪细胞分泌的一种调节体脂沉积的重要因子，成熟的瘦素是由146个氨基酸残基组成的非糖基化多肽。瘦素是由肥胖基因(ob基因)编码的，其表达具有组织特异性，表达部位主要在脂肪组织。瘦素具有广泛的生物学效应，其中较重要的功能是作用于下丘脑的体重调节中枢，引起食欲降低、能量消耗增加，从而减轻体重。动物试验和临床研究表明：重组人瘦素可用于肥胖症和Ⅱ型糖尿病的治疗；在动物遗传育种方面，利用瘦素有望提高家畜瘦肉率及繁殖性能。研究表明，禁食和长链脂肪酸可显著降低瘦素基因表达，重新进食后，又可恢复正常的表达；高脂肪食物可增加其表达和血浆瘦素水平；肿瘤坏死因子α(TNF-α)可直接作用于脂肪细胞调节瘦素的释放。

陈行杰等(2005)研究日粮能量水平和不同油脂来源对早期生长阉公猪背部、腹部和内脏脂肪组织中 ob 基因表达的影响。结果显示，ob 基因和瘦素的长型受体基因(long form leptin receptor gene，ob-R_1)在采食含代谢能 15.1 MJ/kg 的日粮与采食含代谢能 13.4 MJ/kg 和 16.7 MJ/kg 的日粮比较，表达量上升了。但日粮能量水平对 ob 基因在腹部和内脏脂肪的表达量没有影响。鱼油和豆油相比，降低了 ob 基因和瘦素的长型受体基因在脂肪组织中的表达，ob 基因和瘦素的长型受体基因在腹部脂肪组织中表达量最高，其次是背部脂肪，表达量最低的是内脏脂肪组织。

通过对有关不同油脂来源对机体不同部位脂肪组织中 ob 和 ob-R_1 mRNA 表达的影响的研究，发现 ob 和 ob-R_1 mRNA 在机体不同部位表达和不同油脂来源关系密切，不同油脂来源影响了机体不同部位脂肪组织中 ob 和 ob-R_1 基因的表达，而且不同油脂和机体不同部位之间存在互作。这和体外细胞培养系统时脂肪酸不能改变脂肪内基因表达的结论不一致，可能和研究时的处理方式不一样有关，另外脂肪组织的取样也能直接影响体外的研究结果。

为了确定 *n*-3、*n*-6 PUFAs 和瘦素对脂肪组织中 ob 基因表达的影响，陈行杰等(2005)用含 40 pmol/L 的二十二碳六烯酸(docosahexenoic acid，DHA)、二十碳五烯酸(eicosapentenoic acid，EPA)、亚油酸(linoleic acid，LA)和含瘦素 1×10^{-7} mol/L 的 DMEM 培养液体外培养出生 1 周的仔猪颈部皮下脂肪组织，以不添加 EPA、DHA、LA 和瘦素的 DMEM 培养基为对照，研究单一脂肪酸与瘦素对 ob、ob-R_1、过氧化物酶体增殖物激活受体 γ(peroxisome proliferator-activated receptor γ，PPAR-γ)和 IGF-Ⅰ mRNA 相对含量的影响。结果表明，EPA 提高了脂肪组织中 ob 基因的表达；LA 和瘦素抑制了脂肪组织中 ob 基因的表达；LA 提高了脂肪组织中 ob-R_1 mRNA 的表达；DHA 提高了脂肪组织中 PPAR-γ 基因的表达；单一脂肪酸在转录水平影响了脂肪组织中 ob 基因的表达，ob 基因的表达不一定依赖于 PPAR-γ 核受体途径。

3.3.4.4 脂肪对 SREBPs 基因表达的调控

固醇调节元件结合蛋白(sterol regulatory element binding proteins，SREBPs)是一类位于内质网上的膜连接蛋白。SREBPs 属于核转录因子家族，是脂肪合成基因重要的转录调节因子。它不但介导胆固醇生物合成的反馈调节，还在脂肪酸合成中发挥重要的调节作用。

胆固醇可抑制合成其本身过程中的酶(羟甲基戊二酸单酰 CoA 合成酶)以及它从外界被吸收时发挥作用的酶——低密度脂蛋白受体(low density lipoprotein receptor，LDLR)基因的表达。在胆固醇缺乏时，这些酶可被 SREBPs 所激活。SREBPs 通常存在于内质网上，在适当的条件下可被蛋白酶切下，而后进入核，从而激活有关基因的转录。而在高胆固醇存在条件下，这种蛋白酶被钝化，SREBPs 不再进入核，从而不能激活有关基因的转录。

目前已确定的 SREBPs 异构体有 3 种：SREBP-1a、SREBP-1c 和 SREBP-2。其中 SREBP-1a 和 SREBP-1c 由同一基因 SREBP-1 编码，由两个不同的转录起始位点生成两个不同的单体。在所有生长活跃的培养细胞中，以 SREBP-1a 和 SREBP-2 占优势，绝大多数动物组织中则以 SREBP-1c 和 SREBP-2 为主。SREBP-1c 构成了动物体内 90%的 SREBP-1，是脂肪合成有关基因转录的决定子。SREBP-1c 又称为脂肪细胞决定和分化因子 1(adipocyte determination and differentiation factor-1，ADD1)，主要在肝脏和脂肪细胞中表达，是动物脂肪代谢中重要的核转录因子，它通过调节脂肪代谢相关酶的基因表达来调控动物体内的脂肪合成。SREBP-1c 的过度表达将引起糖脂代谢的紊乱，诱导产脂量成倍上升，从而引发肝脏等非脂肪组织的脂质积聚。研究发现，ADD1/SREBP-1c 在 3T3-L1 前脂肪细胞中的异位表达可导致分化标记物大量增加。在这个过程中，ADD1/SREBP-1c 似乎可与核受体 PPAR-γ2 相互作用，而 PPAR-γ2 是调节脂肪细胞分化的主要转录因子，因此认识 SREBP-1c 的生物学特性和转录调节机制，对于指导动物生产具有重要的意义。

SREBP-1c 是动物肝脏中主要的转录物，当食物富含碳水化合物时，它能将葡萄糖转化为甘油三酯。SREBP-1c 主要通过改变自身 mRNA 水平来调节脂肪生成，即肝生脂酶基因的转录调节是由 SREBP-1c mRNA 的数量控制的。

大量研究已证实，SREBPs 在脂肪合成基因的营养调控中有极其重要的作用。在禁食-再喂养模型和高果糖喂养 8 周大鼠的肝脏中，SREBP-1 和脂肪合成酶基因表达均增加，而在空腹啮齿类动物和喂养多不饱和脂肪酸小鼠的肝脏中 SREBP-1c 下调。最近对禁食-再饲喂模型的实验又进一步证实，SREBP-1c mRNA 和 SREBP-1 蛋白水平与骨骼肌中的营养状态密切相关。还有学者报道，在肝脏中敲除固醇调节元件结合蛋白裂解激活蛋白（SREBP cleavage-activating protein，SCAP）的小鼠其胆固醇和脂肪酸的基础合成率减少 80%，同时对无胆固醇饮食、空腹和再喂养状态的基因调节应答迟钝，进一步证实了 SREBPs 在脂代谢营养调控中的作用。

Xu 等（1999）实验表明，用富含 *n*-6、*n*-3 PUFA 的脱脂高糖日粮能使肝细胞核内前体和核内成熟 SREBP-1 的含量分别下降 60% 和 85%，同时还发现 SREBP-1 mRNA 水平的改变并不与 SREBP-1 基因转录的改变相联系，因此可以得出 PUFA 对 SREBP-1 的调控是在转录以后的水平上发生的。另外的一些实验进一步证明，PUFA 对 SREBP-1 的抑制作用是通过降低 SREBP-1 mRNA 的稳定性来实现的。Xu 等（1999）在进行小鼠肝细胞单层培养试验时，用 20:4（*n*-6）和 20:5（*n*-3）进行处理，发现 SREBP-1 mRNA 的半衰期全部下降了约 50%，SREBP-1c 和 SREBP-1a 的半衰期分别从 10 h、11.6 h 下降到了 4.6 h 和 7.6 h。

Oborne 等（2000）报道，SREBP-1c 具有较弱的转移激活能力，但是 SREBP-1c 结合到其识别的序列上后提高了上游 NF-Y 和 Sp1 与 DNA 的结合能力，反过来又扩大了这 3 种因子的转移激活的活性。

3.3.4.5 脂肪对 GLUT 基因表达的调控

葡萄糖只有在葡萄糖转运蛋白（glucose transporter protein，GLUT）的作用下进入细胞膜后才能进一步代谢。已知动物体内存在多种葡萄糖转运蛋白（从 GLUT1 到 GLUT5，GLUT7），编码这些蛋白质的基因的表达程度决定了葡萄糖进入细胞的数量。

Tebbey 等（1994）的研究表明，脂肪酸，特别是花生四烯酸（arachidonic acid）是脂肪细胞葡萄糖转运系统的生理调节物。腺苷脱氨酶（ADA）可以抑制 T 细胞中硬脂酰 CoA 去饱和酶、肝脏脂肪酸合成酶（Clarke，1992），3T3-L1 脂肪细胞中 GLUT4（Tebbey，1994）等基因的转录率。将完全分化的 3T3-L1 脂肪细胞放入 ADA 中培养 48 h，则 GLUT mRNA 的量下降了 90%，其原因是 GLUT4 基因的转录下降了 50%，GLUT4 mRNA 的稳定性也明显降低。

3.3.4.6 脂肪对 HMG-CoA 和 CPT 基因表达的调控

脂肪酸 *β*-氧化过程中的关键酶包含在肉碱棕榈酰转移酶（carnitine palmitoyl transferase，CPT）系统中。CPT 系统主要由位于线粒体膜外侧的肉碱棕榈酰转移酶Ⅰ（CPT-Ⅰ）、位于膜中间的肉碱-酰基肉碱转移酶以及位于膜内侧的肉碱棕榈酰转移酶Ⅱ（CPT-Ⅱ）等 3 部分组成。其中 CPT-Ⅰ是控制长链脂肪酸进入线粒体的主要位点，是脂肪酸 *β*-氧化的限速酶。进入线粒体后的脂肪酸氧化则受到 *β*-羟基-*β*-甲基戊二酸单酰辅酶 A（HMG-CoA）合成酶的限制，因此这两种酶是影响脂肪酸利用的关键环节，而它们的基因表达又受到饲粮中脂肪酸的调节。

Thumelin 等(1993)、Chatelain 等(1996)采用大鼠胚胎肝细胞进行的体外研究表明，在培养基中添加二丁酰 cAMP 能增加 CPT-Ⅰ mRNA 的含量。而添加脂肪酸的效果则不一致，中链脂肪酸(辛酸、癸酸)不能增加 CPT-Ⅰ mRNA 的水平，而长链脂肪酸(long-chain fatty acid, LCFA)能将 CPT-Ⅰ mRNA 的含量提高 2～4 倍。研究使用的长链脂肪酸中有饱和的(棕榈酸)、单不饱和的(油酸)和多不饱和的(亚麻酸)，其中亚麻酸不仅能将 CPT-Ⅰ mRNA 含量提高 2 倍，而且还能将其半衰期延长 50%，这说明亚麻酸对 CPT-Ⅰ基因的表达既有转录水平上的调控，也有转录后水平上的调控。此外，研究还表明出生后喂奶的仔鼠肝脏中 CPT-Ⅰ mRNA 含量高于禁食的仔鼠，因此有人推测母乳中存在一些能激活 CPT-Ⅰ基因表达的因子，其根据是禁食小鼠血浆中非酯化脂肪酸(non-esterified fatty acid, NEFA)的水平没有增加，而吮奶小鼠血浆中 NEFA 水平由于奶中甘油三酯的降解而急剧增加。NEFA 可通过 cAMP 途径提高 CPT-Ⅰ mRNA 的稳定性，从而增加其含量。

潘志雄(2009)研究发现，在油酸诱导鹅肝细胞脂肪变性过程中，控制 β-氧化的限速酶 CPT-Ⅰ的表达显著升高，在 0.5 mmol/L、1.0 mmol/L 和 1.5 mmol/L 3 个不同浓度中，CPT-Ⅰ的表达量分别上升 2.11 倍、2.03 倍和 1.63 倍。杜海涛等(2011)研究发现日粮添加 α-亚麻酸(alpha linolenic acid, ALA)可极显著升高肝脏 CPT-Ⅰ mRNA 的浓度。认为日粮添加适宜水平的 ALA 可降低肉兔血脂，促进脂肪氧化基因 CPT-Ⅰ mRNA 的表达。

此外，HMG-CoA 还原酶是胆固醇合成的限速酶。HMG-CoA 还原酶基因的表达同样受到饲粮脂肪酸的影响。Jossic-Corcos 等(2004)研究表明，n-3 和 n-6 PUFA 降低了小鼠肝细胞瘤细胞中 HMG-CoA 还原酶水平，特别是二十二碳六烯酸(DHA)和二十碳五烯酸(EPA)作用更明显。Du 等(2003)研究也表明，n-3 PUFA 显著降低了肝脏中 HMG-CoA 还原酶的活性，并由此推断，PUFA 可通过抑制 HMG-CoA 还原酶对肝脏胆固醇的生成进行负调节。

目前动物产品中胆固醇含量普遍较高，而食物胆固醇摄入过高可引起动脉粥样硬化及相关疾病，且不利于高血脂和高胆固醇血症的病人和中老年心血管疾病患者控制和延缓病情，因此，通过调节膳食中脂肪酸的种类和含量，调节基因表达，降低肉制品中胆固醇含量，对人类健康有重要意义。

3.3.4.7 脂肪酸对 PPAR 基因表达的调控

研究表明，脂肪酸可以明显提高脂肪细胞中许多基因的转录，如 PEPCK(Antras-Ferry 等，1995)、脂肪酸结合蛋白 aP2(Grimaldi 等，1992)，在这些基因的启动子上已发现了脂肪酸应答元件，这些元件可与过氧化物酶体增殖物激活受体(PPAR)的转录因子结合，而后者可通过与脂肪酸或其代谢物（如前列腺素)结合而激活基因、实现转录(Schoonjans 等，1996)。

PPARs 是一类由配体激活的核转录因子，属于类固醇/甲状腺/维甲酸受体超家族。PPARs 能够调控许多参与细胞内外脂类代谢的目的基因表达，尤其是编码 β-氧化过程中一些重要酶类的基因，另外 PPARs 也参与脂肪细胞的分化。

PPARs 有 α、β、γ 3 种亚型，与脂肪细胞分化最密切的是 PPAR-γ。PPAR-γ 与相应配体结合后与另一核受体(视黄醇 X 受体)构成异二聚体并向核内移行，然后与目的基因转录区域直接结合而促进转录。PPAR-γ 主要在脂肪细胞中表达，参与脂肪细胞分化，是脂肪细胞特异性分化转录因子，能够转录激活 aP2、PEPCK 等基因的表达，与肥胖的发生相关。PPAR-γ 有两种异构体 PPAR-γ1、PPAR-γ2，其中 PPAR-γ2 高浓度表达于脂肪组织，与肥胖密切相关。

PPAR-α 与其他受体一样具有一个 DNA 结合域和一个配体结合域，可以调节基因表达，使肝脏脂肪酸氧化。Latrufe 等(2000)研究表明，PPAR-α 是长链脂肪酸氧化所需的一种物质，它对过氧化物酶体乙酰 CoA 氧化酶、烯酰 CoA 水合脱氢酶和硫解酶都具有诱导作用。PPAR-α 可调控脂质的动态平衡，它的转录活性受类脂化合物浓度改变的影响，而且 PUFA、廿烷类化合物和降血脂药物是 PPAR-α 的配体，可以间接影响动物的脂肪代谢。食物中的脂肪含量会影响大鼠 PPAR-α 基因的表达。增加食物中的脂肪含量会加重肝脏脂质代谢负荷，结果肝组织受损，血清谷丙转氨酶(ALT)活性增强，肝脏甘油三酯(TG)、总胆固醇(total cholesterol，TC)含量显著增加，肝脏脂变面积明显增多，血与肝脏游离脂肪酸(free fatty acid，FFA)含量亦明显增加，发生脂肪肝。在这一过程中检测到 PPAR-α 基因表达明显减弱。

Krey 等(2000)研究表明 PUFA 可以直接激活 PPAR-α，但 PUFA 的代谢产物廿烷类和氧化脂肪酸对 PPAR-α 的影响更强，并且氧化脂肪酸对 PPAR-α 依赖性基因的作用更大。潘志雄(2009)研究表明，在油酸诱导鹅肝细胞脂肪变性过程中，调节脂肪酸氧化的关键因子 PPAR 的表达都显著升高，在 0.5 mmol/L、1.0 mmol/L 和 1.5 mmol/L 3 个不同浓度中，PPAR-α 的表达量分别上升 2.26 倍、2.95 倍和 10.30 倍。

Brodie 等(1999)使用 Northern blot 技术研究了日粮中添加共轭亚油酸(conjugated linoleic acid，CLA)对 3T3-L1 脂肪细胞 PPAR-γ2、C/EBP-α 和 aP2 mRNA 的影响，结果发现 CLA 可以明显降低 PPAR-γ2、C/EBP-α 和 aP2 mRNA 的量，从而抑制脂肪的沉积。

Sato 等(2004)研究发现，鸡 PPAR-γ 基因在腹脂的表达受营养水平的影响，当喂以高脂食物时，脂肪组织中 PPAR-γ 表达显著增高，喂以低脂食物时，在检测的各种组织中没有发现 PPAR-γ 表达差异。而 Tan 等(2010)研究发现添加 CLA 不会影响过氧化物酶体受体蛋白 PPAR-α、PPAR-γ 的表达，但可抑制固醇调节蛋白和肝脏组织中肿瘤坏死因子 α 的表达。

季爱玲等(2007)研究了 CLA 对高脂高糖诱导的肥胖大鼠肝脏脂质代谢酶及 PPAR-γ 基因表达的影响，结果表明 CLA 可增加肥胖大鼠肝脏组织 PPAR、FAS 和 ACC mRNA 的表达水平，表明 CLA 可通过激活 PPAR，增加 FAS 和 ACC mRNA 的表达来调节肝脏脂质代谢平衡。

孙超等(2009)采用 RT-PCR 技术，分别研究了短链和长链脂肪酸及 P38 MAPK 通路抑制剂 SB20358 对小鼠前体脂肪细胞分化过程中脂代谢相关基因转录表达的影响及其调控机制。结果表明，短链脂肪酸可提高 PPAR-γ2 和 C/EBP-α mRNA 表达量，而长链脂肪酸上调 PPAR-γ2、C/EBP-α、FAS、SREBP-1c mRNA 表达量，但脂肪酸对甘油三酯水解酶(triglyceride hydrolysis enzyme，TGH)表达量影响不显著；当 P38 MAPK 抑制剂存在时，PPAR-γ2、FAS 和 SREBP-1c mRNA 表达量显著下降，而 C/EBP-α 和 TGH 表达量变化不显著。表明脂肪酸可通过 P38 MAPK 通路促进 PPAR-γ2 增量表达，从而促进小鼠前体脂肪细胞分化。

3.3.4.8 脂肪对 LPL 基因表达的调控

脂蛋白脂酶(lipoprotein lipase，LPL)是脂质代谢的关键酶之一，其基因 mRNA 表达水平和酶活水平都可能调控机体脂肪沉积。LPL 主要催化乳糜微粒和极低密度脂蛋白中的甘油三酯水解，产生甘油并释放出游离脂肪酸，以供贮脂器官贮存或诸如肌肉等其他器官氧化。研究表明 LPL 是哺乳类肥胖基因借以调节机体脂质代谢的重要功能蛋白。LPL 通过控制其在脂肪组织与其他组织器官表达水平的高低直接决定脂肪组织与其他组织器官脂质底物配额的相对量，从而间接决定从食物中摄入脂类的代谢前途：以体脂形式贮备起来或作为能源底物消耗掉，并最终对机体脂质蓄积状况产生决定性影响。

Chapman 等(2000)报道当日粮鱼油用量为 50 g/kg 时，大鼠脂肪组织中 LPL 的活性明显高于对照组。梁旭方等(2003)用高脂饵料饲喂真鲷时发现，当真鲷处于饱食状态时，高脂食物显著提高其肝脏 LPL 基因表达水平。贺喜等(2007)研究表明，与不添加 CLA 日粮组相比，日粮添加 1%CLA 后显著降低了两种肉仔鸡(长沙黄或爱拔益加)腹脂 LPL 活性及其 mRNA 相对表达量，而对肝脏 LPL 没有显著影响。

Corl 等(2008)测定了采食添加 CLA 的低脂乳或高脂乳的仔猪体组成和脂质代谢调控。试验采用 2×2 因子设计，24 头仔猪分别饲喂：①低脂(3%)饲粮；②高脂(25%)饲粮；③低脂(3%)饲粮＋1%CLA；④高脂(25%)饲粮＋1%CLA，试验期 16～17 d。结果 CLA 添加组，脂肪组织中乙酰 CoA 羧化酶-α 和 LPL 的表达显著降低。

郑珂珂等(2010)克隆了瓦氏黄颡鱼 LPL cDNA 序列片段，并采用实时荧光定量 PCR 研究了饲料不同脂肪水平(4.7%、7.9%、10.9%、15.4%、18.9%)对肝脏 LPL 基因表达水平的影响。结果表明，随着饲料脂肪水平的升高，鱼体干物质和脂肪含量显著增加，而蛋白含量显著下降。高脂诱导了瓦氏黄颡鱼肝脏 LPL 基因表达，摄食 15.4%、18.9%这两组较高脂肪水平的实验鱼肝脏 LPL mRNA 表达水平显著升高。

陈文等(2004)研究报道，动物脂肪组织 LPL 表达缺乏时，其脂肪代谢发生显著改变，向导致体脂堆积方向转变；骨骼肌 LPL 过度表达可阻止高脂食物诱导的体脂堆积。乔永等(2007)研究发现，哈萨克羊肌肉 LPL 基因表达与 IMF 含量呈显著负相关。Gerfault 等(2000)研究表明，猪皮下脂肪组织中 LPL 基因的高表达能够显著增加其脂肪的沉积。王刚等 (2007)报道，猪肌肉组织 LPL 基因表达与 IMF 含量呈显著正相关。刘蒙等(2009)研究日粮代谢能对北京油鸡体脂沉积及腹脂 LPL 基因 mRNA 表达的影响，结果表明，日粮代谢能水平对鸡体脂沉积各项指标和 LPL 基因 mRNA 表达水平影响极显著，随日粮代谢能水平提高，各项体脂沉积指标极显著上升，胸肌和腿肌 IMF、皮脂重和皮脂率在 ME3(12.958 MJ/kg)组达到峰值，LPL 基因 mRNA 表达水平在 ME2(12.540 MJ/kg)组达到峰值。LPL 基因 mRNA 表达水平与腹脂率、皮脂重和皮脂率呈显著正相关。研究结果提示，日粮代谢能水平显著影响北京油鸡体脂沉积和 LPL 基因 mRNA 表达。

LPL 基因表达对机体脂肪沉积影响还有很多关键点没有研究清楚，目前研究结果显示，LPL 基因表达对体脂沉积影响具有物种特异性和组织特异性，还有待进一步研究。但目前众多研究统一看法认为，LPL 基因是影响体脂沉积重要的候选基因之一。

3.3.4.9 脂肪对 GK 和 G6Pase 基因表达的调控

肝脏葡萄糖激酶(glucokinase，GK)和葡萄糖-6-磷酸酶(G6Pase)是糖代谢过程中的两个关键酶，对于维持血糖水平起着非常重要的作用。刘波等(2008)研究饲料脂肪对翘嘴红鲌生长、GK 和 G6Pase 活性与基因表达的影响。选用 360 尾翘嘴红鲌，体重约 40 g，随机分为 2 组，分别为高脂组(脂肪质量分数 19.93%，碳水化合物质量分数 14.45%)和低脂组(脂肪质量分数 9.92%，碳水化合物质量分数 12.38%)，每组设 3 个重复，饲养 8 周。分别于摄食后 0 h、3 h、6 h、12 h、24 h 测定血液指标、GK 和 G6Pase 活性及基因表达，并分析高脂肪与低脂肪水平日粮对翘嘴红鲌生长的影响。与低脂水平日粮相比，在摄食后 3～12 h 高脂肪水平日粮组糖代谢酶 GK 的 mRNA 水平显著增加，但是日粮脂肪水平并不能显著影响 GK 活性。在摄食后 3～24 h 高脂肪水平日粮组糖代谢酶 G6Pase 的 mRNA 水平得到显著促进，并在摄食后 24 h G6Pase 活性显著增加。

Panserat 等(2002)发现虹鳟日粮中的脂肪能增加 G6Pase 活性及 G6Pase 的 mRNA 水平，但 Metón 等(2004)对金头鲷的研究表明日粮中的脂肪含量对 G6Pase 的表达没有影响，这可能是由于不同鱼类糖代谢机制不一样所致。

有关哺乳动物日粮脂肪对 G6Pase 活性及基因表达的影响尚不清楚。Tomlinson 等(1988)研究发现，日粮中添加 PUFA，大鼠肝脏中葡萄糖-6-磷酸脱氢酶(G-6-PD)和 6-磷酸葡萄糖酸脱氢酶 (6-PGDH)mRNA 丰度降低，分别为饲喂无脂日粮的 77%和 48%，与此相对应两种酶的含量分别为无脂日粮的 57%和 31%。此外，有研究发现，老鼠长期摄入大量的游离脂肪酸，其葡萄糖产物可以通过 G6Pase 基因表达的增加得到提高。

3.3.4.10 脂肪对 ACC 基因表达的调控

乙酰辅酶 A 羧化酶(ACC)是长链脂肪酸从头合成的限速酶。有关日粮脂肪酸特别是多不饱和脂肪酸对 ACC 表达调控的研究结果不一致。Hagve 等(1988)报道，大鼠日粮中的脂肪酸特别是 PUFA 可以抑制 ACC 的表达，Salati 等(1986)也报道 PUFA 可以抑制 ACC 的表达，同时苹果酸酶基因的表达也受到抑制。而 Raclot 等(1999)发现，在饲喂鱼油时，肝脏 ACC mRNA 浓度增加。杜海涛等(2011)研究表明，日粮 ALA 水平对肝脏 ACC mRNA 表达量影响极显著，0.2%、0.3%和 0.4%添加组极显著低于 0 和 0.1%添加组，添加量达到 0.2%时，肝脏中 ACC mRNA 的浓度极显著降低，从而影响 ACC 的浓度，减少机体脂肪的合成。

3.3.4.11 脂肪对 SCD 基因表达的调控

硬脂酰辅酶 A 去饱和酶(steryl-CoA desaturase，SCD)是催化 $C_{16:0}$ 和 $C_{18:0}$ 形成不饱和脂肪酸的关键酶，也是反刍动物体内 CLA 内源合成过程中的关键酶。SCD 主要有 3 种同工酶，即 SCD1、SCD2 和 SCD3。SCD1 主要存在于肝、肾、肺、心脏和脾中，SCD2 主要存在于肾、肺和脂肪组织，SCD3 仅存在于皮肤的皮脂腺中(Heinemann 等，2003)。研究表明，SCD1 亚型在能量代谢和脂合成中起重要的调控作用，SCD2 亚型在动物早期发育过程中的脂肪合成中起重要作用，SCD2 缺失的新生鼠缺乏皮肤通透屏障。

啮齿类动物方面的研究显示，当给啮齿动物饲喂含有多不饱和脂肪酸的三酰甘油时，能够抑制肝脏 SCD mRNA 的转录。Ntambi(1992)的研究发现，当向无脂的饲粮中添加亚油酸、花生四烯酸、亚麻酸时，SCD1 mRNA 的基因表达受到抑制。Jones(1996)的研究表明，给 Zucker 大鼠饲喂高 PUFA(*n*-6)的日粮，脂肪细胞中 SCD1 mRNA 丰度降低 75%。Sessler 等(1998)研究表明，日粮中花生四烯酸、亚油酸、亚麻酸及二十碳五烯酸(eicosapentenoic acid，EPA)水平增高，剂量依赖性地降低 SCD1 mRNA 的稳定性。Singh 等(2004)给泌乳小鼠饲喂 7 d 高单不饱和脂肪酸和多不饱和脂肪酸的日粮后，降低了乳腺和肝脏组织 SCD mRNA 表达量。常磊等(2010)研究发现，向小鼠饲粮中添加不同剂量的 CLA 对母鼠乳腺组织中 SCD 基因表达量产生了影响，高剂量组(1.5%CLA+1.5%花生油组)与对照组(3%花生油组)相比，基因表达量下调显著，从而减少了乳脂的合成，这与 Lee 等(1998)报道的添加 0.5%CLA 可使小鼠肝脏组织中 SCD1 基因表达量下调的结论一致。

不同体况、不同年龄的同一种动物，受 PUFA 的影响也不同。在肥胖的和瘦的两组鼠的脂肪组织中，Jone 等(1996)研究发现，与对照组相比，当饲喂同样的富含 PUFA 的饲粮时，瘦鼠的脂肪组织中 SCD1 mRNA 水平降低了 75%，而肥胖鼠的 SCD1 mRNA 的含量高于饲粮中含有和不含 PUFA 的正常的鼠；Sessler 等(1998)在组织培养中也得到了相似的结果。对刚出生的鼠，供给含亚油酸的饲粮增强了其大脑 SCD2 mRNA 的表达，而 SCD2 基因在成年动物上的表达却不受 PUFA 影响。

饲粮中对成脂基因表达有抑制作用的 PUFA 大都包含 18 个碳原子，在 Δ^9 和 Δ^{12} 的位点至少拥有 2 个共轭双键，然而近来研究发现共轭亚油酸，反-10、顺-12 亚型也能抑制 SCD mRNA 在肝脏中的表达(Lee 等，1998)。Piperova 等(2000)研究了奶牛真胃 5 d 灌注反-10，顺-12 CLA 后引起乳腺脂肪酸合成相关酶的变化，通过 Northern 斑点杂交分析乳腺 SCD mRNA 的表达丰度，结果发现降低 48%。Baumgard 等(2002)研究表明奶牛真胃灌注反-10，顺-12 CLA 后，能使乳腺组织 SCD 基因表达抑制约 50%。卜登攀等(2006)研究表明，日粮亚油酸对乳腺 SCD 基因表达具有抑制作用。奶牛日粮添加 35 d 豆油后，与不添加豆油的对照组相比，乳腺 SCD mRNA 的表达量降低了 50%，与以上研究结果一致。

3.3.4.12 脂肪对免疫系统的基因表达的调控

多不饱和脂肪酸(PUFA)对细胞免疫有影响，不同脂肪酸组成的饲料可对免疫细胞膜上的受体分子的表达进行调节，从而影响细胞免疫。Sanderson 等(1997)试验发现，饲喂鱼油的大鼠比饲喂玉米油、红花油、椰子油的大鼠的淋巴结和淋巴细胞表面 T 细胞抗原受体(T cell receptor，TCR)、分化抗原 2(cluster of differentiation 2，CD2)、分化抗原 4(CD4)、分化抗原 8 (CD8)和白细胞功能相关抗原(lymphocyte function related antigen 1，LFA-1)的表达水平有所降低。PUFA 能影响有丝分裂原刺激的免疫细胞增殖反应。但 PUFA 对免疫功能也具有抑制作用，由于免疫细胞膜磷脂中脂肪酸组成受饲料中脂肪酸种类和饱和度影响，当饲料中 PUFA 含量增加时膜磷脂不饱和程度也随之增高。因此，长期饲用鱼油也会对机体免疫功能产生抑制作用，原因是免疫细胞的功能是由细胞正常的膜结构决定的，而脂质过氧化对细胞膜结构和功能产生不良影响。

夏兆刚等(2003)选用 60 只 40 周龄的产蛋鸡，研究在日粮中添加 PUFA 比例对产蛋鸡脾脏组织白细胞介素 2 (IL-2)水平、单核细胞膜脂质脂肪酸组成以及 γ-干扰素(interferon γ，IFN-γ)基因表达的影响。结果表明，脾脏 IL-2 水平随着日粮中 n-3/n-6 比值的下降显著增加。脾脏单核细胞膜脂肪酸组成和比例能够反映日粮 PUFA 的组成和比例。脾脏组织 IFN-γ 的 mRNA 表达量受到日粮中 PUFA 比例的影响，高比例 n-3/n-6 日粮能够降低 IFN-γ 的 mRNA 表达量。说明日粮中不同 PUFA 比例有可能通过改变细胞因子基因表达以及免疫细胞膜脂质脂肪酸组成对机体的免疫功能产生影响。

徐庆等(2010)采用细胞生物学和分子生物学技术研究了短链脂肪酸对山羊细胞水平免疫调控作用的影响。用不同浓度短链脂肪酸处理山羊外周血淋巴细胞 12 h 或 24 h 后，再用 ELISA 技术检测其对培养基中细胞因子分泌的影响，结果表明：①乙酸和丙酸均对 IL-2 和 IFN-γ 细胞因子的表达有增强作用，丁酸能显著抑制 IL-2 和 IFN-γ 细胞因子的表达；②乙酸和丙酸对 IL-10 细胞因子表达具有极显著增强作用，而丁酸对 IL-10 细胞因子的表达具有显著抑制作用，当有己二酸二癸酯(didecyl adipate，ddA)存在时，可部分消除丁酸的这种抑制作用。采用实时荧光定量 PCR 技术检测不同浓度短链脂肪酸——乙酸钠、丙酸钠、丁酸钠对山羊外周血淋巴细胞中 G 蛋白受体表达的影响，结果表明：乙酸钠对 G 蛋白受体 43(G-protein receptor，GPR43)的表达有显著增强作用；丙酸钠偏好激活 GPR41，呈剂量依赖效应；丁酸钠能显著增强 GPR41 和 GPR43 mRNAs 的表达，呈剂量依赖效应。

3.3.4.13 脂肪对其他基因表达的调控

Jump 等(1994)报道，日粮必需的 PUFA 水平增高，导致编码苹果酸酶(ME)、乙酰辅酶 A 羧化酶(ACC)、*L*-丙酮酸激酶、脂肪酸合成酶(FAS)、葡萄糖转移蛋白 4(GLUT4)、S14 蛋白及硬脂酰 CoA 去饱和酶(SCD1)的活性下降 60%～90%。

葛学美等(2000)研究了不同膳食组成对小鼠肌肉胰岛素受体及其相关底物基因表达的影响。C57BL6J 小鼠分别饲以高脂饮食、高脂加谷氨酰胺饮食、高脂 3 个月后补加谷氨酰胺饮食以及正常对照饮食，实验期为 5.5 个月。以 RT-PCR 分别测定肌肉胰岛素受体(insulin receptor，IR)及其受体底物 1(insulin receptor substrate-1，IRS-1)、受体底物 2(IRS-2)以及磷酸肌醇 3 激酶(phosphoinositide-3-kinase，PI-3-kinase)mRNA 水平。结果显示，高脂可使小鼠肌肉 IR、IRS-1、IRS-2、PI-3-kinase mRNA 水平不同程度下降，分别为正常对照的 81%、63%、59%及 45%。这样可以得出结论，谷氨酰胺可在一定程度上抑制上述基因 mRNA 下降的趋势，提示营养因素对机体胰岛素敏感性的影响可能部分是通过影响胰岛素受体及其一系列相关底物的基因表达而实现的。

何庆等(2004)研究了体外高浓度游离脂肪酸对胰岛细胞凋亡和凋亡相关基因表达的影响。应用 TUNEL 法检测高浓度游离脂肪酸培养后大鼠胰岛细胞和小鼠胰岛 βTc3 细胞凋亡百分率，应用定量 RT-PCR (QRT-PCR)检测培养后诱导凋亡相关基因 bcl-2、bax、c-myc、p53 和 fas(细胞凋亡有关基因的一种)等的 mRNA 的表达。结果表明，高浓度游离脂肪酸使原代培养的大鼠胰岛细胞和 βTc3 细胞的凋亡比例明显增加。胰岛细胞凋亡过程中，诱导凋亡基因 bax、c-myc、fas 的 mRNA 表达水平明显升高，抵抗凋亡基因 bcl-2 mRNA 表达水平明显下降，p53 mRNA 表达水平无明显改变。以上说明，游离脂肪酸可能通过诱导胰岛细胞凋亡导致或加重糖尿病，其中 bcl-2、bax mRNA 表达比率变化可能起重要作用。

周晓蓉等(2005)研究了 CLA 对饮食诱导肥胖大鼠解偶联蛋白 2(uncoupling protein 2，UCP2)基因表达的影响。选用雄性 Wistar 大鼠，随机分为对照组、高脂组、高脂＋CLA 组(每 100 g 饲料分别含 CLA 0.75 g、1.50 g、3.00 g)，每组 10 只动物，观察 CLA 对肥胖大鼠体重、体脂、血脂水平的影响，并应用 RT-PCR 的方法检测 UCP2 mRNA 的表达水平。结果表明，CLA 可降低饮食诱导肥胖大鼠的体重和体脂含量，降低血清甘油三酯、胆固醇、游离脂肪酸水平，并可增加肥胖大鼠脂肪组织 UCP2 mRNA 的表达水平。CLA 可改善肥胖大鼠的脂代谢紊乱，增加 UCP2 基因的表达，发挥降低体重、体脂的作用。谭现义(2008)研究表明采食脂肪的后备母猪 UCP2 mRNA 在肝脏和腓肠肌中的表达均高于淀粉组，其中腓肠肌之间差异达显著水平。在背脂和空肠黏膜中脂肪组低于淀粉组，差异均不显著。UCP2 mRNA 在背脂和腓肠肌中的表达情况为低能组显著低于高能组，高、中以及中、低能量水平之间差异不显著。在空肠黏膜中低能组极显著高于高能组。在肝脏中的表达低、中和高能组之间差异不显著。

李晓轩等(2009)研究了 CLA 对与鸡蛋黄胆固醇转运和沉积密切相关的载脂蛋白Ⅱ基因(apolipoprotein-Ⅱ，APO-Ⅱ)和卵黄蛋白原受体基因(OVR)表达量的影响。选用 288 只 30 周龄健康固始母鸡随机分为 4 组，分别饲喂 CLA 添加量为 0、0.5%、1.0%和 2.0%的饲粮，在试验进行到第 45 天时，每个重复随机选取 2 只鸡，取肝脏和卵巢组织各 1～2 g，共取肝脏和卵巢组织各 24 个样本，用于总 RNA 的提取。结果显示：饲粮中添加 CLA 极显著地减少了固始鸡肝脏和卵巢组织 OVR 基因的表达量，但不同水平的 CLA 添加量对卵巢 OVR 基因表达量影响不显著，却对肝脏 OVR 基因的表达量有显著影响，饲粮 CLA 对固始鸡 APO-Ⅱ基因表达量基本没有影响。

此外，PUFA 对其他组织的基因表达也会产生影响，例如 PUFA 对心肌纤维 Na^+ 通道基因、胰腺 β 细胞的乙酰 CoA 羧化酶基因表达有影响。同时小肠的 *L*-脂肪酸结合蛋白(*L*-fatty acid binding protein，*L*-FABP)、载脂蛋白 A-IV 和载脂蛋白 C-Ⅲ 基因的表达也受 PUFA 影响。

总之，随着营养科学的不断发展，改变了过去认为遗传和营养是先天和后天调节动物进化的两个对抗因素。现在已知在决定个体的表现与发育中，基因与营养等外界因素是相互作用的。基因并非一成不变，而是在一定条件下，受到外界环境因素的影响，利用营养遗传学和分子生物学技术，系统地研究饲料中的脂肪酸和其他营养素对肝脏和脂肪组织中脂肪酸和脂肪酸合成酶基因表达的抑制作用，利用营养-基因互作关系，通过日粮配合来控制基因的转录、细胞 mRNA 的处理、mRNA 稳定性及其翻译调节基因表达，有效地提高和控制动物生长和生产性能，提供满足消费者需求的动物产品，具有重大的技术意义和经济意义。目前分子生物学的基因技术在营养学中的应用已取得巨大进展，相信随着科学的发展，营养对基因表达调控的研究必将取得突破性的进展。

3.4 矿物质、微量元素对基因表达的调控

3.4.1 钙对基因表达的调控

钙是动物体内含量最多，同时也是最重要的矿物元素之一，对动物的生长与发育，疾病与健康，衰老与死亡起着重要作用。钙缺乏在动物中可引起佝偻病和骨质疏松症。缺钙时，由于甲状旁腺功能亢进，甲状旁腺素(parathyroid hormone，PTH)分泌增多，钙从骨骼流出，以保持血钙水平，并随之发生钙离子向软组织和细胞内流动，引发多种非骨骼疾病。

随着基因技术的发展与应用，作为基因治疗的一种重要方式——基因调控，为钙代谢调控问题的解决提供了技术手段。现在人们已发现与外界环境密切相关的细胞外钙水平变化，可直接调控某些基因表达。钙离子是细胞信号传导过程中最重要的第二信使，许多蛋白质直接或间接与之结合后被活化，与受体结合后，将细胞外信息传入细胞中，通过多种信号途径来调控基因表达。

3.4.1.1 钙的生理作用

(1) 酶或蛋白质的激活因子　钙进入动物血液后，主要是以离子钙的形式发挥生理作用。钙离子作为多肽类激素和细胞因子与细胞膜上相应受体结合以后产生的第二信使，在细胞内转而激活许多有生理活性的酶或蛋白质，从而发挥许多生理功能。

(2) 参与血液的凝固过程　当机体受伤出血时，Ca^{2+} 起催化作用，及时地将凝血酶原转变为凝血酶，凝血酶再将纤维蛋白原聚合为纤维蛋白，以造成伤口血液的凝固。

(3) 参与细胞的分泌活动和酶的激活　胰岛 β 细胞分泌胰岛素、小肠分泌无机离子、神经末端分泌神经递质、血小板分泌 5-羟色胺、肾上腺髓质分泌肾上腺素等，这些都与 Ca^{2+} 有关。

(4) 其他方面的作用　Ca^{2+} 还能通过影响细胞壁的渗透性而调节液体透过细胞壁。此外，Ca^{2+} 还与细胞的有丝分裂、生殖细胞的激活有关，使动物得以繁衍。

3.4.1.2 钙的吸收代谢

胎儿期钙来源于绒毛膜细胞的主动吸收，母体血钙经脐带传给胎儿。出生后钙必须由食物摄入补充，食物中的钙在十二指肠吸收最快，但主要吸收部位是回肠。肠黏膜细胞中以纤毛柱状上皮细胞为吸收钙的功能细胞。纤毛柱状上皮细胞腔面的纤毛构成"刷状缘"，以3种机制维持钙的吸收过程。

第一种，刷状缘运钙载体。此类运载不依赖能量供应，对钙运输抑制剂不敏感，与钠运转呈竞争性抑制，易受钙浓度的"饱和抑制"。

第二种，基底侧膜钙泵。此类运转机制主要将纤毛柱状上皮细胞刷状缘吸收到细胞内的钙转移到基底侧的细胞外，然后进入血液。

第三种，维生素D依赖钙结合蛋白。该蛋白质是在维生素D的诱导下，由肠纤毛柱状上皮细胞合成并与钙特异性结合的蛋白质。在胞浆中与钙的亲和力大于线粒体膜和质膜钙泵的亲和力。能促进钙从刷状缘向基底侧迁移并与基底侧钙泵结合释放钙移出细胞，经基膜进入血液。

食物中的钙在肠绒毛处依浓度梯度借易化扩散和刷状缘钙通道进入肠黏膜细胞，在钙蛋白的参与作用下由线粒体膜和细胞内质膜吸收贮存，作为细胞内钙缓冲的调节库。同时，钙结合蛋白拖动钙由刷状缘侧向基底侧迁移与膜钙泵结合，将钙释放出细胞进入基膜，再由血液带到全身。细胞吸收与转运过程是耗能过程，同时还受细胞膜两侧的电位差和浓度梯度的影响。机体正是由此三方面对钙的吸收、贮存、转运和排泄进行调节。

3.4.1.3 钙对基因表达的调控

随着分子生物学技术的发展，钙离子对基因表达调控的研究也不断发展。Brown等(1993)在牛中发现细胞外钙感应性受体(calcium-sensing receptor，CaSR)基因，填补了细胞外钙调节基因表达的重要空缺，Ca^{2+}可以作为第二信使发挥类似激素的作用，通过CaSR与G蛋白偶联，将细胞外信息传入胞内，使细胞内的Ca^{2+}升高，磷脂酶C(phosphor lipase C，PLC)活性增强或cAMP水平下降，进而调控基因表达。

细胞内钙离子因参与众多基因的表达调控而备受关注，当细胞外信号分子与细胞膜表面的受体结合，激活了Ca^{2+}信号传导途径，其中有两种不同的受体参与了这个过程。具有内在酪氨酸激酶活性的生长因子受体通过直接的酪氨酸磷酸化激活磷脂酰肌醇(PI)与磷脂酶C复合物(PI-PLC)；另外许多G蛋白偶联的受体通过与异源性Gq蛋白的相互作用激活PI-PLC。活化的PI-PLC导致三磷酸肌醇(inositol triphosphate，IP3)及甘油二酯(diacylglycerol，DG)的产生。它们分别刺激胞内Ca^{2+}释放及磷脂酰肌醇信号途径(PKC)的激活，Ca^{2+}释放产生钙信号，大多数依赖Ca^{2+}的细胞过程都是通过Ca^{2+}结合蛋白将信号传递下去，从而启动一系列细胞内信号级联反应，最后将信息传递入细胞核，从而发挥其转录调节作用。在众多的Ca^{2+}结合蛋白中，钙调素(calmodulin，CaM)是最重要的一种。

1. Ca^{2+}/钙调素(CaM)/钙调素依赖性蛋白激酶(calmodulin-dependent-protein kinase，CaMK)对基因转录的调控

钙调素(CaM)是一个广泛存在于真核细胞生物中的多功能蛋白，至少有30多种靶蛋白或靶酶。Czubryt等(1996)基于脱氧核糖核酸序列的差异及限制性酶谱分析，将CaM的基因分为3组：CaMⅠ、CaMⅡ、CaMⅢ基因。其中CaMⅠ与Ca^{2+}有高度亲和力，每个CaMⅠ分子有4个Ca^{2+}结合位点，以特殊的顺序结合Ca^{2+}，每次都引起它本身构型的改变。CaM是由19种

氨基酸组成的小分子单链多肽(148 个氨基酸残基,相对分子质量为 16680)。CaM 的空间结构与肌钙蛋白 C 类似,结合钙的 CaM Ⅰ 分子呈哑铃状,两端由球形的 Ca^{2+} 结合域构成,各含有 2 个同源性 Ca^{2+} 结合位点,分别称 N 环和 C 环,两环通过一个细长的螺旋棒状结构连接起来。每一个钙结合位点两侧都有一段 α 螺旋包围,形成螺旋-环-螺旋结构,Ca^{2+} 被结合在天冬氨酸(D)和谷氨酸(E)12 个残基之间的 β 片层环中,这种基本的结构被称为 EF 臂(EF hand)结构,是钙结合蛋白超家族的共有特点。Ca^{2+} 与这些球形结构中的两个钙结合基序部位的部分或全部结合后使 CaM 延长,暴露了 CaM 的疏水表面,这些疏水表面能与靶蛋白结合并调控其活性。

细胞中的 CaM 以两种构型存在,即无钙 CaM (apoCaM)和钙结合 CaM (Ca^{2+}-CaM),未与钙结合的游离钙调素(apoCaM)与 Ca^{2+}-CaM 的分子结构有很大不同(图 3.13)。Hammond 等(1988)认为 apoCaM 相对来说结构比较紧凑,螺旋 Ⅰ 与 Ⅳ,Ⅴ 与 Ⅷ 在空间上形成分子内相互作用,结果 apoCaM 的疏水性残基被 α 螺旋片段包围,在两端各形成一个结构内部的疏水性核心。中心螺旋在 Ser-81 位置一折为二,两个球部扭转了大约 180°。Halling 等(2006)认为在生理条件下,这两种构型处于某种动态平衡状态。Gruver 等(1993)在鼠中发现当细胞内 Ca^{2+} 浓度达到 10 μmol/L 时,则 CaM 活化,激活一系列酶,如合成 cAMP 的腺苷酸环化酶(adenylate cyclase,AC),合成环磷酸鸟苷(cyclic guanosine monophosphate,cGMP)的鸟苷酸环化酶(guanylate cyclase,GC),在钙泵中发挥作用的 Ca^{2+}-ATP 酶,以及水解 cAMP、cGMP 的 Ca^{2+} 依赖性的磷酸二酯酶(phosphodiesterase,PDE)等。当细胞内 Ca^{2+} 浓度下降至

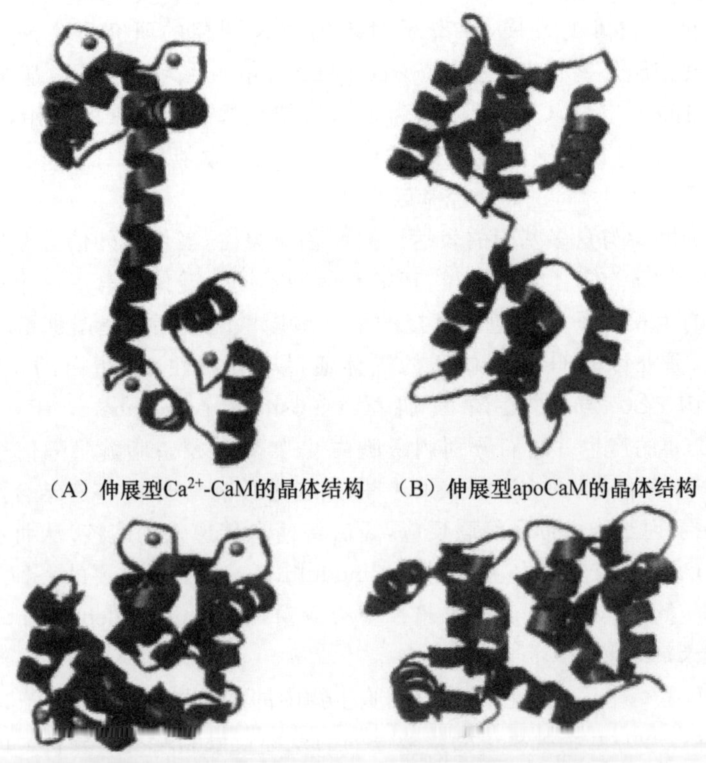

(A) 伸展型Ca^{2+}-CaM的晶体结构　(B) 伸展型apoCaM的晶体结构

(C) 紧密型Ca^{2+}-CaM的晶体结构　(D) 紧密型apoCaM的晶体结构

图 3.13　Ca^{2+}-CaM 和 apoCaM 呈现的多种构型

2 μmol/L，Ca^{2+}-CaMⅠ复合体脱节，则CaMⅠ失活。

Ca^{2+}-CaMⅠ复合物可通过两种方式发挥作用：①直接与靶酶结合，诱导靶酶的构象改变，使酶活化，如磷酸二酯酶、腺苷酸环化酶、鸟苷酸环化酶。②通过活化依赖Ca^{2+}-CaMⅠ的蛋白磷酸酶和蛋白激酶，影响靶酶的活性，如功能广泛的神经储钙蛋白和CaMK（Maier等，2001），其中CaMK底物较多，虽然其磷酸化的共同氨基酸序列为R-X-X-S/T，但这些底物可能在多种不同的细胞生理功能中起重要作用。

CaMK是一种丝氨酸/苏氨酸蛋白激酶，受Ca^{2+}-CaMⅠ复合物调节，分为Ⅰ、Ⅱ、Ⅲ、Ⅳ、Ⅴ5种亚型，其中研究较多的是CaMK Ⅱ。Sun等（1995）最早在鼠中发现CaMK Ⅳ位于神经细胞、T细胞中，CaMKⅡ最早是从大脑中分离出来的，分离的完整酶相对分子质量为540 000～650 000，由4种不同的基因分别编码α、β、γ、δ 4种亚基，通过mRNA的不同剪接产生不同的同功蛋白。每个亚基由不同的功能单元区组成，从N到C端分别为：ATP结合、催化、钙调素结合、连接/组合单元区。Soderling等（2001）认为CaMKⅡ是一种多功能蛋白激酶，存在于体内许多重要器官中，尤其是神经组织，可达大脑总蛋白含量的1%。CaMKⅡ广泛参与基因转录调节，由于转录因子在基因表达过程中起着重要作用，当CaMKⅡ结合到基因组DNA的特定区域时就会影响相关基因的转录，例如，CaMKⅡ可以激活转录因子，从而调节基因的表达。Yamauchi等（1989）和Fatima等（2003）发现其在心肌细胞中也有表达，从体外实验、动物模型到人体实验均提示心肌细胞内CaMKⅡ是Ca^{2+}信号变化的重要感受器，也是Ca^{2+}调节蛋白及转录反应的重要效应器。

CaM激酶的活性不仅依赖于Ca^{2+}和CaM，而且也受CaMKs其余成员的调节，CaM激酶还能被自身磷酸化所激活。CaMKⅡ可以广泛参与基因转录调节、钙敏感蛋白磷酸化等过程。纯化的CaMKⅡ在Ca^{2+}-CaMⅠ缺失时几乎无活性，而加入Ca^{2+}-CaMⅠ后其活性最少增加200倍。一旦与Ca^{2+}-CaMⅠ结合，CaMKⅡ分子构象即发生改变，每个催化结构域使邻近亚基的抑制结构域发生自身磷酸化，从而激活CaMKⅡ，并依次磷酸化细胞中的其他靶蛋白，从而呈现其Ca^{2+}-CaM依赖的生物学活性。在T淋巴细胞，由T细胞受体活化或由激素刺激引起的细胞内Ca^{2+}的流动可导致淋巴因子IL-2基因的表达。Ca^{2+}既可诱导IL-2基因的表达，也可使IL-2的表达处于无反应状态，这主要取决于共刺激信号的存在与否。Nghiem等（1994）研究表明在没有共刺激信号存在的情况下CaMKⅡ可以降低IL-2基因的表达。

2. Ca^{2+}/CaSR对基因表达的调控

细胞外钙感应性受体（calcium sensing receptor，CaSR）首先是在牛甲状旁腺主细胞中被克隆出的，它是G蛋白偶联受体，是钙平衡系统中的一个关键成分，在调节钙稳态方面起着决定性的作用，因而在钙代谢组织中广泛表达。Brown等（1993）发现CaSR的氨基酸序列包括3个主结构域。一个细胞外结构域，为一条长的亲水氨基端（约600个氨基酸），大多数激活及失活之间的转变在此完成，并在此形成二聚体，也是和Ca^{2+}等激活物结合的部位；一个疏水的跨膜结构域，像大多数G蛋白偶联受体一样，由7个跨膜片段组成，负责细胞外结构域和其相关G蛋白之间的信号传递；一个羧基端的细胞内尾结构（约200个氨基酸），负责细胞表面CaSR的表达及信息传递。CaSR的细胞内结构域和激活的受体偶联，激活不同种类的G蛋白。Brown（1991）首先发现CaSR能分别通过G蛋白家族中的Gq和Gi激活磷脂酶C，并抑制腺苷酸环化酶的活性；其后Kifor等（1997）的研究发现CaSR能激活磷脂酶A2和磷脂酶D，说明与其他一些G蛋白受体一样，CaSR也能调节多种细胞内信号传导途径；而且，McNeill

等(1998)的研究表明,CaSR能激活有丝分裂原激活蛋白激酶(mitogen-activated protein kinase,MAPK)途径,把细胞外信号转导入核内,因此这一途径非常重要;Quarles等(1997)研究表明细胞外Ca^{2+}及CaSR能影响到细胞的一些重要活动,诸如细胞的增殖和分化,例如能够通过提高细胞外Ca^{2+}从而刺激骨母细胞的增殖。Tfelt-Hansen等(2003)还发现细胞外Ca^{2+}通过CaSR上调垂体瘤转化基因(PTTG)mRNA的表达。

Chattopadhyay等(1997)揭示了人CaSR基因的编码序列及结构。它包含7个外显子,编码由1 078个氨基酸组成的多肽。在蛋白结构方面,它的N端有一个大大的伸展状的头,进化保守的129位和131位半胱氨酸残基可使钙感应性受体保持同源二聚体形式以正常行使其功能。基于以上的结构特点,人们将其归为G蛋白偶联受体家族中的一支。有趣的是,钙感应性受体大大的N端头部和它很小的离子配基Ca^{2+}似乎并不相称。从功能上,钙感应性受体也颇具与众不同之处:①对配基钙离子的亲和力很低,在毫摩尔浓度范围内才发生其调节作用。②配基对钙感应性受体的激活具有协同效应。这个作用好比血氧和血红蛋白的结合。③它不易被脱敏,这决定于它不可或缺的生理功能——持续监测调整细胞外钙水平。由于CaSR克隆成功,很快建立了几种细胞外Ca^{2+}平衡失调的遗传性疾病与CaSR基因缺损的联系,这些疾病包括:家族性低尿钙高血钙症(familial hypocalciuric hypercalcemia,FHH)、新生儿严重的甲状旁腺机能亢进(neonatal severe hyper-parathyroidism,NSHPT)和常染色体占优势的低血钙症(autosomal dominant hypocalcemia,ADH)。

CaSR可参与多种细胞的增殖、分泌、分化、凋亡等,根据其分布不同,CaSR可参与机体下列各种生理/病理活动:甲状旁腺CaSR感知细胞外钙浓度升高后减少PTH的分泌;甲状腺C细胞CaSR感知细胞外钙浓度升高后促进降钙素的释放;CaSR在肾脏皮质、髓质多部位表达,细胞外钙浓度升高可引起肾近曲小管1,25-二羟维生素D_3的合成减少,髓袢升支粗段管周液钙浓度升高可抑制其对钙、镁的重吸收,参与钙稳态的调节;细胞外钙浓度升高有利尿剂样的作用,调节钠、氯、钾、水的平衡,还可以减少肾血流量、肾小球滤过率;CaSR参与成骨破骨活动的调节,在体外可抑制破骨活动,体内可调节骨吸收;参与某些上皮细胞的分化(皮肤角质细胞、乳腺细胞、结肠上皮细胞等);在胃肠道、脑组织等也有广泛表达,调节消化液的分泌、记忆等。

3. Ca^{2+}对原癌基因(c-fos)表达的调控

c-fos包含5个外显子,编码2.2 kb的成熟mRNA,其产物由380个氨基酸组成,相对分子质量55 000。c-fos可与染色质DNA结合,其功能涉及DNA复制和转录的调节,与细胞的增殖、分化有关,在细胞内信息传递过程中起着中间桥梁的作用。目前认为至少存在3种能激活c-fos表达的调节成分,即甘油二酯依赖的蛋白激酶C(protein kinase C,PKC)、cAMP和Ca^{2+}-CaM。

Schutte等(1989)实验表明,钙离子的内流可诱导原癌基因c-fos和c-jun的表达。细胞内钙离子与钙调素结合形成Ca^{2+}-CaM复合体可通过激活蛋白激酶,特别是Ca^{2+}-CaM激酶,对转录因子进行磷酸化修饰等途径诱导神经细胞c-fos表达。

Nowak等(1990)研究表明,细胞内Ca^{2+}增多可诱导c-fos的转录。当细胞内Ca^{2+}增加,Ca^{2+}与CaM结合,激活CaMKⅡ,CaMKⅡ进入核内,磷酸化并激活cAMP应答元件结合蛋白(cAMP-response element binding protein,CREB)的转录活性,促进CREB与cAMP应答元件(cAMP response element,CRE)结合,从而诱导c-fos基因的表达。

Antoine 等(1996)研究促肾上腺皮质激素细胞(ACTH cell),得出 Ca^{2+} 通过 CaMK Ⅱ和 CaMK Ⅳ途径刺激 c-fos mRNA 增加及细胞核 c-fos 蛋白表达;Wang 等(1996)研究肾小球细胞,结果表明,内皮素 1(ET-1)通过 CaMK Ⅱ 作用于 c-fos 启动子诱导其转录,应用 CaMK 抑制剂能阻断 ET-1 引起的 c-fos 表达。

羊明智等(2005)探讨细胞外高钙离子及其阻滞剂对脊髓灰质 c-fos 基因表达的影响。结果表明:高钙离子能诱导离体脊髓组织灰质 c-fos 基因的表达,提示钙离子在脊髓继发性损伤的作用可能是通过介导 c-fos 等即早期基因(immediate early gene,也称即时基因)的表达实现的。

4. Ca^{2+} 对促黄体素 β(LHβ)基因表达的调控

Andrews 等(1988)研究表明,Ca^{2+} 的激活剂可使促性腺激素释放激素(gonadotrophin-releasing hormone,GnRH)刺激的 LHβ RNA 表达。但 Brian 等(1998)研究发现,用 Ca^{2+} 激活剂 Bayk8644 处理 GH3 细胞,对 LHβ 基因表达影响很小,差异不显著;用 L 型 Ca^{2+} 通路抑制剂尼莫地平引起 LHβ 基因表达减少,且差异显著。认为 Ca^{2+} 不能独立地激活 LHβ 启动子,但其可通过影响另一信号通路 PKC 系统 (protein kinase C system)(又称磷脂酰肌醇信号途径,phosphatidylinositol signal pathway)的活性,而间接影响 LHβ 转录。Vyacheslav 等(2002)研究认为,Ca^{2+} 通路主要介导 GnRH 慢性诱导 LHβ 基因表达。

5. Ca^{2+} 对脂肪组织相关基因表达的调控

Teegarden 等(2003)和 Sehrager 等(2005)的研究结果均表明人群钙摄入量与肥胖呈负相关。Zemel 等(2004)实验表明,肥胖发生率和钙摄入量之间具有显著的负相关关系;进一步研究表明,膳食钙对限制饮食条件下转基因动物减肥的作用可能主要在于下调钙调节激素的浓度,减少钙调节激素导致的细胞内钙离子浓度增加,而细胞内 Ca^{2+} 促进脂肪酸合成酶(FAS)的表达,使脂肪合成增加。

张忠品等(2010)探讨钙信号对小鼠脂肪组织中 G 蛋白偶联受体(GPR120)基因转录及脂肪生成的影响。结果表明:葡萄糖酸钙可导致 GPR120、核受体 PPAR-γ、转录因子 C/EBPα 和 FAS 基因的 mRNA 表达水平降低,并可使激素敏感脂肪酶(HSL) mRNA 表达水平极显著升高。

罗楠等(2007)研究膳食钙摄入对高脂饮食大鼠肥胖形成的影响。高钙组维生素 D 受体(vitamin D receptor,VDR)和 FAS 基因 mRNA 表达水平均显著低于正常组,高钙组解偶联蛋白 2(UCP2)基因 mRNA 表达水平显著高于高脂组。高钙膳食可能通过降低血清钙调节激素水平,影响脂肪代谢和钙代谢,从而减少高脂饮食大鼠体重和脂肪重量的增加。

6. Ca^{2+} 对其他基因表达的影响

Kobayashi 等(1994)研究显示,降钙素可以直接作用于小鼠成骨细胞,刺激小鼠成骨细胞类胰岛素生长因子-Ⅰ(IGF-Ⅰ)、fos 肿瘤基因(c-fos)、Ⅰ型胶原和骨钙素 mRNA 表达,刺激小鼠成骨细胞增殖和分化。

Teruko 等(1999)研究了低钙日粮对产蛋鸡肠道及卵壳腺部钙结合蛋白 D28k(calcium-binding protein-D28k,CaBP-D28k)mRNA 的影响与蛋壳质量的关系。结果显示:低钙日粮组肠道 CaBP-D28k mRNA 水平明显增加 2 倍。低钙日粮通过钙稳定影响蛋壳质量、血浆钙含量、肠 CaBP-D28k 基因表达。然而在卵壳腺部,低血浆钙并不影响 CaBP-D28k mRNA 水平。

张卓等(2009)探讨钙摄入量对大鼠肝脏胆固醇代谢关键酶 β-羟基-β-甲基戊二酸单酰辅酶 A 还原酶(HMG-CoA 还原酶)、胆固醇 7α-羟化酶(cholesterol 7 alpha-hydroxylase,

CYP7A)mRNA 表达的影响。钙摄入可使大鼠肝脏 HMG - CoA 还原酶 mRNA 的表达量呈现下降趋势，CYP7A mRNA 的表达量呈现增多趋势。因此，适量钙摄入可通过影响 HMG-CoA 还原酶和 CYP7A 基因的表达来降低或改善血浆胆固醇水平。

马现永等(2009)研究了宰前 2 周添加钙和维生素 D_3 对黄羽肉鸡肌肉嫩度的影响。结果表明，添加 0.4%的钙显著降低钙蛋白酶抑制蛋白基因 mRNA 水平，但添加 0.8%钙，钙蛋白酶抑制蛋白基因 mRNA 水平与添加 0.4%钙组相比略呈上升趋势。

魏均强等(2010)观察硫酸钙在人骨髓基质干细胞(bone mesenchymal stem cells，BMSCs)向成骨细胞转化过程中对成骨基因表达的影响。结果表明，硫酸钙促进了人 BMSCs 向成骨细胞转化的过程，这种作用与硫酸钙促进成骨基因表达上调、合成活性因子增加相关，说明硫酸钙具有潜在的骨诱导活性，促进细胞的骨修复能力。

3.4.2 磷对基因表达的调控

磷是动物体内除了钙以外含量最丰富的矿物质，具有重要的代谢功能和生理功能，在形成和维持骨骼组织、维持渗透压和酸碱平衡、能量利用和转移、蛋白合成、生长和细胞分化等机体活动中起着重要作用。

3.4.2.1 磷的生理作用

(1) 磷参与形成高能磷酸键　磷存在于动物机体的每一个细胞之中，而且磷酸盐氧化物和碳架或碳氮复合物可以构成高能磷酸键(如三磷酸腺苷，ATP)，几乎所有的能量转化过程都与高能磷酸键的形成和破坏有关，因此与畜禽的生命活动和生产息息相关。

(2) 磷是多种组织和辅酶的组成成分　磷是身体软组织和神经磷脂的组成成分，参与体内广泛的酶反应，与体液的酸碱缓冲体系以及细胞分化紧密相关，以磷脂、磷蛋白等形式构成细胞壁和细胞器的组成成分，参与几乎所有重要的有机物的合成和降解代谢。

(3) 磷是 DNA 和 RNA 的结构成分　含磷的核酸由核苷与磷酸缩合而成，是 DNA 和 RNA 的结构成分，存在于所有的细胞中，作为信息传递的载体，是传递遗传信息的重要物质。

(4) 磷参与食欲的控制　磷可以参与食欲的控制，影响体增重和饲料利用率，加速畜禽的生长发育，提高饲料转化率，增加瘦肉组织的积累，并影响动物的繁殖。

(5) 磷的其他生理作用　磷还能促进营养物质的吸收，以磷脂的方式促进脂类物质和脂溶性维生素的吸收。

3.4.2.2 磷的吸收代谢

动物采食的各种饲料进入消化道后，其所含的磷源(外源部分)与各种消化液(唾液、肠液、胆汁、胰液)、消化道脱落细胞中的磷源和消化道壁细胞分泌进入消化道的磷(内源部分)共同组成消化道内的总磷源。其中一部分在肠道中形成复合物，它们与饲料中未能分解吸收的磷一起随粪便排出体外。另一部分磷以无机磷酸盐或以有机磷形式进入动物消化道。其中以离子形式存在的磷，以主动运输、易化扩散的形式被肠壁细胞吸收。饲料中的无机磷可直接为肠道所吸收，而有机磷则需经酶的作用水解为无机磷后才能被肠道吸收。饲料中的无机磷主要由小肠前段(十二指肠末段)以 PO_4^{3-} 的形式被吸收，而有机磷因需水解而在小肠后段被吸收。内源磷(P_E)的流动过程见图 3.14。

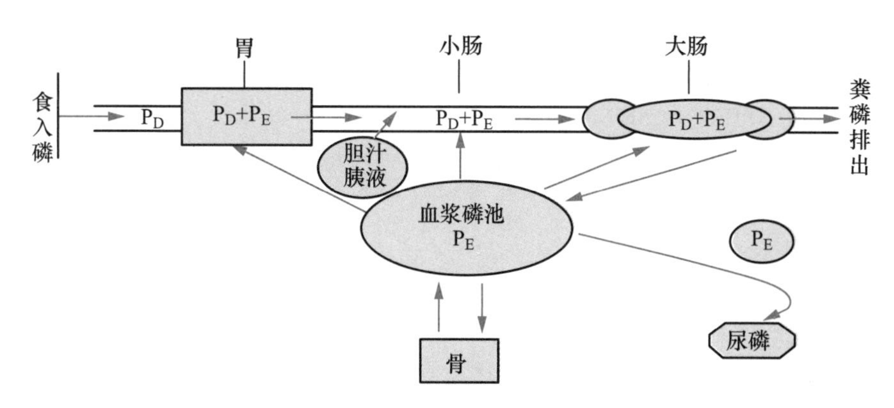

图 3.14 内源磷的流动过程

P_D. 日粮磷 P_E. 内源磷

3.4.2.3 磷对基因表达的调控

1. 磷对 NaPi-Ⅱ基因表达的调控

Ⅱ型钠磷协同转运蛋白家族(NaPi-Ⅱ)包括 NaPi-Ⅱa、NaPi-Ⅱb 和 NaPi-Ⅱc,其中 NaPi-Ⅱa 和 NaPi-Ⅱc 主要存在于动物的肾脏中,而 NaPi-Ⅱb 则主要存在于动物的小肠和肺中,它们的主要功能是维持细胞内外磷的动态平衡。Xu 等(2001)从克隆的人类 NaPi-Ⅱb 基因中发现,NaPi-Ⅱb 和 NaPi-Ⅱa 基因的结构不同,长度分别为 24 kb 和 16 kb,NaPi-Ⅱb 基因有 12 个外显子和 11 个内含子,而 NaPi-Ⅱa 基因有 13 个外显子和 12 个内含子,NaPi-Ⅱb 基因的内含子 1 最长(6 800 bp),而 NaPi-Ⅱa 基因的内含子 8 最长(5 000 bp)。另外人类的 NaPi-Ⅱb 基因和 NaPi-Ⅱa 基因 5′侧翼区位置也不同,NaPi-Ⅱa 基因启动子含有典型的 TATA 框,而 NaPi-Ⅱb 基因近侧区没有,但是 NaPi-Ⅱb 基因启动子含有 GATA 结合位点,GATA 转录因子表现组织特异性,可以调节基因的表达。

在哺乳动物中,小肠是磷吸收的一个重要部位,其吸收、转运磷是借助钠磷协同转运蛋白(Na^+/phosphate cotransporter)通过小肠上皮细胞顶端膜协同进行的。小肠磷吸收转运的蛋白是 NaPi-Ⅱb,Field 等(1999)和 Hilfiker 等(1998)已经分别从人、啮齿动物和鱼类中克隆出了 NaPi-Ⅱb 基因。肾脏在维持磷的动态平衡方面起了重要作用,并通过调节尿磷的排泄来实现这一功能。Murer 等(1997)研究发现磷在肾脏中的重吸收主要是在近端小管,同时借助钠磷协同转运蛋白与钠离子顺着钠离子梯度一起进入细胞内,在磷的重吸收过程中,限制和调节磷重吸收的关键点是磷通过刷状缘膜顶端。肾脏的磷重吸收依靠的蛋白主要是 NaPi-Ⅱa。Elger 等(1998)和 Graham 等(2003)发现鱼类的磷在肠和肾脏中吸收转运依靠的蛋白只有 NaPi-Ⅱb,后者分为 NaPi-Ⅱb1 和 NaPi-Ⅱb2,其中肠中的 NaPi-Ⅱb 主要集中在肠上皮细胞顶端膜,而肾中的 NaPi-Ⅱb 分布在近端小管细胞的基底外侧膜与近端小管细胞系和集合小管的顶膜。

Radanovic 等(2005)研究发现,低磷日粮增加小鼠十二指肠和空肠 NaPi-Ⅱb 转运蛋白数量及其 mRNA 丰度。Segawa 等(2004)发现在维生素受体缺陷型小鼠采食低磷日粮后,小肠 NaPi-Ⅱb 蛋白和 mRNA 水平显著升高,野生型小鼠呈现类似趋势。Capuano 等(2005)对维生素 D 受体缺陷型和缺乏 1α-羟化酶的小鼠肠道 NaPi-Ⅱb mRNA 的研究发现它们的表达量显著升高。

方热军等(2011)探讨不同磷水平对肉鸡磷代谢及小肠 NaPi-Ⅱb 基因 mRNA 表达的影响,发现较低磷提高肉鸡空肠前段和空肠后段 NaPi-Ⅱb mRNA 表达水平,而高磷则降低肉鸡十二指肠、空肠段 NaPi-Ⅱb mRNA 表达水平。

2. 磷对核心结合因子 α1(core binding factor α1,Cbfα-1)基因表达的调控

血管钙化的"掌控基因"——Cbfα-1 是成骨细胞分化成熟的必需转录因子。体外实验发现高磷诱导人血管平滑肌细胞表达 Cbfα-1,启动细胞内的钙化,这可能是钙化过程的开始。Cbfα-1 属于 Runt/Cbfα 转录因子家族,又称成骨因子 Runt 相关基因 2,有 P56/Ⅰ型和 P57/Ⅱ型两个亚型。Cbfα-1 能特异识别成骨细胞特异的顺式作用元件中的序列 5′-(Pu/T)ACCPuCPu-3′或 5′-PyGPyGGT(Py/A)-3′,并通过其 Runt 结构域与 Cbfα-1 DNA 结合位点 OSE2 连接。OSE2 样元件出现在许多成骨特异的基因启动子中,如骨钙素(bone gamma-carboxyglutamic-acid-containing protein,BGP)、Ⅰ型胶原蛋白、骨涎蛋白(bone sialoprotein,BSP)和骨桥蛋白。P56/Ⅰ型和 P57/Ⅱ型均能激活骨钙素、BSP 等基因启动子的活性。Steitz 等(2001)研究证明,Cbfα-1 是成骨细胞的特异性核转录因子,掌控下游相关骨基质蛋白和骨胶原成分的产生,调节骨骼的钙化,是启动血管钙化的标志。

Giachelli 等(1995)研究人平滑肌细胞(human smooth muscle cells,HSMCs)发现在磷 2.0 mmol/L 时可诱导 HSMCs 出现 Cbfα-1 和骨钙素的表达,用 Northern blot 分析法在培养早期 24 h 就可检测到 Cbfα-1 和骨钙素表达的明显增加。

Jono 等(2000)在体外研究中发现,细胞外高磷通过血管平滑肌细胞(vascular smooth muscle cell,VSMC)的 NaPi 转运子 PIT-1 进入 VSMC 启动血管钙化;升高的细胞内磷水平激活特异信号通路;诱导人平滑肌细胞 Cbfα-1 及其下游转录靶基因骨钙素的表达;减少平滑肌特异基因的表达;刺激潜在的矿化成核分子的分泌,如基质小泡、碱性磷酸酶、钙结合蛋白和富含胶原的细胞外基质。

江瑛等(2007)研究发现 Cbfα-1 基因表达在给予高磷的 5/6 肾切除大鼠组中明显上调,并且与血磷水平呈直线正相关,说明在慢性肾衰竭(chronic renal failure,CRF)大鼠中,高磷可能通过上调 Cbfα-1 基因的表达,促进血管平滑肌细胞向成骨样细胞转化,参与血管钙化的发生。

3. 磷对成纤维细胞生长因子-23(FGF-23)基因表达的调控

成纤维细胞生长因子-23(FGF-23)基因是多肽激素成纤维细胞生长因子(FGFs)家族的成员。近年来发现 FGF-23 不仅在磷平衡和维生素 D 代谢中具有重要的调控作用,而且在慢性肾脏疾病磷平衡和维生素 D 代谢紊乱的发病机制中可能起到关键作用。White 等(2001)、Jonsson 等(2003)和 Larsson 等(2003)确认 FGF-23 基因是 X-连锁低磷性佝偻病(X-linked hypophosphatemia rickets,XLH)、常染色体显性遗传性低磷性佝偻病(autosomal dominant hypophosphatemia rickets, ADHR)、肿瘤相关性低磷性骨软化症(tumor induced osteomalacia,TIO)等低磷性佝偻病及骨软化症的共同致病基因。

FGF-23 与 FGFs 家族其他 22 个成员均拥有一个由 120 个氨基酸残基组成、序列高度保守的相同核区,核区构象都是由 β 折叠和环组成的 β 三叶草结构,虽然 FGF-23 基因结构与 FGF-21 和 FGF-19 最为相似,分别有 24%、22%的氨基酸序列相同,但 FGF-23 是 FGFs 家族中唯一具有血清凝血酶原转变加速因子前体酶加工位点的因子。人类的 FGF-23 基因定位于染色体 12p13 区,编码含有 251 个氨基酸的多肽,其相对分子质量为 30 000,在一个前蛋白转化酶(furin,弗林蛋白酶,成对碱性氨基酸蛋白酶)的共同位点 Arg-His-Thr-Arg 处,加工裂解

成2个较小的片段,即18 kb的氨基片段和12 kb的羧基片段。FGF-23包含24个氨基酸的亲水氨基末端,作为识别序列,其特有的羧基末端是与其他FGFs家族成员的不同之处。FGF-23基因距FGF-6末端着丝粒54 kb,含有3个外显子,其DNA全长约为10 kb,已获得的最长的FGF-23反转录PCR产物为1 612 bp。FGF-23基因表达的主要部位和循环FGF-23的来源都是骨,而循环FGF-23的靶器官主要包括肾、肠和骨。

Perwad等(2005)和Bumett等(2004)报道给予啮齿动物和人类高磷饮食可提高FGF-23基因表达水平,对终末期肾病高磷血症患者血清FGF-23进行免疫沉淀反应,检测到全段FGF-23免疫反应性增加,所以说高磷血症是引起FGF-23基因表达水平上升的重要因素。

4. 磷对甲状旁腺素(PTH)基因表达的调控

甲状旁腺素(PTH)是一种调节磷酸盐的主要激素,PTH通过抑制刷状缘膜上的钠磷协同转运蛋白的表达,减少对磷的重吸收,从而诱导高磷酸盐尿。Kronenberg等(1979)对牛PTH基因cDNA进行了克隆测序,Hendy等(1981)对人PTH基因cDNA序列进行了克隆测序,Schmelze等(1987)对猪和鼠PTH基因cDNA序列也进行了克隆测序,Rosol等(1995)成功克隆了犬PTH基因的cDNA。

Alexis(1998)研究发现细胞外高磷可以直接提高PTH的分泌和PTH基因的转录。Almaden等(1998)认为高磷血症可直接促进PTH mRNA的合成。此外,Roussanne等(2001)认为血磷升高还可直接刺激甲状旁腺细胞的增殖。

Francesco(2002)通过体内试验证明,高磷通过影响转录后途径来刺激PTH的合成,高磷血症可以促进PTH基因mRNA的表达,引起继发性甲状旁腺功能亢进症(secondary hyperparathyroidism,SHPT),而SHPT反过来又可加重高磷、低钙血症和活性维生素D缺乏,如此反复,形成恶性循环。

3.4.3 锌对基因表达的调控

3.4.3.1 锌的生理作用

锌作为动物体的一种必需微量元素,生理作用包括:①增强机体免疫功能;②促进细胞增殖分化;③参与核酸蛋白质代谢;④维持细胞周期正常进行。锌在生命活动中的作用主要是通过体内某些酶的形式参与蛋白质、碳水化合物及脂肪的代谢,对动物的生长发育有重要的作用。

3.4.3.2 锌对基因表达的调控

在以DNA为模板合成核糖核苷酸链RNA的转录过程中,RNA合成需要RNA聚合酶,RNA聚合酶的活性必须有锌的催化。近年来的研究表明,锌主要是通过对基因的转录和表达的影响而产生一系列的生物学效应。锌具有特殊的化学特性,能结合于DNA骨架链上的磷酸基团及碱基,从而稳定DNA双螺旋结构,并维系其转录活性。同时,锌还可促进B-DNA向Z-DNA的转变,而Z-DNA与基因表达的调控有关。Michelsen(1993)认为,锌离子是DNA聚合酶的一个重要组成成分,锌对于维持DNA聚合酶的活性很重要;另外锌通过影响RNA聚合酶活性及转录因子的作用,能够导致基因转录异常,从而使蛋白质表达也发生变化。

锌结合蛋白作为一种转录因素,在识别特定的碱基序列后,激活启动子,启动转录。绝大多数锌结合蛋白是具有重要生理功能的锌指蛋白(Zn finger proteins,ZFPs),具有特定的碱基结合序列,这些序列常为-GGG-、-GCG-、-GCT- (Coleman,1992)。目前较为清楚的一种锌结合蛋白是类固醇激素受体,其DNA结合区有两个由66～68个氨基酸残基构成的锌指。每个锌指由4个半胱氨酸和一个锌原子键合而成。第一个锌指能识别DNA靶基因上特定的序列即激素应答元件,从而决定了受体的特异性。第二个锌指与受体的二聚化作用有关,并对第一个起空间定向作用。

大量研究表明,锌指是锌结合蛋白的功能结构。它不仅能稳定锌结合蛋白的构象,而且能识别靶基因上的特定序列并启动RNA的转录,而锌在锌指中起着不可替代的作用。尽管现在人们所认识的锌结合蛋白还很少,但可以肯定锌结合蛋白能够直接参与基因表达的调控。

有证据表明,基因组的1%是锌指蛋白编码。在锌指结构中,锌与4个半胱氨酸和(或)组氨酸以不同的排列组成非常稳定的四面体结构,多数锌指蛋白是转录因子。锌的调节功能主要是作为金属应答元件结合转录因子(MRE-binding transcription factor,MTF)的配基,并以此参与基因表达的调控。

1. 锌对金属硫蛋白(MT)基因表达的调控

金属硫蛋白(MT)可以结合多种金属元素,是元素转运、维持细胞中的元素平衡、防止重金属中毒所必需的蛋白质。

Cui(1998)用大鼠试验表明,饲粮缺锌可明显降低肝脏、肾脏和小肠MT-1 mRNA水平,但给大鼠注射白细胞介素-Ⅰ后,MT-1 mRNA明显升高,且缺锌组的MT-1 mRNA水平显著高于加锌组。在不同生理状态下,锌对MT-1的调控性质完全不同。

Andrews(1999)报道,妊娠小鼠日粮缺锌时,提高MT-1、MT-2的表达可以改善母鼠的繁殖成绩。Cao等(2000)研究表明,MT mRNA水平随着日粮锌水平的提高而增加,日粮中添加锌能促进MT基因的表达。

2. 锌对脂肪代谢相关基因的调控

Ott(2001)研究表明,日粮中Zn的缺乏降低了Leptin基因的表达。王建枫等(2008)研究日粮锌对大鼠肝脏脂肪酸代谢的影响。结果表明:日粮锌上调脂肪酸合成酶(FAS)、乙酰辅酶A羧化酶(ACC)和硬脂酰辅酶A去饱和酶-1(SCD1)基因的表达,下调CPT21基因的表达,从而诱导肝脏脂肪酸合成和去饱和过程,但抑制了脂肪酸β-氧化。

3. 锌对其他基因表达的调控

Juan等(2001)通过研究小鼠的锌转运体1、2和4(ZnT1、ZnT2、ZnT4)对日粮中Zn反应的情况时发现,低Zn摄入量组ZnT2 mRNA的水平要极低于正常组,而当Zn摄入量为180 mg/kg时,ZnT1和ZnT2 mRNA的水平都显著提高。

黄艳玲等(2008)研究了饲粮中不同水平锌对肉仔鸡组织锌转运蛋白基因表达的影响。结果显示各日龄胰脏ZnT2的基因表达均受到饲粮锌水平的显著影响,随饲粮锌添加量的增加呈明显的渐近线变化趋势,而14日龄与21日龄均呈二次曲线变化趋势。

汪以真等(2005)研究了不同锌源对仔猪抗菌肽PR-39基因表达的影响。结果表明高氧化锌组显著提高了抗菌肽PR-39基因的表达量,硫酸锌组和纳米氧化锌组也分别提高了抗菌肽PR-39基因的表达量。

陈群等(2008)利用不同的锌源饲喂早期断奶仔猪,研究其对仔猪早期生长的影响。结果表明日粮中添加不同形式的锌,均能显著提高仔猪日增重和类胰岛素生长因子-Ⅰ(IGF-Ⅰ)

基因表达量，而对猪血浆生长激素(GH)水平及生长激素受体(GHR)表达影响均不显著。表明添加锌可以通过 IGF-Ⅰ对生长起调控作用而影响机体生长发育。

张式等(2006)探讨高锌对小肠细胞铁、锌含量和铁、锌调控基因 DMT1、IREG1、ZnT1 及 hZIP4 mRNA 表达的影响。结果表明高锌处理 24 h 后，细胞内 DMT1、IREG1、ZnT1 mRNA 表达均出现上调，hZIP4 mRNA 表达则发生下调。

秦海宏(2004)以原代培养海马神经元为模型，同时检测已确定的锌转运相关基因(rZIP、ZnT1、ZnT3、MT-1、MT-2、MT-3、DMT1 等)在原代培养海马神经元中是否表达，其表达是否受锌水平的调控，受调控的基因表达时相，并分析各基因表达的特点及内在联系，以及各锌转运相关基因 mRNA 表达时相与细胞内外锌浓度、细胞存活率之间的关系，得出以下结论：①低锌与高锌环境均可导致原代培养海马神经元存活率显著下降，但死亡形态不同。②原代培养海马神经元内的总含锌量主要受细胞外锌作用浓度的影响，受作用时间影响小。高锌环境使海马神经元细胞核和细胞质含锌量显著增加，低锌环境则影响不显著。③高锌可使海马神经元 MT-1 mRNA、MT-2 mRNA、ZnT1 mRNA 和 DMT1 mRNA 的表达显著增加，使 MT-3 mRNA 的表达显著下降，低锌对它们的表达无影响；ZIP mRNA 在海马神经元虽有表达，但其表达不受锌水平调控。

以上结果提示，锌水平可影响海马神经元的存活率；海马神经元内总锌含量、细胞质和细胞核的含锌量主要受细胞外锌浓度的影响；锌水平可显著影响海马神经元 ZnT1、MT-1、MT-2、MT-3 和 DMT1 的表达，它们可能是维持海马神经元锌内稳态的主要基因。

余晓丹等(2005)研究锌缺乏对生长期大鼠小肠黏膜维生素 D 受体(VDR)和钙结合蛋白(CaBP)基因表达水平的影响。结果认为缺锌组大鼠小肠黏膜 VDR 基因表达较正常组下调，正常组较高锌组 VDR 基因表达下调。低锌组 CaBP 基因表达较正常组下调，正常组较高锌组 CaBP 基因表达下调。余晓丹等(2010)研究锌缺乏对生长期大鼠海马锌指蛋白 Egr 家族(Egr1、Egr2、Egr3、Egr4)基因表达的影响。结果表明：大鼠海马 Egr1、Egr3、Egr4 基因表达低锌组表达量低于正常组、高锌组，且正常组低于高锌组。

3.4.4 铁对基因表达的调控

3.4.4.1 铁的生理作用

铁对动物有多种功能，主要表现在：①铁是构成血红蛋白、肌红蛋白、细胞色素和多种氧化酶的重要成分，保证体组织内氧的正常输送；②血红蛋白中的铁对于维持机体每个器官和每种组织的正常生理作用是不可缺少的；③铁在胎盘中以运铁蛋白的形式存在，以乳铁蛋白的形式存在于哺乳动物乳汁、胰液、泪液及白细胞胞浆中，以铁蛋白和血红素形式存在于肝中，在禽卵和爬行类卵蛋白中存在卵运铁蛋白；④铁构成机体内许多代谢酶的活性成分，是激活这些碳水化合物代谢酶不可缺少的活化因子。

3.4.4.2 铁对基因表达的调控

铁可通过控制运铁蛋白和铁蛋白 mRNA 稳定性和 mRNA 翻译来调控基因的表达，并且运铁蛋白受体和铁蛋白在细胞铁代谢过程中具有十分重要的功能。

1. 铁对运铁蛋白基因表达的影响

日粮中铁含量可以通过调控运铁蛋白(transferrin，又称转铁蛋白，Tf)mRNA 的基因表达而改变代谢(Theil,1994),在调节过程中主要是对运铁蛋白 mRNA 的 3′UTR 和 5′UTR 进行转录后调控(Klausner,1993)。

Mckningt 等(1980)研究表明,铁缺乏可导致肉鸡运铁蛋白 mRNA 增加。在肉鸡试验中发现饲粮中缺铁将导致血清运铁蛋白迅速增加,3 周后运铁蛋白 mRNA 含量是正常水平的 2.5 倍,同时可以认为缺铁引起运铁蛋白基因表达的加强是通过增加转录水平来实现的。当日粮中添加铁质,运铁蛋白基因 mRNA 的含量和蛋白合成在 3 d 内达到正常水平,肝脏中铁的贮存量也同时增加。

2. 铁对其他基因表达的调控

孙文广等(2002)和孙长颢等(2003)研究了铁对肥胖大鼠骨骼肌中 UCP2、UCP3 基因表达的影响。结果发现:缺铁肥胖大鼠 UCP2、UCP3 mRNA 表达水平明显降低;补铁可使肥胖大鼠骨骼肌中 UCP2、UCP3 mRNA 表达水平增强;高脂饲料诱导的肥胖大鼠骨骼肌中 UCP3 mRNA 表达水平较基础饲料组大鼠呈下降趋势。因此得出结论,适量补铁能促进肥胖大鼠骨骼肌中 UCP2、UCP3 mRNA 表达,有利于脂肪动员,增加能量消耗。

勾凌燕等(2001)研究了高铁负荷对化学性肝损伤大鼠凋亡相关基因 bcl-2/bax 基因表达的影响。结果发现,铁可以诱导肝细胞凋亡,其机制可能为:上调促凋亡基因 bax 水平,催化脂质过氧化反应,促进氧自由基的产生,从而引起肝细胞凋亡,并且铁与四氯化碳(CCl_4)在促进肝细胞凋亡上有协同作用。

马文霞等(2007)考察铁对小鼠肝脏铁水平和运铁蛋白受体(transferrin receptor,TfR) mRNA 的影响。结果表明:饲粮中添加不同来源和不同水平的铁能显著影响肝脏铁含量和 TfR mRNA 基因表达水平;鼠肝脏铁含量与 TfR mRNA 的表达量呈强负相关。

房定珠等(2009)探讨铁剥夺对 K562 细胞凋亡的作用及对白血病相关基因表达的影响。结果显示:铁剥夺后 K562 细胞诱导分化中融合基因 bcr-abl mRNA、原癌基因 c-myc mRNA 表达水平降低,肿瘤抑制基因 Rb mRNA 增加;去铁可降低 Rb mRNA 的表达,增加 c-myc mRNA 的表达;加铁或去铁不影响 bcr-abl mRNA 的表达。

3.4.5 铜对基因表达的调控

3.4.5.1 铜的生理作用

铜是人和动物生长的必需微量元素之一,体内外试验证明,铜能够促进动物的生长,也能促进软骨细胞的增殖,但其作用机理尚不清楚。

(1) 参与铁代谢和造血功能　造血功能主要与微量元素铁有关,铜在铁的代谢过程中也发挥着重要作用,影响着机体对铁的吸收、运输及利用。铜蓝蛋白是唯一的亚铁氧化酶,可将二价铁氧化成三价铁。

(2) 解毒作用　铜可刺激、诱导机体合成金属硫蛋白,并与之结合,清除体内自由基,并可以解除重金属毒性。

(3) 有助于形成黑色素　黑色素的合成需要酪氨酸羟化酶,该酶是一种含 Cu^{2+} 酶,能被紫外线辐射活化,催化酪氨酸氧化聚合等一系列变化生成黑色素。

(4) 维持骨骼、心血管系统及结缔组织代谢的功能　对于骨骼来说,缺铜会使得骨胶的多胶键的交联不牢固,胶原的稳定性和强度降低。对于心血管系统来说,缺铜会使弹性蛋白及胶原纤维共价交联形成障碍，同时还会使弹性组织形成的大动脉易于破碎。

(5) 参与构成机体的多种酶类　细胞色素 c 氧化酶是线粒体呼吸链电子传递的终末复合物，属亚铁血红素-铜氧化酶的超家族，与机体能量代谢有密切关系；铜参与与脑发育有关的重要酶的合成，如细胞色素 c 氧化酶和多巴胺-β-羟化酶等。

3.4.5.2 铜对基因表达的调控

1. 铜对金属硫蛋白(MT)基因表达的调控

Durham(1981)用硫酸铜(每千克体重 5 mg)皮下注射小鼠的试验结果表明，随着铜离子剂量的加大，肝和肾中 MT 基因转录合成 MT mRNA 的量也增加。

Wlostowski(1992)报道，肾中 MT 含量与肾铜含量高度相关。另有报道指出，日粮锌含量可调节 MT 表达，而日粮铜含量对 MT 表达的作用无规律性(Eagon,1999)。

2. 铜对脂肪酸合成相关基因表达的影响

Wilson(1997)报道，日粮缺铜诱导肝脂肪酸合成酶的合成。给断奶大鼠饲喂蔗糖日粮，一组日粮含铜 0.7 mg/g(CuD 组)，另一组日粮含铜 5.0 mg/g(CuA 组)，CuD 组与 CuA 组比较，脂肪酸合成酶活性增加 2.0 倍，脂肪酸合成酶 mRNA 丰度增加 3.0 倍，脂肪酸合成酶基因转录速度增加 2.5 倍，这说明铜缺乏可在转录水平上调节脂肪酸合成酶基因的表达。

Tang 等(2000)研究显示，日粮铜缺乏导致肝脏脂肪酸合成酶基因转录速度加快，并提高肝脏脂肪合成速度。添加一定量的铜可诱导肝内脂肪酸合成酶以及线粒体 RNA 转录因子 A (Mao,2000)基因的表达。

Lee(2002)研究了日粮铜对生长期和育肥期阉牛皮下脂肪组织中乙酰辅酶 A 羧化酶(ACC)、硬脂酰辅酶 A 去饱和酶(SCD)、解偶联蛋白 2(UCP2)和 Leptin mRNA 表达的影响。试验结果表明：日粮铜既不影响皮下脂肪组织中 ACC 和 SCD mRNA 水平，也不影响 UCP2 和 Leptin 基因表达。

3. 铜对铜锌型超氧化物歧化酶(CuZnSOD)基因表达的调控

SOD 为广泛存在于动物体内的金属酶类。真核细胞浆内的 SOD 含 Cu 与 Zn，相对分子质量为 2 000，由 2 个亚基组成，每个亚基含 1 个铜与 1 个锌，线粒体内的 SOD 含锰，由 4 个亚基组成，细胞内还有一类含铁的 SOD。牛肝内发现另一类 SOD 含锌与钴。它们共同的功能为催化超氧阴离子(O_2^-)自由基的歧化反应：$O_2^- + O_2^- + 2H^+ = H_2O_2 + O_2$(周顺伍,2000)。

由于铜为 CuZnSOD 的辅助因子，许多研究结果表明，当动物日粮缺铜时，可降低其许多组织中 CuZnSOD 的活性。Shay 等(1993)试验表明，日粮缺铜可降低鼠肝脏 CuZnSOD 活性及基因表达水平，并认为日粮铜可调节肝脏 CuZnSOD 的转录。刘向阳等(1998)的试验结果认为，当大鼠日粮缺铜(含铜 0.54 mg/kg)时，其肝脏中 CuZnSOD 活性显著降低。Zhou 等(1994)给仔猪注射相当于日粮铜 250 mg/kg 浓度效果的组氨酸铜溶液后，血清 CuZnSOD 活性明显增加。王希春等(2004)研究表明，高铜日粮(在基础日粮的基础上添加 250 mg/kg Cu)能显著提高断奶应激仔猪体重、日增重和日采食量，降低料重比和断奶后腹泻率，提高血清 CuZnSOD 活性。

4. 铜对其他基因表达的调控

钱剑等(2005)研究了微量元素铜对软骨细胞类胰岛素生长因子 mRNA 表达的影响。研究发现，在细胞培养液中添加不同水平的铜能促进软骨细胞中类胰岛素生长因子 mRNA 表达，其中以铜浓度为 31.2 μmol/L 组的效果最好。表明铜对软骨细胞的增殖作用是通过促进类胰岛素生长因子 mRNA 的表达来实现的。

付世新等(2008)检测铜对猪传代肾细胞(PK15)中特异性铜转运蛋白 Ctr1 基因 mRNA 表达水平的影响。结果表明,Ctr1 基因 mRNA 表达在 0～31.2 μmol/L Cu 范围内随铜添加量的升高呈减少趋势,当添加到 62.5 μmol/L Cu 时,其表达又有所回升,呈双相表达反应。

李毓雯等(2008)研究肝铜沉积对肝细胞凋亡及凋亡相关基因 bax、bcl-2 基因表达的影响。铜过量负荷大鼠肝组织 bax 基因的表达水平明显高于对照组,且随着铜负荷时间的延长有升高趋势;bcl-2 基因的表达水平高于对照组,且随着铜负荷时间的延长也有升高趋势。

刘好朋等(2011)研究了高铜日粮对肉鸡肝脏硫氧还蛋白还原酶 2(TrxR2)基因 mRNA 表达和还原活性的影响。结果显示:饲喂高铜日粮可导致 TrxR2 mRNA 在肝脏中的表达量降低,还原活性先升高后降低。

3.4.6 硒对基因表达的调控

3.4.6.1 硒的生理作用

(1) 硒的抗氧化作用　硒是谷胱甘肽过氧化物酶(GSH-Px)的活性中心,在机体内特异地催化还原型谷胱甘肽(GSH)与过氧化物的氧化还原反应,促使正常代谢过程中产生的有毒过氧化物分解,防止其堆积,从而保护细胞中重要的膜结构不受损害,维持细胞的正常功能。

(2) 硒的免疫功能　硒能促进淋巴细胞产生抗体,使血液免疫球蛋白水平增高或维持正常,增强机体对疫苗或其他抗原产生抗体的能力;硒能增强淋巴细胞转化和迟发型变态反应(DTH),能促进吞噬细胞的功能。

(3) 硒的抗癌作用　硒是多种谷胱甘肽(GSH)代谢酶的辅基,具有抗癌作用。组织培养研究也表明,硒能使某些致癌剂的活性降低,在药理或毒性剂量下硒对某些肿瘤细胞株(如 L1210 白血病、艾氏腹水癌、Guerin 肉瘤和 M-1 肉瘤)的生长有抑制作用。

(4) 硒对有毒金属的拮抗作用　硒能拮抗有毒金属元素的毒性,能与金属如汞、甲基汞、镉、砷及铅等化合形成金属硒蛋白复合物而解毒,并使金属排出体外。

(5) 硒对细胞周期和细胞增殖的影响　低浓度硒可促进细胞增殖;高浓度硒发生明显的细胞毒性,抑制细胞增殖和细胞运动,降低神经细胞的存活率,甚至引起细胞死亡。

3.4.6.2 硒对基因表达的调控

日粮硒主要是通过对谷胱甘肽过氧化物酶(GSH-Px)、甲腺氨酸Ⅰ型 5′脱碘酶(deiodinase, DI)mRNA 的稳定性而影响代谢,它们之间受日粮硒水平影响的主要差别是 GSH-Px 和 DI 的 3′UTR 结构的差异决定的(Bermano 等,1996)。

1. 硒对谷胱甘肽过氧化物酶(GSH-Px,GPX)基因表达的调控

Bermano(1995)研究发现在硒严重缺乏的条件下,肝脏和心脏的 GPX1 的活力和 mRNA 的含量几乎为零,GPX4 在肝脏活力下降 75%,在心脏下降 60%,而 mRNA 的含量没有改变。Bermano(1996)研究认为:硒的缺乏,引起肝脏谷胱甘肽过氧化物酶 GPX1 和 GPX4 的 mRNA 和活力的改变,不是由于基因转录的改变,而是由于谷胱甘肽过氧化物酶 mRNA 3′UTR 对 mRNA 的稳定性和翻译具有调控作用,导致硒缺乏对不同谷胱甘肽过氧化物酶活力有不同影响。Weiss 等(1997)报道缺硒急剧降低中国小仓鼠卵巢细胞谷胱甘肽过氧化物酶 mRNA 的含量,添加到充足(100 nmol/L)时,谷胱甘肽过氧化物酶活力达到平台。

Lei (1998)研究了硒对 GPX 基因表达的影响。24 只断奶去势小公猪，随机分成 4 组，分别饲喂基础日粮（含硒 0.03 mg/kg）和添加 0.20 mg/kg、0.30 mg/kg、0.50 mg/kg 硒的日粮，进行了 35 d 的试验。结果表明，GPX1 和 GPX4 在肝脏和心脏的活力、GPX1 和 GPX4 mRNA 在肝脏的水平和 GPX3 在血浆活力，均以添加 0.20 mg/kg 硒的日粮为最高。

Burk 等（1993）试验表明：缺硒时 GSH-Px 活力下降，谷胱甘肽转硫酶（glutathion S-transferase，GST）亚基 mRNA 的稳态水平改变，表明饲料硒对这些酶的基因表达和活性有调节作用。然而，低限营养平衡剂量的硒与高剂量硒摄取试验相比，高硒并不能明显提高 GSH-Px 活性，所以高硒摄取对动物模型的抗癌保护作用可能与 GSH-Px 活性无关。

王秀娜等（2010）研究饲粮中硒来源及添加水平对仔猪细胞内谷胱甘肽过氧化物酶（GPX1）mRNA 表达的影响。结果表明：在饲粮中添加纳米硒能够提高仔猪肝脏、脾脏中 GPX1 mRNA 的表达量，而肌肉组织中的表达水平则低于亚硒酸钠组和对照组。

2. 硒对抗氧化酶相关基因表达的调控

甘璐等（2003）探讨补硒对大鼠肝脏抗氧化酶活性及基因表达的影响。给大鼠补充不同剂量的硒，观察补硒对大鼠肝脏硒、丙二醛（MDA）含量，超氧化物歧化酶（SOD）、过氧化氢酶（CAT）、谷胱甘肽过氧化物酶（GSH-Px）、硫氧还蛋白还原酶（TR）活性及 TR mRNA 表达的影响。结果：补硒 20 μg/kg 能显著降低 MDA 含量，增强 SOD、CAT、GSH-Px 的活性，而补硒 40 μg/kg、80 μg/kg 却显著增加 MDA 含量，降低 CAT、GSH-Px 和 TR 的活性，并能降低 TR mRNA 表达水平。硒的含量则表现出剂量依赖性。

3. 硒对其他基因表达的调控

李荣文等（1996）应用心肌肌球蛋白重链（CMHC）基因探针分析了克山病病区粮（硒缺乏）和病区粮补硒喂养大鼠心肌中 α-CMHC 和 β-CMHC 基因表达的变化，并观测了大鼠心肌 T_4 5′-脱单碘酶活性和 T_3 水平的改变。结果表明，日粮缺硒可导致大鼠 CMHC 基因表达的偏移，心肌 T_4 5′-脱单碘酶活性下降和心肌 T_3 水平的降低。病区粮补加硒后，上述改变明显向正常方向逆转。给病区粮喂养大鼠腹腔注射外源性 T_3，可使 α-CMHC mRNA 水平明显升高，而 β-CMHC mRNA 水平下降，表明 T_3 对大鼠 CMHC 基因的表达具有一定的调控作用，提示硒可通过 T_4 5′-脱单碘酶→T_3 途径对 CMHC 基因表达进行调节。

侯晓晖等（2005）研究高碘摄入对仔鼠脑髓鞘碱性蛋白（myelin basic protein，MBP）mRNA 的影响及硒干预的作用。结果显示：补硒提高仔鼠甲状腺激素的水平，上调仔鼠脑 MBP mRNA 的表达。因此硒可通过影响含硒酶的活性来调节甲状腺激素水平，从而上调仔鼠脑 MBP mRNA 的表达。

吴蕴棠等（2006）研究补硒对糖尿病大鼠肝脏代谢相关基因表达的影响。糖尿病对照组、糖尿病补硒组蛋白磷酸酶 2A（protein phosphatase 2A，PP2A）表达量低于正常对照组；糖尿病补硒组 PP2A 的表达量高于糖尿病对照组。结论补硒对糖尿病大鼠肝脏 PP2A mRNA 表达有上调作用，这可能是硒改善糖尿病糖脂代谢紊乱的分子机制之一。

陈华洁等（2006）研究亚硒酸钠对大鼠肝脏端粒酶逆转录酶（telomerase reverse transcriptase，TERT）mRNA 表达的影响。结果显示：与对照组比较，3 个剂量硒组（2.5 μmol/kg、5 μmol/kg 和 10 μmol/kg Na_2SeO_3）的 TERT mRNA 虽有增高，但差异不显著；在硒镉联合作用组中，10 μmol/kg Na_2SeO_3 ＋5 μmol/kg、10 μmol/kg 或 20 μmol/kg $CdCl_2$ 联合作用组与对照组相比，TERT mRNA 水平均升高，与对应镉组相比，差异无显著

性，说明一定剂量的硒对一定剂量镉引起的 TERT mRNA 的表达具有一定的拮抗作用。

3.4.7 锰对基因表达的调控

3.4.7.1 锰的生理作用

锰是机体所必需的一种微量元素，在细胞分化和生长中起着重要作用。细胞内的部分锰存在于线粒体内，在维持遗传稳定性和调控基因表达中起着重要作用。

(1) 酶的组成成分 锰是机体中精氨酸酶、脯氨酸肽酶、丙酮酸羧化酶、RNA 多聚酶、超氧化物歧化酶等酶的组成成分。

(2) 促进脂肪代谢 锰具有特殊的促进脂肪动员作用，促进机体内脂肪利用，并有抗肝脏脂肪变性的功能。

(3) 参与动物的免疫调节 锰可以提高某些动物体内抗体的效价和增加非特异性抵抗因子的量。增加锰可以提高非特异性免疫中酶的活性，从而增强巨噬细胞的杀伤力。钙是补体的激活剂，对免疫系统有多种作用，钙与锰在激活淋巴细胞作用上有协同作用。

(4) 维持动物的生殖功能 锰是促进动物性腺发育和内分泌功能的重要元素之一。锰可刺激机体中胆固醇的合成，缺锰所引起的不育症是由于影响了以胆固醇为原料的性激素合成的结果。

(5) 造血及其他功能 锰与造血功能密切相关，在胚胎早期肝脏里聚集了多量的锰，胚胎期的肝脏是重要的造血器官。锰可以改善机体对铜的利用；与卟啉的合成有关；具有刺激胰岛素分泌、促甲状腺和促红细胞生成的作用；还可以与氨基酸形成螯合物参与氨基酸代谢。

3.4.7.2 锰对基因表达的调控

1. 锰对 MnSOD 基因表达的调控

动物体内锰超氧化物歧化酶(MnSOD)为含锰酶，试验证明，锰缺乏的大鼠其组织中的锰超氧化物歧化酶活性显著低于对照组的大鼠，其活性下降机制是一种转录阻断。锰除了可以特异性激活磷酸烯醇式丙酮酸羧激酶、谷氨酰胺合成酶外，还可以直接妨碍胰腺的胰岛素的合成与分泌。

Borrello 等(1992)报道，诱发小鼠缺锰可引起 MnSOD 转录水平的负调节，缺锰小鼠肝锰含量、MnSOD 活性及其 mRNA 水平的降低，可能是一种转录阻断。Cousins 等(1994)实验表明，膳食 Mn 缺乏可降低肝脏 MnSOD mRNA 水平。

Kim 等(1999)对人 MnSOD 基因的启动子区进行了分析，并认为特异蛋白-1 (specificity protein-1，Sp-1)、激活蛋白-2 (activator protein-2，AP-2)、激活蛋白-1(activator protein-1，AP-1)、核因子 κB (nuclear factor-κB，NF-κB)等转录因子可能在人 MnSOD 基因表达调节中发挥着重要的作用。

Jarunee 等(1999)认为，人 MnSOD 基因包含一种金属应答元件(metal-responsive element，MRE)，锰调节 MnSOD 基因表达的机制可能与锌调节 MT 基因表达的机制一样，即锰与 MRE 结合转录因子(MTF)结合后，转移入细胞核内，识别 MnSOD 基因启动子区的 MRE 并与之结合，从而激活 MnSOD 基因的转录。

李素芬等(2003)研究了肉仔鸡对不同形态锰源的相对生物学利用率。结果发现，肉鸡心肌含锰量和 MnSOD mRNA 水平受到添加锰源及添加锰水平的显著影响。吕林等(2004)在饲粮中添加 100 mg/kg 的锰研究不同形态锰源对肉仔鸡胸肌和腿肌细胞线粒体中 MnSOD 基因表达的影响，结果表明，有机锰和无机锰在转录水平上显著影响肉仔鸡胸肌和腿肌细胞线粒体中 MnSOD 基因表达，有机锰比无机锰更能有效提高腿肌细胞线粒体中 MnSOD mRNA 水平；锰可能通过以上途径增强肌肉细胞线粒体 MnSOD 活性，进而降低肌肉丙二醛含量，改善肌肉品质。

吕林等(2007)研究了饲粮添加不同锰源对肉鸡胴体性能、肌肉品质、腹脂和肌肉中相关酶活性及肌肉中 MnSOD mRNA 水平的影响。结果显示：各添加锰组 MnSOD mRNA 水平均显著高于未添加锰的对照组，添加氨基酸锰(MnAA)组腿肌细胞线粒体中 MnSOD mRNA 水平显著高于添加无机硫酸锰组。

2. 锰对其他基因表达的调控

Ramesh 等(2002)报道，二价锰离子通过细胞外信号调节激酶(external-signal regulated kinase，ERK)信号途径激活转录因子 NF-κB，进而诱导了含 NF-κB 应答元件的基因的转录。

Wise 等(2004)研究了低水平锰(0～10 mmol/L)对嗜铬细胞瘤细胞中 AP-1 DNA 结合活性的影响。结果发现，二价锰离子可能通过 c-Jun N 末端激酶(c-Jun N-terminal kinase，JNK)信号途径显著提高了 AP-1 的结合活性，进而激活基因的转录。

李国君等(2010)观察锰暴露对铁调节蛋白(iron regulatory proteins，IRPs)和编码 TfR 的 mRNA 之间结合亲和力的影响，从而探讨锰对血-脑脊液屏障铁转运体系的作用。结果表明，锰暴露既不影响编码 TfR 的核不均一性 RNA (hnRNA)的水平，也不影响初始合成的 TfR mRNA 的含量，但是锰暴露引起了 TfR 成熟 mRNA 的显著增多和铁蛋白(ferritin)mRNA 的减少。

3.4.8 铬对基因表达的调控

3.4.8.1 铬的生理作用

铬是动物机体的必需微量元素之一，具体生理作用包括：促进动物生长；增强免疫功能；提高胴体品质；改善繁殖性能等。铬还可影响多种酶的表达，同时它还能提高生长激素基因的表达从而降低胴体的脂肪；铬也可以通过提高葡萄糖乳酸盐循环的基因表达来降低血浆乳酸水平。三价铬作为葡萄糖耐量因素(glucose tolerance factor，GTF)参与碳水化合物的代谢(Rosebrough 等，1981)，而且还参与脂肪、蛋白质和核酸的代谢过程(Okada 等，1984)。

3.4.8.2 铬对基因表达的调控

1. 铬对肥胖基因表达的影响

张薇等(2001)研究了葡萄糖酸铬对大鼠肥胖基因表达的影响及其与胰岛素、生长激素和睾酮的关系。结果发现，与对照组相比，实验组瘦素、胰岛素水平显著降低，而生长激素和睾酮水平显著升高。由此可知，葡萄糖酸铬可抑制肥胖基因的表达和胰岛素的分泌，促进生长激素和睾酮的分泌。

孙长颢等(2001)研究了铬对大鼠肥胖基因表达和体重的影响及与血糖、血脂的关系。结果发现，铬对体重的影响不大，但可抑制肥胖基因的表达，同时具有降低血糖、血清总胆固醇(TC)、血清甘油三酯(TG)和升高血清高密度脂蛋白胆固醇(high-density lipoprotein cholesterin，HDL-C)的作用。

段铭等(2003)试验研究了4～6周龄肉仔鸡日粮中添加1 mg/kg吡啶羧酸铬后，对肝脏中脂肪酸合成酶、乙酰辅酶A羧化酶、β-羟基-β-甲基戊二酸单酰辅酶A还原酶基因转录的影响。结果表明：添加铬后脂肪酸合成酶和β-羟基-β-甲基戊二酸单酰辅酶A还原酶基因的转录明显受到影响，分别比对照组下降34.82%和48.26%，而乙酰辅酶A羧化酶受影响很小，其转录只下降了3.87%。

2. 铬对糖代谢相关基因表达的调控

吴蕴棠等(2003)认为，铬对糖尿病大鼠糖脂代谢紊乱具有一定的改善作用；铬对骨骼肌组织中某些基因的表达产生了诱导或抑制作用。他们推测铬对糖尿病大鼠代谢紊乱的调节作用可能与这些基因表达水平的变化有关。

孙忠等(2005)探讨了补铬对糖尿病大鼠糖代谢相关基因表达的影响。结果表明糖尿病补铬组葡萄糖转运蛋白4(glucose transporter protein 4,GLUT4)表达量低于正常对照组，高于糖尿病对照组。因此可以得出结论：给糖尿病大鼠补充微量元素铬可以上调骨骼肌组织中GLUT4 mRNA的表达，进而使骨骼肌组织中GLUT4含量增加，这可能是铬改善糖尿病大鼠糖脂代谢紊乱的分子机制之一。

3. 铬对其他基因表达的调控

孙忠等(2005)研究了补铬对糖尿病大鼠骨骼肌代谢相关基因表达的影响。结果发现，补铬对糖尿病大鼠骨骼肌胰岛素受体底物-1(IRS-1)基因mRNA表达有上调趋势。

查龙应等(2008)研究三价铬纳米微粒对大鼠胴体组成及肌细胞胰岛素受体基因表达的影响。结果显示：以三价铬纳米微粒形式添加铬使大鼠体脂含量、血清胰岛素水平显著降低，使肌细胞胰岛素受体基因表达量显著提高。

王敏奇等(2009)研究了三价铬对脑垂体生长激素mRNA水平的影响。垂体生长激素基因分析结果显示，三价铬纳米组试验猪垂体生长激素mRNA水平提高。证明三价铬纳米可提高肥育猪垂体生长激素mRNA水平，促进机体生长激素分泌，从而促进生长和改善胴体特性。

陈刚等(2010)通过了解三价铬对体外培养成骨细胞差异基因表达谱，探讨三价铬毒理机制。实时荧光PCR结果验证了Card11、Igsf6、Tnfrsf17和Rora基因在三价铬(10 mg/L)作用72 h后表达显著增高。

3.4.9 碘对基因表达的调控

3.4.9.1 碘的生理作用

碘在动物体内主要用于合成甲状腺素，而机体内具有生物活性的碘化合物也主要是甲状腺素，因此碘的营养生理作用主要是通过影响甲状腺素的合成来实现的。

(1) 调节代谢和维持体内热平衡　适量的甲状腺素可提高细胞核RNA聚合酶的活性，使整个RNA的合成量增加，从而间接促进蛋白质的合成；另外一些参与物质代谢的酶的活性也可得到提高。甲状腺素可作用于氧化磷酸化过程，促进三羧酸循环中的生物氧化过程。

(2) 影响动物生长发育　甲状腺素对中枢神经系统、骨骼系统、心血管系统和消化系统的发育具有调控作用，可以促进组织分化和生长，从而促进幼龄动物的生长发育，增加基础代谢率和耗氧量。

(3) 影响动物繁殖性能　碘是保持动物良好繁殖性能的一种必需微量元素，缺碘会引起动物生殖紊乱，发情不正常或发情受到抑制，甚至不育。

（4）影响动物的毛皮状况　缺碘会影响动物皮毛的正常生长，导致被毛干燥、污秽、生长缓慢，掉毛甚至全身脱毛，皮肤增厚，毛发、羽毛失去光泽，周身被毛纤维化等。

3.4.9.2　**碘对基因表达的调控**

1. 碘对脱碘酶(DI)基因表达的调控

左爱军等(2006)研究不同碘营养状态对大鼠肝组织甲腺氨酸Ⅰ型5′脱碘酶(DI)表达水平及活性的影响。结果显示：在碘缺乏状态下，大鼠DI活性和DI基因表达水平代偿性上调，使机体维持足够的水平，以避免周围组织出现器官性甲减；高碘仅在转录后水平影响DI，表现为直接抑制DI的活性，机体出现代偿性周围组织器官性甲状腺功能减退。

王琨等(2008)在成功建立碘缺乏与不同程度碘过量的胚胎成纤维细胞Babl/c小鼠模型的基础上，采用实时荧光定量PCR法检测甲状腺组织DI mRNA表达水平。结果显示：碘缺乏时，DI mRNA表达和DI活性均显著升高；碘过量可明显抑制DI mRNA表达，但对DI活性并无显著影响。

2. 碘对其他基因表达的调控

杨长春等(2000)探讨了高碘对凋亡相关基因bcl-2、bax基因表达的影响。结果发现，高碘组大脑皮质、海马和甲状腺组织bcl-2蛋白表达量较适碘组明显降低，而bax蛋白表达量则明显高于适碘组；高碘组大脑皮质、海马和甲状腺组织bcl-2/bax比值较适碘组明显降低。由此得出结论：高碘可以诱发bax基因过度表达和bcl-2基因表达下调。

房辉等(2001)从基因表达水平研究了不同碘摄入量对大鼠甲状腺功能的影响。结果显示：低碘组甲状腺过氧化物酶基因(TPO)mRNA表达显著升高，而甲状腺球蛋白(TG)mRNA表达明显降低。高碘组甲状腺TG、TPO mRNA表达均显著降低。

梁东春等(2003)用竞争性PCR方法对低碘及正常大鼠肝脏中IGF-Ⅰ基因mRNA的水平进行定量检测。结果发现，低碘大鼠肝脏中IGF-Ⅰ基因mRNA的浓度(71.3 nmol/L)较正常组(146.4 nmol/L)明显减低。由此可以得出结论，碘缺乏导致骨、脑发育障碍的部分原因可能是因为降低了IGF-Ⅰ这一发育调节因子的基因表达。

张瑞等(2009)探讨低碘膳食对大鼠脑组织同源盒基因Nkx-2.2表达的影响，揭示低碘导致脑发育迟滞的可能分子作用机制。结果显示，各年龄组低碘及正常大鼠比较，孕16 d正常鼠Nkx-2.2表达水平明显高于低碘鼠，而新生及20日龄低碘鼠Nkx-2.2表达水平明显高于正常鼠。

许静等(2010)研究甲状腺功能减退大鼠肾脏抗氧化能力的变化，探讨甲状腺激素水平对肾脏的影响。结果显示，与对照组比较，缺碘引起的甲减组Na^+，K^+-ATPase α1亚基的基因表达下降，说明甲状腺激素不足可导致肾脏抗氧化能力下降，肾小球萎缩。

3.4.10　钴对基因表达的调控

3.4.10.1　**钴的生理作用**

（1）参与机体的造血功能　反刍动物瘤胃微生物可利用钴合成维生素B_{12}，维生素B_{12}的主要作用是刺激造血功能。钴刺激造血的机制是：①通过产生红细胞生成素(erythropoietin，EPO)刺激造血；②钴可促进肠黏膜对铁的吸收，加速贮存铁进入骨髓；③通过维生素B_{12}参与核糖核酸及造血有关物质的代谢，作用于造血过程。

(2) 钴作为某些酶的辅酶发挥作用　钴是碳酸酐酶、DNA 聚合酶、RNA 聚合酶、逆转录酶等 14 种酶的辅助因素，可催化水解、氧化、聚合、水化、转移及脱羧等反应。

(3) 解毒和对免疫力的作用　钴具有解毒作用，钴具有与氢氰酸形成不同配合物的明显倾向，因而能解除氰化物的毒性。钴可增强免疫系统的能力，消灭入侵的病原体。缺钴饲料与补钴饲料饲养的后备母牛相比，中性粒细胞功能明显受损，缺钴可导致牛的免疫力低下。

(4) 增强反刍动物消化功能　Kadim 等(2003)研究表明，在反刍动物日粮中添加钴在一定程度上促进瘤胃微生物的生长繁殖，使瘤胃发酵速度加快，提高增重和采食量，从而使发酵产物挥发性脂肪酸 VFA 含量增加，但不影响各种 VFA 的摩尔比例。许多研究还发现，日粮中添加钴盐，能提高氮代谢程度，促进骨髓、肝脏及肌肉中核酸和蛋白质的合成。

(5) 可促进锌的吸收　动物试验证实，在试验动物的饲料中加入钴以后，可使受试动物锌的吸收率从 29.5%提高到 44%。

3.4.10.2 钴对基因表达的调控

Bucher 等(1996)研究表明，给小鼠皮下注射氯化亚钴，依赖性地增加了血小板源性生长因子-B(platelet derived growth factor B，PDGF-B) mRNA 的表达量，其中在肺脏增加了 125%，在肾脏增加了 60%，而在心脏和肝脏中没有增加。

氧化钴是一种能刺激一组缺氧反应基因的试剂，可以刺激体内缺氧反应基因的表达。安小玲等(2002)对大鼠视网膜糖载体蛋白(GLUT-1)的表达在氧化钴作用下所产生的变化进行了研究。用氧化钴治疗大鼠 10～12 d 后，发现大鼠视网膜糖载体蛋白 GLUT-1 出现 1.53 倍的增加。说明缺钴能导致视网膜糖载体蛋白 GLUT-1 的增加。

3.4.11 镉对基因表达的调控

3.4.11.1 镉的生理作用

动物缺镉表现为生长慢、受胎率低和出生死亡率高。体内的镉大部分与 MT 结合，主要分布在肝、肾。饲料镉过量会造成动物致病，镉对动物的致病机理研究目前主要集中在对酶活性、线粒体、无机磷和蛋白质含量、肝脏和肾脏、骨骼及红细胞的影响几个方面。

3.4.11.2 镉对基因表达的调控

研究资料表明，镉对 MT 的诱导能力很强，并主要通过激活金属应答元件结合蛋白(MRE-BP)、激活金属应答元件结合转录因子-1(MTF-1)及与 MT 启动子上 MRE 结合等途径使 MT-1 mRNA 增加。但它不能激活金属效应元件结合因子-1(MBF-1)、金属元件结合蛋白-1(MEP-1)、锌激活蛋白(zinc activate protein，ZAP)和 Zn^{2+} 调控因子-1(ZiRF)等转录因子。镉对 MT 基因调控的作用机制仍不很清楚，它可能作为转录因子的结构核心，影响转录因子与金属应答元件(MREs)的特异结合或促使正转录活化因子从活化因子抑制剂(anti-activator)中解离，与 MT 结合；镉还可能直接或间接影响 MT 染色体的空间结构而活化转录。

镉等不同的重金属诱导转录主要通过不同的 MREs 调控，当调控因子与金属应答元件转录因子(metal-responsive element transcription factors，MTFs)作用时，可引起染色质局部 DNA 结构的改变，RNA 聚合酶进入模板，为转录创造条件(Prasun 等，1993；Palmiter 等，1994)。

任香梅等(2006)探讨镉诱导猪肾近曲小管上皮细胞(LLC-PK1)凋亡对凋亡相关基因 bcl-2,抗癌基因 p53(mtp53),癌基因 c-myc、c-fos 与 ras 表达的影响。结果显示,不同浓度氯化镉($CdCl_2$)作用 LLC-PK1 细胞 8 h 后,bcl-2、p53、c-myc 和 ras 表达逐渐下降,呈明显的剂量-反应关系。因此,镉诱导 LLC-PK1 细胞凋亡的机制可能与镉抑制 bcl-2、p53、c-myc、ras 基因表达有关。

张明等(2007)探讨镉的繁殖毒性与细胞凋亡及 bax、bcl-2 基因表达的关系。结果显示,各染毒组小鼠的 bax 基因的表达水平明显上升,而 bcl-2 基因的表达水平明显下降。表明镉可以诱导小鼠生精细胞凋亡,其机制可能与 bax 基因上调和 bcl-2 基因下调有关。

何宝霞等(2008)探讨 $CdCl_2$ 对鸡脑垂体细胞凋亡相关基因 fas 和半胱氨酸蛋白酶 3(caspase-3)表达的影响。实验结果表明,$CdCl_2$ 作用后可致鸡腺垂体细胞呈现明显的凋亡征象,并可诱导垂体细胞 fas 和 caspase-3 mRNA 表达的增加;随着染镉时间的延长,低剂量组的凋亡率以及 fas、caspase-3 mRNA 表达增加较明显。在此过程中 fas 和 caspase-3 mRNA 表达呈现出与凋亡较为一致的趋势。

3.4.12 钒对基因表达的调控

3.4.12.1 钒的生理作用

钒是动物体必需的微量元素,其降血糖和降胆固醇的作用已受到广泛重视。除此之外,钒的生理作用包括:钒的化合物对多种酶有抑制作用,也是多种酶的激活剂;钒的化合物对细胞的生长、分化有重要作用;促进肾动脉收缩及钠、水排泄;减少磷的排泄与丢失;促进肠壁对葡萄糖吸收,减少盐、水吸收;刺激造血。

3.4.12.2 钒对基因表达的调控

王艳林等(1997)研究了过氧钒烟酸络合物(peroxovanadate nicotinic complexes,POR)对链脲佐菌素(streptozotocin,STZ)诱导的糖尿病大鼠肝细胞质磷酸烯醇式丙酮酸羧激酶(PEPCK)基因表达及血脂代谢的影响。结果显示,糖尿病鼠肝细胞质 PEPCK 基因表达及活性明显增加,总胆固醇和甘油三酯也明显高于正常,用 POR 治疗后上述变化得到纠正。这提示 POR 的作用机理之一是通过抑制 PEPCK 基因表达及酶活性减少糖异生而降低高血糖。

姜宏宇等(2001)研究了联麦氧钒(bis(maltolato)oxovanadium,BMOV)对糖尿病大鼠心肌葡萄糖转运蛋白 4(GLUT4)mRNA 的影响。实验结果显示,试验组心肌 GLUT4 mRNA 含量明显恢复,接近正常水平,提示葡萄糖跨膜转运恢复。钒通过增加 GLUT4 mRNA 的表达和胰岛素受体后激活酪氨酸激酶活性,增加葡萄糖的跨膜转运和利用,减少 FFA 氧化,改善细胞内环境。

李益明等(1997)研究了钒酸钠对链脲佐菌素(STZ)糖尿病大鼠糖代谢的影响,并对这一作用产生的机理进行了探讨。以钒酸钠溶液作为饮用水治疗 3 周后,糖尿病治疗组的血糖低于非治疗组,但仍较正常组高。而骨骼肌中 GLUT4 mRNA 含量较非治疗组高,但仍低于正常组。结果提示,钒酸盐能促进外周组织 GLUT4 基因表达,这可能是其具有降血糖作用的原因之一。

张平等(2004)对钒酸钠类胰岛素作用及骨骼肌 GLUT4 在其作用中的机制进行了研究。结果表明钒酸钠治疗糖尿病大鼠在不增加胰岛素释放的情况下具有明显改善糖脂代谢的效果，使降低的GLUT4水平恢复接近正常，说明钒酸钠增加糖尿病大鼠骨骼肌GLUT4表达使周围组织葡萄糖摄取利用增加可能是降低血糖机制之一。

3.4.13 锂对基因表达的调控

3.4.13.1 锂的生理作用

锂是动物营养所需的微量元素之一。锂的吸收、利用受到很多因素的影响。锂可经胃肠道、皮下、肌肉、腹腔吸收，不与血浆蛋白结合，亦不被代谢。锂分布于整个机体的水相中，且在细胞内蓄积，主要经肾脏排泄。

锂能影响和改变许多与生物胺合成和代谢有关的酶的活性；锂具有抗甲状腺作用，可阻断甲状腺素的释放，降低甲状腺对碘的吸收和转化；锂对动物均有抗糖尿病的作用，它促进各种组织摄取糖和贮存糖原，从而降低血糖浓度。

锂盐作用于下视丘，可影响糖和蛋白质代谢，抑制无氧氧化；锂盐有利于改善淋巴细胞功能，刺激造血细胞增殖，从而增强机体的免疫力。

3.4.13.2 锂对基因表达的调控

Avissar等(1988)研究显示，锂盐能增加大鼠大脑皮层细胞膜3H-GTP与各种G蛋白的结合率。McGowan等(1996)报道长期给大鼠碳酸锂可增加海马CA3区G蛋白3个亚基的mRNA含量，选择性增加CA1区Go蛋白α亚基(Goα)的mRNA含量。提示锂盐可能与G蛋白基因的表达有关。

Vasundhara等(1990)报道锂盐能增加PC12细胞的c-fos mRNA水平，且受到PKC活性的影响。过量的胆碱能神经激动剂导致PC12细胞c-fos mRNA的下降调节，而锂盐对由胆碱能神经介导的c-fos基因表达有增强作用。另有研究表明，锂盐对大鼠c-fos表达的增强作用是通过5-HT2A受体介导实现的。

Bosch等(1992)证明了锂有直接影响基因表达的作用。动物体内外实验表明：锂能抑制胸腺嘧啶激酶缺乏的大鼠肝癌细胞(FTO-2B)的磷酸烯醇式丙酮酸羧激酶(PEPCK)的基因表达；氯化锂使从PEPCK-neo嵌合基因转录的neo mRNA和从内源性PEPCK基因转录的mRNA浓度均降低；大鼠腹腔内注射氯化锂后，肝PEPCK的mRNA降低，提示锂也改变体内的基因表达。

陆文惠等(2010)研究锂对慢性铝暴露大鼠脑内周期蛋白依赖性激酶5(cyclin dependent kinase5，CDK5)和蛋白磷酸酶2A(PP2A)表达的影响。结果发现锂治疗组大鼠脑内磷酸化tau蛋白含量、CDK5表达明显低于非治疗组，且锂治疗组大鼠脑内CDK5表达与磷酸化tau蛋白含量呈正相关。

3.5 维生素对基因表达的调控

维生素是动物为维持正常的生理功能而必须从食物中获得的一类微量有机物质，在动物生长、代谢、发育过程中发挥着重要的作用。

水溶性维生素特别是B族维生素是动物体内许多代谢酶的辅酶，参与广泛的营养代谢调节作用，而脂溶性维生素主要是对 mRNA 在转录水平上进行调控，维生素 A、生物素、维生素 C 与维生素 D 等都对某些基因的表达有影响（表 3.4）。

表 3.4 维生素对基因表达的作用

维生素	基因	作用效果
维生素 A	维生素 A 受体及其他蛋白	促进转录
维生素 B_6	类固醇受体	降低转录
维生素 C	原胶原蛋白	促进转录与翻译
维生素 K	凝血酶原	促进转录后谷氨酸残基羧化
叶酸	DNA、RNA	促进嘌呤和嘧啶合成
维生素 B_2	DNA、RNA	促进嘌呤和嘧啶合成
维生素 B_2	所有基因	参与 ATP 合成
烟酸	所有基因	参与 ATP 合成
维生素 B_6	所有基因	促进嘌呤和嘧啶合成
维生素 D	钙结合蛋白	促进转录
维生素 E	所有基因	保护 DNA，防止自由基破坏

注：摘自高民等(2001)，营养对基因表达的调控(下)。

3.5.1 维生素 A 对基因表达的调控

维生素 A 又名视黄醇，与其体内代谢后的衍生物视黄醛、视黄酸以及所有与它们相似的人工合成产物，统称为类维生素 A。其中视黄酸是维生素 A 中活性最强的衍生物。维生素 A 是由 β-白芷酮环和两分子 2-甲基丁二烯构成的不饱和一元醇。维生素 A 包括维生素 A_1 和维生素 A_2 两种（图 3.15），一般所说维生素 A 是指维生素 A_1 而言，存在于哺乳动物和咸水鱼肝脏中。维生素 A_2 存在于淡水鱼肝油中，从化学结构上比较，维生素 A_2 只在 β-白芷酮环上比维生素 A_1 多一个双键，但其生理效用仅为维生素 A_1 的 40%。

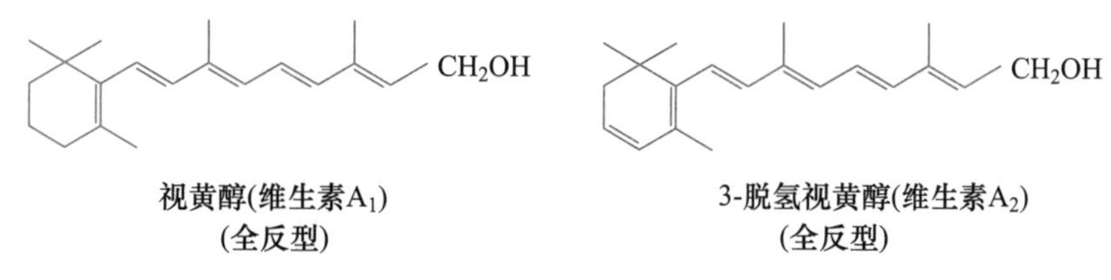

图 3.15 维生素 A_1 和维生素 A_2 的化学结构式

3.5.1.1 维生素 A 的生理作用

维生素 A 作为动物机体内重要的营养物质，具有许多重要的生理功能，参与维持正常的视觉功能，维持上皮组织的分化和完整，促进骨骼的正常发育。近来一些研究表明，维生素 A 还可以影响动物的繁殖能力、机体的免疫机能以及动物的生产性能，尤其是不同形式的维生素 A 转运结合蛋白以及维生素 A 酸细胞核受体的发现，进一步证明维生素 A 不仅具有脂溶性维生素的营养功能，同时也具有调节机体代谢的激素功能，主要表现在以下几个方面。

(1) 维生素 A 参与构成视网膜的感光物质，维持正常的视觉功能　视网膜上有视杆细胞与视锥细胞两种视细胞，前者与暗视觉有关，后者与明视觉及色觉有关。视杆细胞膜连续不断地内陷，折起形成片层膜，每一层膜又由两层脂类分子膜构成双分子膜。视紫红质镶嵌在这种脂类双分子膜中。视紫红质由视黄醛与视蛋白结合生成，并且只有11-顺视黄醛才能与视蛋白结合。视黄醛(即维生素A醛)由维生素A氧化而来，经异构酶作用使其变为11-顺视黄醛。视紫红质的一级结构是由11-顺视黄醛的醛基与视蛋白中赖氨酸氨基形成希夫碱键构成，非常不稳定。希夫碱键可以引起视蛋白高级结构的改变。

视紫红质遇光易分解，对弱光非常敏感，即使一个光量子也可诱发其光化学反应，11-顺视黄醛扭转成全反式视黄醛，视蛋白的立体构型也发生变化，并由视杆细胞外端的维生素A还原酶作用，变为维生素A，然后在色素上皮细胞内以酯的形式贮存，需要时再异构为11-顺视黄醇，并进一步氧化成11-顺视黄醛。这样在暗处11-顺视黄醛又可与视蛋白结合再生成视紫红质。当维生素A缺乏时，11-顺视黄醛得不到足够的补充，视紫红质的合成减弱，暗适应的能力下降，可致夜盲。

(2) 维持上皮结构的完整与健全　大量研究表明维生素A作为形态发生剂和细胞分化剂，在上皮组织正常发育中起着决定性的作用。涉及上皮组织发生的各个环节，包括上皮基本形态的构建，上皮细胞特有结构的产生，角化形成，上皮细胞分化、生长及功能成熟等各个方面。维生素A缺乏时，上皮的生长与分化受到损害，尤其是从黏膜上皮变为鳞状角化上皮，引起机体黏膜与皮肤的病变，继发细菌感染。维生素A缺乏时，可以使颌下腺和腮腺的腺体萎缩，腺管充满角化物质而引发感染；还可以导致干眼病，眼角膜上皮干燥、变粗、发皱，有时发生眼角膜水肿。

(3) 提高动物机体的免疫功能　维生素A主要通过调节细胞免疫和体液免疫来提高免疫功能。在体外培养中，巨噬细胞、中性粒细胞、NK细胞、T细胞和B细胞的功能和数量都受到维生素A及其代谢物的调节。添加适量的维生素A，动物外周血中T细胞含量增加，还可以直接作用于B细胞，参与抗体的合成，但是过量维生素A亦可产生一定的毒性，干扰B细胞生成抗体的功能。王选年等(2002)研究日粮维生素A对雏鸡免疫应答的影响中证明，适当添加维生素A可使抗体生成逐渐升高，而维生素A高于某一水平时，其反应呈下降趋势。动物缺乏维生素A时，其淋巴细胞对有丝分裂原刺激引起的反应降低，抗体生成量减少，NK细胞活性降低，机体的免疫力降低。

日粮中维生素A在肠道中被分解为视黄醇，并以视黄酯的形式贮存于肠黏膜细胞中。视黄醇可有效刺激多形核中性粒细胞(polymorphonuclear neutrophil，PMN)产生大量的超氧化物，从而增强其杀菌力。视黄醇以磷酸视黄酯的形式参与单糖转运至受体蛋白质，进而合成特异性糖蛋白，与膜有关的蛋白质糖基化的改变必然影响细胞的识别机制，从而影响淋巴细胞的增殖、转运及PMN与巨噬细胞的吞噬作用。此外，维生素A的适量添加可促进机体免疫器官的发育，促进上皮细胞的完整性，从而抵抗外来致病因子的干扰。

(4) 影响细胞膜表面糖蛋白合成　维生素A在糖蛋白的合成中发挥重要的作用。细胞膜表面的功能，如细胞连接、受体识别、细胞黏附和细胞聚集等与细胞表面的糖蛋白密切相关。

(5) 抗氧化作用　维生素A有明显的抗氧化能力。自由基及活性氧可以与细胞膜上含量丰富的多不饱和脂肪酸结合，并发生链式反应，氧化生成饱和脂肪酸，造成细胞膜的破坏，使自由基进一步攻击DNA，造成DNA损伤。维生素A分子中的多个双键可与自由基结合，从而避免细胞膜被氧化。李英哲等(2001)研究得出维生素A完全或轻度缺乏均可以使大鼠的脂质过氧化反应明显增强而抗氧化能力明显减弱。维生素 A 可提高肌肉的抗氧化能力，并对肌肉内脂肪代谢有一定的调节作用。

(6) 抑制肿瘤生长　天然或合成的类维生素 A 原具有抑制肿瘤的作用，可能与其参与调节细胞的分化、增殖和凋亡有关，也可能与其抗氧化功能有关。

(7) 参与繁殖机能　当维生素 A 缺乏时，奶牛子宫恢复和子宫疾病的治疗较困难；妊娠母猪发生流产、死产，产出弱仔猪，或畸形仔猪，如瞎眼、单眼、兔唇、副耳等；公猪表现睾丸缩小，功能退化，精液品质降低，造成繁殖障碍等。

3.5.1.2　维生素 A 对基因表达的调控

视黄酸是维生素 A 的主要活性代谢产物，它存在全反式、9-顺式、13-顺式和 3,4-双脱氢异构体，其中全反式和 9-顺式更为重要。近年研究证明，维生素 A 通过其代谢产物视黄酸介导影响基因表达。具体作用包括：①视黄酸与糖皮质激素协同刺激 3T3-F442A 细胞和 L1 细胞 S14 基因的表达；②视黄酸与维生素 D 协同调控钙结合蛋白的合成；③视黄酸对磷酸甘油脱氢酶基因的表达具有显著抑制作用，具有抑制脂肪细胞前体转变为成熟脂肪细胞的作用；④视黄酸调控鸟氨酸脱羧酶基因转录，具有调节细胞生长的作用等。

1. 维生素 A 对 Hox 基因表达的调控

Hox 基因(Hox gene)全名同源基因(homeotic gene)或同源异型基因。Hox 基因是一个调控基因，能编码一种核蛋白，可能作为转录因子(Levine 等，1988)参与协调和控制结构基因的表达。主要是调控其他有关细胞分裂、纺锤体方向以及硬毛、附肢等部位发育的基因。一旦其表达异常，可能出现各种畸形。Hox 基因家族分为 HoxA、HoxB、HoxC 和 HoxD 4 组，每组有 13 个基因，按 1、2、…、13 排列。研究表明，视黄酸可以影响 Hox 基因的表达(Antonio 等，1990)，近年发现维生素 A 影响生长发育可能与 Hox 基因有关(Marshall 等，1996)，它通过对 Hox 基因的表达进行诱导和调控来影响生长发育(Krumiaui，1994)。

Heather 等(1992)发现，维生素 A 影响胚胎的生长发育及致畸作用很有可能是通过 Hox 基因介导的，维生素 A 能够诱导和调控 Hox 基因的表达。樊建设等(1999)研究了维生素 A 缺乏对小鼠胚胎 HoxC4(3.5)和 HoxD10(4.5)基因表达量的影响。结果显示，维生素 A 缺乏时，HoxC4(3.5)和 HoxD10(4.5)mRNA 的含量明显减少。维生素 A 缺乏导致 Hox 基因表达量下降，从而影响小鼠胚胎的正常发育。

刘恭平等(2000)研究了维生素 A 缺乏及再补充对小鼠胚胎 HoxC4(3.5)基因表达的影响。结果显示，维生素 A 可能通过调控 Hox 基因的表达来影响胚胎发育。孙秀发等(2001)研究了不同维生素 A、锌营养水平与小鼠胚胎 HoxC4(3.5)基因表达的相关关系。结果表明，小鼠机体维生素 A 和锌营养水平与胎鼠 HoxC4(3.5)基因表达呈高度正相关，各项指标相关系数为 0.78～0.99。

张连生等(2001)研究表明，Hox 基因对高剂量维生素 A 是很敏感的，特别是 HoxC4(3.5)基因，表现为随着维生素 A 剂量的增加，其在小鼠胸部和腹部(肺、肝)的表达增强，肺泡上皮细胞明显增生、间质变粗。说明过量维生素 A 可导致发育基因 HoxC4(3.5)的表达异常，导致胚胎发育畸形。

2. 维生素 A 对钙结合蛋白(CaBP)基因表达的调控

视黄酸与维生素 D 协同调控钙结合蛋白的合成。钙结合蛋白的合成一般是由维生素 D 调控，但是，脑组织中钙结合蛋白的合成主要受视黄酸的调控。

钙结合蛋白可以分为两种类型:穿膜钙转运蛋白和细胞内钙结合蛋白。钙结合蛋白包括EF手家族蛋白及非EF手家族蛋白,后者包括膜联蛋白(annexin)、蛋白激酶C同工酶及钙转位ATP酶。CaBP是动物体内钙的重要转运蛋白,其含量高低直接影响钙、磷的吸收代谢,进而影响骨骼发育。

Kirsch等(2000)研究发现维生素A代谢产物视黄酸与CaBP基因表达有关,日粮维生素A水平对肉鸡十二指肠组织中CaBP基因表达有较大影响,随着日粮中维生素A添加量增加,CaBP基因表达降低,日粮中过高维生素A水平使肉鸡骨重量和骨灰含量降低,腿病发生率增加。郭晓宇等(2010)研究不同的维生素A、维生素D水平及其相互作用对肉鸡血清CaBP浓度及十二指肠和胫骨组织中mRNA表达的影响,结果表明:随着日粮维生素A添加水平的增加,肉鸡血清CaBP含量、十二指肠和胫骨组织中CaBP mRNA表达量均呈现一次线性降低趋势。

3. 维生素A对其他基因表达的调控

丁明等(2009)比较产前给予维生素A缺乏饲料对大鼠胎肺转化生长因子β3(transforming growth factor β3,TGF-β3)基因和蛋白表达的影响。结果显示:维生素A缺乏饲料组TGF-β3基因和蛋白表达水平均低于正常饲料组。因此,产前给予维生素A缺乏饲料能影响大鼠胎肺TGF-β3 mRNA及TGF-β3蛋白的表达,从而干扰胎肺功能的发育。

芦志红等(2005)探讨了过量维生素A酸(retinoic acid,RA)对金黄地鼠胚胎神经管RA受体α和RA受体β基因表达的影响。结果表明过量RA可使RA受体α和RA受体β mRNA在金黄地鼠神经管中的表达水平呈现短时下降,而后又大幅上升的变化。因此得知,过量RA引起RA受体α和RA受体β mRNA表达水平的变化与RA致金黄地鼠神经管畸形相关。

马轶群等(2003)研究了维生素A缺乏兔干眼症模型泪腺上皮细胞凋亡及相关基因表达与组织损伤的关系。结果发现,维生素A缺乏兔泪腺组织中上皮细胞凋亡可能是导致腺体被破坏进而功能丧失的原因之一;脂肪酸合成酶(FAS)和配体(fatty acid synthase ligand,FASL)及凋亡蛋白(bax)增加及抗凋亡蛋白(bcl-2)的减少均与促进细胞凋亡有关。

杨莉等(1999)为探讨维生素A对造血微环境调节的机理,进行了视黄酸诱导小鼠骨髓基质细胞癌基因(c-fos、c-jun)和粒细胞集落刺激因子(GM-CSF)mRNA表达实验。结果提示,维生素A对造血微环境调节的机理可能是通过诱导骨髓基质细胞(BMSC)中c-fos和c-jun mRNA的表达而调控造血生长因子GM-CSF的分泌。

3.5.2 维生素D对基因表达的调控

维生素D是脂溶性维生素,在体内可以合成而且可以长期贮存。在自然界中维生素D的存在形式有10多种,其中最主要的是维生素D_2和维生素D_3两种形式(图3.16)。维生素D_2又名麦角钙化醇,是由植物中的麦角固醇经紫外线照射后转变而成的;维生素D_3又名胆钙化醇,是由人和动物皮下所含的7-脱氢胆固醇在紫外线照射后转变成的。

3.5.2.1 维生素D的生理作用

来自食物或动物皮肤中的维生素D分别在肝脏和肾脏中经过两次羟基化作用,转变为具有生理活性的1,25-二羟维生素D_3(1,25-$(OH)_2D_3$),被输送至肠、肾脏、骨骼等组织细胞中,发挥生物学功能(图3.17)。

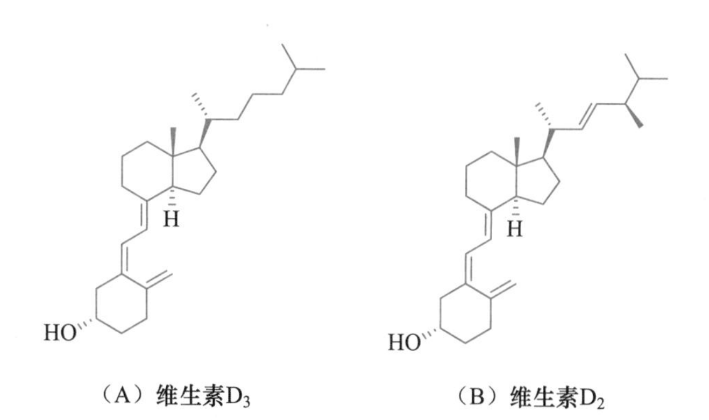

图 3.16 维生素 D_3 和维生素 D_2 的结构式

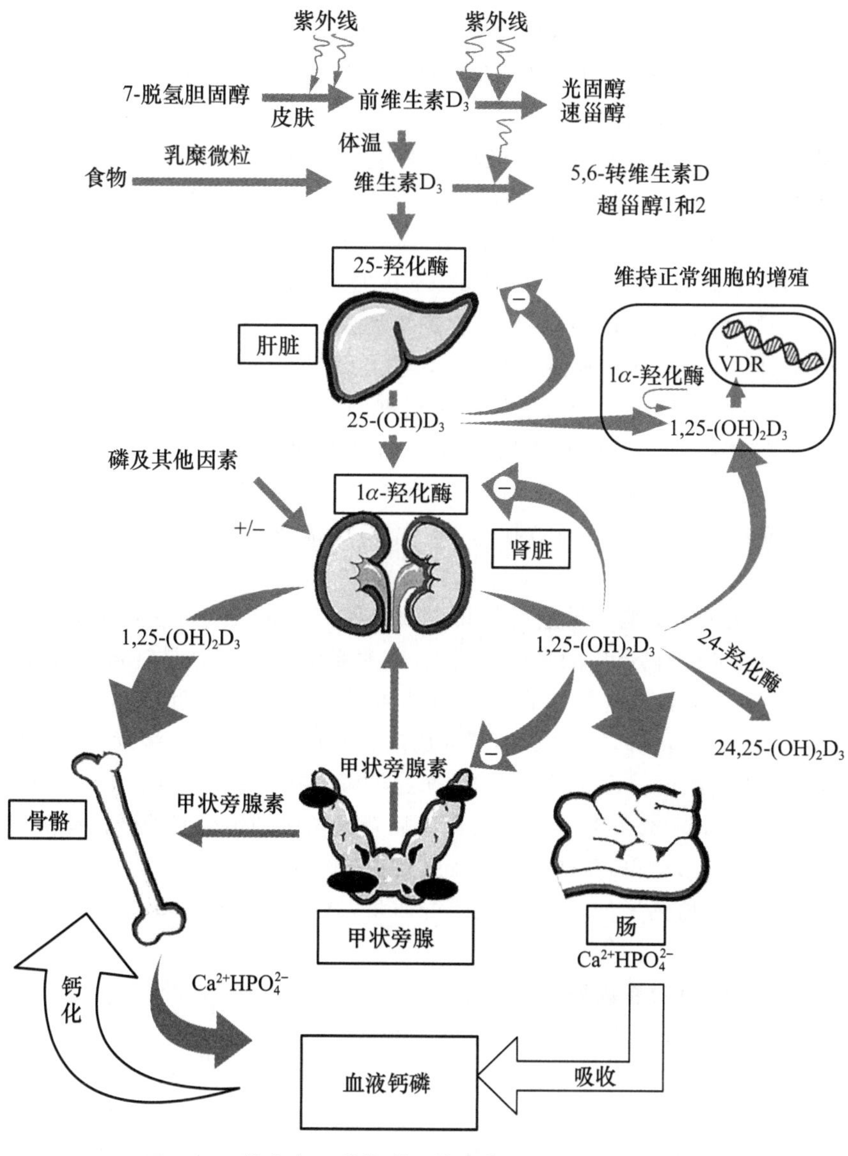

图 3.17 维生素 D 的代谢及其调节过程(Michael,2004)

(1) 维持细胞内外钙浓度,调节钙磷代谢　维生素D可以调节血液中钙和磷的水平。维生素D缺乏时,机体对钙、磷吸收减少,血清钙、磷降低,在成骨细胞合成骨基质和胶原纤维时不能进行钙化,骨骺端出现膨大和变宽的骨样组织,骨结构变软,不能支持体重而发生畸形。

研究表明,肠壁细胞中存在有1,25-$(OH)_2D_3$的胞浆受体。1,25-$(OH)_2D_3$与其受体结合形成钙结合蛋白(CaBP),CaBP可以促进肠细胞的钙转运,促使肠钙吸收入血,血钙水平增加。维生素D还可以促进肾脏对钙、磷的重吸收,从而增加血钙和血磷的含量,但其影响不是直接作用,而是通过甲状旁腺素被抑制的间接作用使肾小管磷重吸收增加。维生素D与甲状旁腺素协同作用促进肾小管对钙的重吸收。

维生素D对骨无机盐代谢的影响是双向的,既可以促进新骨钙化,又可促进钙从骨中游离出来,使骨盐不断更新,以维持钙的平衡。维生素D与甲状旁腺素协同作用,可促进破骨细胞的溶骨作用,并促进肠钙吸收,使血钙增加。此外,人们还发现1,25-$(OH)_2D_3$是一种磷酸盐转运激素,具有刺激植酸酶水解植酸的潜力,可以增强机体几个部位对磷酸盐的运转,一旦植酸水解,就有几种转运系统将其水解产生的磷酸盐转运到血液,进而被转运至骨骼,从而促进Ca、P等矿物元素的吸收利用。

(2) 调节畜禽机体免疫系统,提高抗病力　在免疫细胞中,发现有维生素D受体的存在。维生素D_3对动物免疫机能的调节主要通过其代谢产物1,25-$(OH)_2D_3$来完成,而其机理是通过1,25-$(OH)_2D_3$受体所介导的。另外,活化巨噬细胞也可产生1,25-$(OH)_2D_3$。Adams等(1983—1986)连续做实验,证明培养的肉状瘤肺泡巨噬细胞(pulmonary alveolar macrophages,PAM)可以将25-$(OH)D_3$羟化为1,25-$(OH)_2D_3$。

1,25-$(OH)_2D_3$可以影响单核/巨噬细胞、T淋巴细胞、B淋巴细胞以及胸腺细胞的增殖分化及其功能等。1,25-$(OH)_2D_3$能通过抑制原核细胞增殖而间接刺激单核细胞增殖,促使单核细胞向具有吞噬作用的巨噬细胞转化,然后将加工处理后的病原体传递给辅助T淋巴细胞,增强γ干扰素合成,γ干扰素又刺激巨噬细胞产生1α-羟化酶,生成1,25-$(OH)_2D_3$的正反馈效应。Hernandez-Frontera (1993)报道,维生素D缺乏或过量均抑制体外培养脾细胞增殖。

(3) 对畜产品质量的影响　维生素D可以改善肌肉的嫩度。许多研究表明,肌原纤维的降解在很大程度上取决于钙蛋白酶系统的活性,该酶系的主要成分是钙蛋白酶和钙蛋白酶抑制蛋白,二者均为钙依赖性酶。钙蛋白酶通过钙离子激活,并受钙蛋白酶抑制蛋白活性的调节。由于钙蛋白酶系依赖于钙离子,因而提高肌肉和血清中钙离子的浓度,能够加速肌肉的降解和熟化,提高肌肉的嫩度。Foote等(2004)通过给阉牛补饲维生素D_3、25-$(OH)D_3$和1,25-$(OH)_2D_3$发现,宰前补饲25-$(OH)D_3$能提高宰后背最长肌和半膜肌的蛋白质降解率和嫩度,且不会造成大量维生素D_3和25-$(OH)D_3$在肌肉中的残留。

此外,维生素D使血钙增加,可以提高蛋壳质量,减少蛋壳破损率;提高产蛋率和蛋料比;提高孵化率,减低死淘率。

3.5.2.2　维生素D对基因表达的调控

1. 维生素D对骨保护素(OPG)基因表达的调控

1997年,Simonet等首先在胎鼠小肠cDNA文库中克隆出一种分泌蛋白,即骨保护素(osteoprotegerin,OPG),又名破骨细胞形成抑制因子(osteoclastogenesis inhibitory factor,OCIF)。OPG在体内以单体和同源二聚体的形式存在,成熟的OPG单体含有7个功能区

(D1～D7)和 401 个氨基酸残基,其中包括 21 个氨基酸残基形成的信号肽。OPG 存在于体内许多组织中,在除外周血淋巴细胞以外的所有组织中都发现有 OPG mRNA 的表达。OPG 具有阻止破骨细胞分化,防止骨丢失的作用。随后 OPG 的配体(OPG ligand,OPGL)被分离出来,破骨前体细胞上的分化和激活受体 RANK(receptor activator of NF-κB)也被鉴定。

当一些骨吸收因子作用于成骨细胞时,可以诱导其细胞膜上表达 OPGL 分子,与破骨前体细胞膜上 RANK 结合,将信号传入破骨前体细胞,使其分化成熟和激活。同时,成骨细胞可合成、分泌 OPG,竞争性与 OPGL 结合,阻断其与 RANK 的结合,抑制破骨细胞分化、成熟。

田庆显等(2004)研究显示,1,25-$(OH)_2D_3$ 抑制小鼠成骨细胞 OPG 基因的表达,同时增加 RANK 基因的表达。受 1,25-$(OH)_2D_3$ 调节的钙结合蛋白 D28K 也在中枢神经系统中广泛表达,提示 1,25-$(OH)_2D_3$ 对神经系统、神经组织的生长发育有影响。

2. 维生素 D 对维生素 D 受体(VDR)基因表达的影响

维生素 D 受体(VDR)为亲核蛋白,属于类固醇激素/甲状腺素受体超家族的成员。VDR 与家族中其他的成员(包括维甲酸受体、过氧化物酶体、过氧化物酶体增殖物激活受体等)有很高的序列和结构相似性。VDR 广泛分布于体内各组织细胞中。除了肠道、肾脏、骨骼外,VDR 还存在于 T 淋巴细胞、B 淋巴细胞、单核细胞、巨噬细胞等血液淋巴系统,泌尿生殖系统以及神经系统等。另外,在一些肿瘤组织中也发现有 VDR 存在,如乳腺瘤、白血病细胞等。

3. 维生素 D 对钙结合蛋白(CaBP)基因表达的影响

钙结合蛋白(CaBP)是一类能与钙结合并将其转运的蛋白。CaBP 包括 CaBP-D28k、CaBP-D9k、钙调蛋白(Calmodulin)、肌钙蛋白 C、S-100 蛋白等 200 多种,其中 CaBP-D28k 和 CaBP-D9k 与钙有高亲和力,并且受 1,25-$(OH)_2D_3$ 水平的调节,故又称维生素 D 依赖性钙结合蛋白(CaBP-Ds)。CaBP-D28k 相对分子质量为 28 000,具有 EF 手臂,呈螺旋环状结构,可与 Ca^{2+} 结合,直接调节 Ca^{2+} 转运。有研究显示 CaBP-D9k 在哺乳动物的肠道和肾中浓度较高。CaBP-D28k 主要存在于鸟类的肠道及鸟类和哺乳类的肾组织。钙结合蛋白(CaBP-D28k)最先是从禽肠道中被分离出来的,现已发现在肾脏、中枢神经系统等其他组织中也存在。CaBP-Ds 在小肠上皮的分布主要集中在杯状细胞和小肠刷状缘区的吸收细胞上,小肠上皮细胞内 CaBP-Ds 含量多少与肠钙吸收量呈正相关;CaBP-D28k 和 CaBP-D9k 在肾的表达均与钙的重吸收有关,CaBP-Ds 表达量下降将导致肾钙重吸收的减少,从而影响到血钙平衡。此外,多项研究观察到鸡子宫中有 CaBP-D28k 表达,在产蛋母鸡的输卵管中也检测到了 CaBP-D28k 的表达,表明 CaBP 与蛋的形成有关。

郭晓宇等(2010)研究不同的维生素 A、维生素 D 水平及其相互作用对肉鸡血清钙结合蛋白(CaBP)浓度与十二指肠和胫骨组织中 CaBP mRNA 表达的影响。结果随着日粮维生素 D 添加水平的增加,肉鸡血清 CaBP 含量和十二指肠组织中 CaBP mRNA 的表达呈现一次线性增加的趋势。

3.5.3 维生素 E 对基因表达的调控

3.5.3.1 维生素 E 的生理作用

维生素 E 是 Evans 和他的同事于 1922 年研究影响大鼠正常繁殖所需的植物油脂溶因子时发现的。当时维生素 E 只被认为是维持大鼠正常繁殖机能所必需的未鉴定因子,故维生素

E又称为生殖维生素或不育维生素。1931年Goettsch和Pappenheimer的经典实验表明,维生素E在防止脑软化和肌肉营养障碍方面是必需的。以后很多动物研究证明,维生素E与动物的生殖系统、神经系统、循环系统、免疫系统等组织执行正常功能和防止多种缺乏症有关,具有抗衰老、抗癌、抗病毒等作用,维生素E缺乏可导致多种病理状态。日粮中添加维生素E,对提高动物的生产性能和肉品的质量均有良好的作用。维生素E的主要生理作用如下:

(1) 抗氧化作用　动物体内的抗氧化途径主要有两类:一类是清除抗氧化剂,包括超氧化物歧化酶、谷胱甘肽过氧化物酶和过氧化氢酶;另一类是断链抗氧化剂,包括维生素E、维生素C和胡萝卜素等,主要作用是阻断脂肪氧化的反应链。维生素E定位于细胞膜,作为断链抗氧化剂,可以阻断细胞膜中过氧化物的形成,从而维持膜的结构和功能的完整,降低不饱和脂肪酸、胆固醇的氧化还原,延缓动物屠宰后肌红蛋白的氧化,进而提高动物的生产性能与肉品品质。

(2) 增强机体的免疫反应　免疫细胞的功能受类廿烷水平的影响。试验证明,任何可降低前列腺素合成及抑制其前体(花生四烯酸)在细胞膜中水平的因子,都会影响免疫细胞的功能和机体的抗病力。维生素E具有抗应激作用,可增强机体免疫力,主要表现在吞噬细胞生成氧基和亚细胞膜内生成类廿烷这方面。维生素E可阻止过氧化反应和自由基对淋巴网状细胞的破坏作用,可通过阻止花生四烯酸的氧化反应,影响氧化磷酸化酶和改变淋巴细胞膜受体功能来抑制前列腺素的合成。通过刺激辅酶Q的合成,维生素E还可增加网状内皮系统中吞噬细胞的吞噬力。维生素E也可通过降低前列腺E_2的浓度,促进抗体的产生。

3.5.3.2　维生素E对基因表达的调控

王雅凡等(2001)研究了维生素E对肝纤维化大鼠金属蛋白酶组织抑制因子-2(tissue inhibitor of metalloproteinase-2,TIMP-2)、3型胶原及纤维连接蛋白表达的影响。结果发现,维生素E可下调肝纤维化大鼠TIMP-2基因的表达,减少细胞外基质沉积。

张金龙等(2008)检测雏鸡脾脏淋巴细胞内凋亡相关基因p53和bcl-2 mRNA表达水平,揭示维生素E缺乏雏鸡淋巴细胞凋亡的基因调控机制。结果表明:维生素E缺乏组雏鸡脾脏淋巴细胞内p53 mRNA表达水平上升,bcl-2 mRNA表达水平下降。

尹海萍等(2008)探讨维生素E对急性2,3,7,8-四氯代二苯并-*p*-二噁英(2,3,7,8-tetrachlorodibenzo-*p*-dioxin,TCDD)染毒小鼠肝脏细胞色素P450酶(cytochrome P450,CYP450)基因和抗氧化物酶基因转录的影响。结果染毒并给予维生素E组,超氧化物歧化酶(SOD)和抗氧化酶编码基因mRNA水平与染毒组相比明显升高,谷胱甘肽过氧化物酶(GSH-Px)mRNA水平也有升高的趋势。结果表明:维生素E能在一定程度上缓解TCDD的毒性作用。

动物繁殖性能降低与组织氧化有关。雄鼠附睾中,维生素E缺乏会使过氧化物基因的表达上调,加剧附睾组织的氧化;饲喂添加维生素E的日粮,附睾组织中过氧化物基因表达下降。

3.5.4　维生素K对基因表达的调控

3.5.4.1　维生素K的生理作用

维生素K是一种脂溶性维生素,是2-甲基-1,4-萘醌的衍生物,根据侧链不同,共分为两大类。一类为脂溶性化合物，包括维生素 K_1（叶绿醌）和维生素 K_2（甲萘醌）。前者为黄色油状物，从绿色植物中提取；后者是淡黄色结晶，来自腐败的鱼粉、微生物代谢产物等。另一类为人工合成的水溶性化合物，包括维生素 K_3（亚硫酸氢钠甲萘醌）和维生素 K_4（乙酰甲萘醌）。其中最重要的为维生素 K_1、维生素 K_2 和维生素 K_3。维生素 K 耐热，但对碱、强酸、光和辐射不稳定。各种维生素 K 的生物学活性不同，但维生素 K_1 和维生素 K_2 相当。

维生素 K 的主要生理作用如下：

（1）促进血液凝固　维生素 K 和肝脏合成四种凝血因子（凝血酶原和凝血因子Ⅶ、Ⅸ及Ⅹ）密切相关，如果缺乏维生素 K_1，则肝脏合成的上述四种凝血因子为异常蛋白质分子，它们催化凝血作用的能力大为下降。

（2）辅助因子　维生素 K 在一些蛋白质转化为其生物活性形式即 γ-羧化作用中起辅助因子的作用。已知维生素 K 是谷氨酸 γ-羧化反应的辅因子。缺乏维生素 K 则上述凝血因子的 γ-羧化不能进行。此外，血中这几种凝血因子减少，会出现凝血迟缓和出血病症。

（3）增加胃肠蠕动和分泌功能　维生素 K 溶于线粒体膜的类脂中，起着电子转移作用。维生素 K 可增加肠道蠕动和分泌功能，缺乏维生素 K 时平滑肌张力及收缩减弱。它还可影响一些激素的代谢，如延缓糖皮质激素在肝中的分解，同时具有类似氢化可的松的作用，长期注射维生素 K 可增加甲状腺的内分泌活性等。

（4）参与钙代谢　维生素 K 是羧化酶的组成成分，在钙结合蛋白的形成过程中起羧化作用，所以与钙代谢有关。除此之外，它还能帮助身体产生一种成骨素（又叫血浆骨钙素，osteocalcin）的蛋白质。成骨素可以增强骨密质，减低骨折骨裂的机会。体内维生素 K 含量过低，还会损伤关节软骨，造成骨关节炎。

3.5.4.2　维生素 K 对基因表达的调控

随着分子生物学的飞速发展以及在营养学中的应用，发现日粮中的维生素 K 可以通过多种途径来调控动物基因的表达，进而影响动物的代谢、生长发育及免疫的过程，最终影响动物的生产性能。

维生素 K 依赖性骨蛋白参与骨代谢，目前发现维生素 K 依赖性骨蛋白体内有 3 种，分别是骨 γ-羧化谷氨酸蛋白或骨钙素、基质 γ-羧化谷氨酸蛋白和蛋白 S。骨钙素的合成受维生素 D 与维生素 K 的共同调节，维生素 D 直接在基因转录水平发挥作用，维生素 K 参与蛋白质的翻译后羧化修饰过程（赵新华，1998）。

常连胜等（2001）研究认为，维生素 K 可上调大鼠肾骨桥蛋白（osteopontin，OPN）及其 mRNA 的表达，降低结石模型尿草酸和钙的浓度，偏光显微镜观察结果显示大鼠结石模型肾晶体沉积明显减少。

石亮等（2007）观察维生素 K_3 对人肝癌细胞 SMMC-7721 凋亡的影响及其凋亡抑制基因（survivin）表达的变化。结果显示：survivin mRNA 在凋亡的 SMMC-7721 细胞内的表达明显下降。说明维生素 K_3 能抑制 SMMC-7721 细胞增殖，并诱导其发生凋亡，survivin 表达水平的下降可能与维生素 K_3 诱导的 SMMC-7721 细胞凋亡有关。

周小芸等（2009）研究维生素 K_2 对人肝癌细胞凋亡的诱导作用，并探讨其作用机制。结果表明：半胱氨酸蛋白酶 3（caspase-3）mRNA 的表达随着维生素 K_2 浓度及作用时间的增长而增强。说明维生素 K_2 对人肝癌细胞有凋亡诱导作用，凋亡相关基因 caspase-3 参与了凋亡的调控。

3.5.5 维生素 C 对基因表达的调控

3.5.5.1 维生素 C 的生理作用

维生素 C 又称抗坏血酸，是一种无色、无臭、味微酸、易溶于水的己糖衍生物。它是畜禽机体必需的营养物质，对促进畜禽生产性能的发挥、增强抗病力等有重要的作用，尤其是畜禽处于高温、运输、转群等应激状态下使用效果更为显著。维生素 C 的主要生理功能如下：

(1) 参与细胞间质的合成、氧化还原反应等代谢过程　维生素 C 是一种多氢化合物，它具有参与胶原和黏多糖等细胞间质的合成、体内的氧化还原反应、叶酸转变为四氢叶酸的过程、酪氨酸过程和细胞血铁素的还原，刺激肾上腺皮质激素的合成和造血机能，促进肠内铁、钙、硒等元素的吸收，减轻因维生素 A、维生素 E、维生素 B_1、维生素 B_2 及泛酸等不足产生的不良反应等作用。同时具有抗应激功效，对在逆境中稳定畜禽的生产性能有重要的调节作用。

(2) 具有抗感染作用　维生素 C 对动物抗感染的作用近年来引起了人们的极大兴趣。有报道表明，维生素 C 具有抗应激、抗感染作用。虽然维生素 C 对淋巴细胞功能所引起的作用很小，但对维持胸腺网状细胞功能是必需的。有证据表明，维生素 C 缺乏时妨碍中性粒细胞和巨噬细胞的趋化性和运动性，但不影响其噬菌和杀菌作用。因而有人指出，与任何抗病毒作用不同，维生素 C 减少感冒发病率是吞噬细胞与继发性侵入细菌相互作用的结果。同时维生素 C 还可能参与多形核中性粒细胞(PMN)氧化还原活性成分的功能作用，保持细胞免受吞噬细菌作用期间形成的氧化剂对其产生的变性作用。试验证明，维生素 C 有助于防止由于应激而造成的免疫机能下降。当血液中的维生素 C 耗尽时，白细胞吞噬细菌的能力减弱，此时补充维生素 C 可使免疫机能增强，使白细胞的吞噬能力恢复。维生素 C 还可使干扰素的含量提高，保持其他细胞免受病毒的侵染。

(3) 具有解毒作用　大量维生素 C 可缓解铅、砷、苯及某些细菌素进入体内造成的毒害。其原理是维生素 C 是强还原剂，能使体内氧化型谷胱甘肽转变为还原型的谷胱甘肽，还原型谷胱甘肽可与重金属离子结合而排出体外，从而保护体内含活性巯基酶中巯基的活性，以起到解毒作用。

3.5.5.2 维生素 C 对基因表达的调控

关于维生素 C 对翻译后水平蛋白质功能的调控，研究相对比较清楚的是对胶原蛋白功能的调控，对此 Arrigoni 等(2002)作了比较系统的综述。维生素 C 对胶原蛋白功能的调控是通过 4-脯氨酰羟化酶实现的。4-脯氨酰羟化酶能催化胶原蛋白多肽链第 4 号碳原子上的脯氨酸残基羟基化，这对胶原蛋白的折叠非常重要，如果缺乏有效的羟基化，胶原蛋白将不能正确有效的折叠，进而失去功能。4-脯氨酰羟化酶的活性依赖于体内维生素 C，如果缺乏维生素 C，4-脯氨酰羟化酶将会失去功能，胶原蛋白则不能被羟基化而失去活性，这不仅是坏血病，也是其他一些临床疾病(如 Ehlers-Danlos 综合征)的主要病因。

1. 维生素 C 对低密度脂蛋白受体(LDL-R)基因表达的调控

田克立等(1997)研究了维生素 C 对培养的人皮肤成纤维细胞低密度脂蛋白(LDL)受体活性的影响。结果表明维生素 C 可增加细胞 LDL 受体量，但不影响受体对 LDL 的亲和力。提示维生素 C 可通过增加 LDL 受体数量而促进胆固醇代谢，从而具有一定的抗动脉粥样硬化作用。

细胞膜表面的LDL-R数量是由受体合成、降解和再循环三种因素综合决定的，而其中起决定作用的是LDL-R基因的表达量。研究发现，生理浓度维生素C可以抑制人白细胞内β-羟基-β-甲基戊二酸单酰CoA还原酶（HMG-CoA还原酶）的活性（Harwood等，1986），其抑制作用主要通过两种方式：第一直接抑制该酶的催化活性；第二使细胞内HMG-CoA还原酶的活性形式——非磷酸化酶蛋白含量降低。当该酶活性受到抑制后，细胞内胆固醇合成减少，游离胆固醇浓度下降，使LDL-R基因表达增强。

维生素C通过抑制HMG-CoA还原酶活性而促进LDL-R基因表达，细胞对低密度脂蛋白胆固醇（LDL-C）的摄取必然增加。维生素C可以促进培养的人皮肤成纤维细胞的生长、增殖以及蛋白质的合成作用（Hata等，1988），使细胞对胆固醇及其他营养物质的需求增加，因而LDL-R基因表达增强，同时由于维生素C的作用，细胞内物质代谢过程加速，通过LDL-R摄入的胆固醇可迅速被代谢，因而减少了对LDL-R基因表达的抑制作用。维生素C是否影响LDL-R基因表达尚无直接证据，有人用培养的平滑肌细胞研究了维生素C对LDL-R活性的影响（Aulinskas等，1983），发现生理浓度维生素C可以提高LDL-R活性，使细胞对LDL的代谢增加。当培养液中加入环己酰亚胺后，维生素C的这种作用受到抑制，提示LDL-R活性的增加可能是由于受体合成增加所致。

另外，维生素C可以直接影响微管蛋白的聚合，增强细胞内骨架系统的功能，从而促进LDL的内吞作用及其受体的再循环过程，使LDL的代谢率加快。但维生素C影响胆固醇代谢的作用机制尚待进一步探讨。

2. 维生素C对其他基因表达的调控

维生素C对基因表达的影响还能通过直接调节基因的翻译水平而实现。例如，维生素C能抑制Ⅳ型胶原蛋白和增加酪氨酸羟化酶的基因表达（Arrigoni，2002）。Davidson等（1997）研究表明：维生素C剂量为10～200 μmol/L时，血管平滑肌细胞弹性蛋白mRNA水平降低，弹性蛋白合成减少，而Ⅰ型和Ⅲ胶原蛋白mRNA水平增高，Davidson等认为这是由于维生素C使得Ⅰ型胶原蛋白mRNA的稳定性增强，从而使弹性蛋白mRNA的稳定性减弱的结果。如果去除维生素C，则Ⅰ型胶原蛋白mRNA的稳定性减弱，而弹性蛋白mRNA的稳定性增强。可见维生素C能通过影响mRNA的稳定性来影响细胞外基质的合成和组成。

Ikeda等（1996）研究了维生素C缺乏对阿朴蛋白A-I基因表达的影响。结果表明维生素C缺乏组血清阿朴蛋白A-I浓度降低，肝脏中阿朴蛋白A-I mRNA水平在维生素C缺乏组比正常组降低了40%。由于实验中对维生素C缺乏组与维生素C充足组比较，肝脏阿朴蛋白A-I基因的转录速率无明显差别，说明维生素C是在转录后影响阿朴蛋白A-I基因的表达。虽然关于维生素C缺乏调节肝脏阿朴蛋白A-I合成的机理依然不清楚，但不管其机理如何，实验已经证明了维生素C确实能影响肝脏阿朴蛋白A-I mRNA的水平，而且是在转录后水平起作用。

张军等（2003）报道，维生素C可通过抑制一氧化氮合成酶（nitric oxide synthase，NOS）mRNA的表达，拮抗镍对肺泡巨噬细胞的细胞毒性作用。接触镍的人群中可增加维生素C的摄入量，以达到防癌、抗癌的效果。

李学礼等（2003）研究了维生素C对急性胰腺炎（acute pancreatitis，AP）模型大鼠胰腺及肝脏中超氧化物歧化酶（SOD：MnSOD，CuZnSOD）和细胞黏附分子（cell adhesion molecule，CAM）表达的影响。维生素C缓解AP的作用机制在于不仅它自身是抗氧化剂，而且它能促进 SOD 的表达。

康永刚等(2010)研究了维生素 C 调控镉(Cd)中毒小鼠骨骼肌中肌肉素(musclin)基因及生脂基因转录表达的规律。维生素 C+Cd 组与只加 Cd 组比较,小鼠 Musclin 基因及生脂基因的表达水平明显升高。结果说明,维生素 C 可提高 Cd 中毒小鼠骨骼肌中的 Musclin 基因及生脂基因的表达水平。

3.5.6 生物素对基因表达的调控

3.5.6.1 生物素的生理作用

生物素是动物机体内维持正常生理机能所必需的维生素之一。生物素是乙酰 CoA 羧化酶、丙酮酸羧化酶、丙酰 CoA 羧化酶和 3-甲基巴豆酰 CoA 羧化酶 4 种羧化酶辅酶成分,在动物体内的葡萄糖、氨基酸和脂肪酸代谢中起着重要作用。生物素不仅参与羧化酶代谢途径,而且影响基因表达。动物缺乏生物素将导致细胞增殖减缓、免疫功能受损和胚胎发育畸形。

生物素代谢循环由三步组成:第一步,通过位于肝细胞的一种钠依赖性多种维生素转运体(sodium-dependent vitamin transporter,SMVT)完成生物素的跨膜转运。第二步,通过羧化全酶合成酶(holocarboxylase synthetase,HCS)、活化的水溶性鸟苷酸环化酶(soluble guanylyl cyclase,sGC)和一种环磷酸鸟苷(cGMP)依赖性蛋白激酶(PKG)将生物素转化为生物素基-5′-AMP(B-AMP)。第三步,通过生物素酶将生物素从生物胞素、细胞内源性羧化酶循环或肠管吸收的生物素(酰)化肽中释放出来。

3.5.6.2 生物素对基因表达的调控

生物素影响基因表达的机理主要有 3 条途径:①生物素酰腺苷酸(biotinyl-AMP)对可溶性鸟苷酸环化酶的活化;②核因子(NF-κB)移位(在生物素缺乏情况下);③生物素与组蛋白结合对染色体的重组。据推测它们并不是单独起作用,而可能是在动物细胞中共同存在。

DNA 芯片研究表明,生物素对外周血液单核细胞(PBMC)的 200 多个基因表达有影响。Zempleni 等(2001)研究表明,在外周血液单核细胞中添加生物素,发现该细胞白介素-2(IL-2)和白介素-1β(IL-1β)分泌量减少;同样,人体 T 细胞白血病细胞系 IL-2 的分泌量与培养基中生物素含量呈负相关(Manthey 等,2002),而在生物素缺乏的细胞中 IL-2 基因表达量增多(Rodriguez 等,2003)。

在人体外周血液单核细胞中,除了 IL-2 外,其他细胞因子的表达也依赖于生物素(Wiedmann 等,2003)。健康的体细胞每天添加 8.8 μmol 生物素培养 21 d 后,IL-4 基因表达量减少,而 IL-1β 和干扰素 γ 基因表达量增加。

生物素可能在翻译后修饰加工水平影响基因表达。肝脏 HepG2 细胞在生物素缺乏的介质中培养,唾液酸糖蛋白受体的表达量减少,而添加生物素则可以恢复其表达量(Collins 等,1988)。Chauhan 等 (1991)证实生物素可以提高大鼠肝脏中葡萄糖激酶 mRNA 丰度。

鸟氨酸转氨甲酰酶在精氨酸代谢和尿素循环中起着很重要的作用。生物素缺乏导致大鼠肝脏鸟氨酸转氨甲酰酶活性及其 mRNA 丰度降低(Maeda 等,1996)。

Maeda 等(1996)试验报道,大鼠生物素缺乏组中鸟氨酸转氨甲酰酶(ornithine transcarbamylase,OTC)的活力明显低于生物素充足组,前者肝脏中 OTC 基因表达比后者低 40%。这些数据表明生物素缺乏导致 OTC 活力降低和 OTC mRNA 数量减少。

Rodriguez 等(1999)发现生物素影响大鼠肝脏丙酰 CoA 羧化酶的表达。生物素缺乏导致大鼠肝脏、肾脏、肌肉和大脑中羧化全酶合成酶 mRNA 合成量大大减少,而添加正常量的生物素可使该酶 mRNA 在 24 h 内恢复正常水平,羧化全酶合成酶基因的表达量减少和生物素、丙酮酸羧化酶、丙酰 CoA 羧化酶酰化减少有关(Rodriguez 等,2001)。生物素缺乏使患有糖尿病的大鼠肝脏内磷酸烯醇式丙酮酸羧激酶 mRNA 水平比对照组减少 15%(王镜岩,2002)。

于会民等(2006)研究了生物素对脾脏细胞增殖细胞核抗原(proliferating cell nuclear antigen,PCNA)基因 mRNA 表达的影响。结果表明:添加生物素显著提高了脾脏细胞 PCNA 基因 mRNA 的表达量。由此推断,生物素通过促进脾脏细胞 PCNA 基因的 mRNA 表达,进而促进脾脏细胞的增殖。

3.5.7 叶酸对基因表达的调控

3.5.7.1 叶酸的生理作用

叶酸是一种水溶性 B 族维生素,是机体内的重要维生素之一,主要参与碳原子的转移,在许多生化反应中发挥辅助因子的重要作用。

食物中的叶酸以蝶酰多聚谷氨酸的形式存在,要经过胆汁和小肠中的 γ-谷氨基羧肽酶水解成蝶酰单谷氨酸和二谷氨酸才能吸收,吸收部位主要在近端空肠。吸收的叶酸,以 N5-甲基四氢叶酸的形式存在于血中,和白蛋白疏松结合运输,通过叶酸受体被摄取进入细胞内,在维生素 B_{12} 依赖的蛋氨酸合成酶作用下形成四氢叶酸而发挥作用;亦可再度成为多谷氨酸盐贮存,后者可避免叶酸逸出细胞外。

叶酸具体的生理作用包括:参与遗传物质合成和蛋白质的代谢;影响动物繁殖性能;影响动物胰腺的分泌;促进动物的生长;提高动物的免疫力。

3.5.7.2 叶酸对基因表达的影响

梁江等(2004)研究了大豆异黄酮和叶酸的联合干预对神经管畸形胎鼠神经细胞凋亡基因表达情况的影响,并研究了其干预机制。结果发现,环磷酰胺可以导致凋亡基因 p53 和 bax 表达的增强,而大豆异黄酮和叶酸的干预可以增强凋亡抑制基因 bcl-2 的表达,减弱 p53 和 bax 的表达,且联合干预的效果较好。

刘静波等(2010)研究添加叶酸对初产母猪繁殖性能和宫内发育迟缓(intrauterine growth retardation,IUGR)及仔猪肾脏 DNA 甲基转移酶- 1(DNMT-1)、p53、bcl-2、bax 和类胰岛素生长因子-Ⅰ(IGF-Ⅰ)基因表达的影响。结果表明:母体添加叶酸组 DNMT-1 和 bcl-2 表达量减小,p53 表达量增大;通过母体补充叶酸可缓解 IUGR 对 DNMT-1、p53 和 bcl-2 基因表达的影响。

3.5.8 维生素 B_{12} 对基因表达的调控

3.5.8.1 维生素 B_{12} 的生理作用

维生素 B_{12} 是体内重要的辅酶,参与体内多种生化代谢反应。动物摄入的维生素 B_{12} 一部分和由唾液腺和胃壁分泌的 R 蛋白结合,一部分和胃壁细胞分泌的内因子(一种糖蛋白)结合。和内因子结合的维生素 B_{12} 在回肠被吸收,穿过回肠黏膜,再从内因子上转移到转钴胺素蛋白Ⅱ上，血液中的维生素 B_{12} 主要是甲基钴胺素。体内尤其是肝脏中贮存有大量的维生素 B_{12}，其主要以 5′-脱氧腺苷钴胺素和与转钴胺素蛋白Ⅰ结合的方式存在。

维生素 B_{12} 的生理作用包括：参与、促进红细胞的发育、分裂和成熟，维护正常造血机能；促进碳水化合物、脂肪和蛋白质代谢，以辅酶的形式间接参与三羧酸循环；可活化氨基酸，促进核酸的生物合成和蛋白质的合成，促进生长发育；参与叶酸代谢，是叶酸活化利用的前提因素，因此可增加叶酸的利用率；参与鞘磷脂的合成，在维护有髓神经纤维的正常功能中起重要作用。

3.5.8.2 维生素 B_{12} 对基因表达的调控

石冰等(2003)研究了地塞米松(dexamethasone，DEX)和维生素 B_{12} 对 A 系小鼠胚胎腭突细胞生长因子基因表达的影响。结果显示，地塞米松能明显刺激腭突细胞表皮生长因子(epidermal growth factor，EGF)及 $TGF\beta_1$ 基因的表达，而对 $TGF\alpha$ 基因表达无明显影响；维生素 B_{12} 对 EGF、$TGF\alpha$、$TGF\beta_1$ 的基因表达无明显影响，但维生素 B_{12} 可抑制 DEX 促进腭突细胞 EGF、$TGF\beta_1$ 基因表达的作用。

第4章

基因多态性与营养物质代谢

4.1 基因多态性对营养物质代谢的影响

DNA 结构在不同种类的生物体内存在很大差异，DNA 结构的差异实质是 DNA 序列的某些碱基发生了突变，当某些碱基突变（产生两种或两种以上变异的现象）在群体中的发生率超过 1%～2%时，就称为基因多态性或遗传多态性。如果基因多态性存在于与营养有关的基因之中，就会导致不同个体对营养素吸收、代谢和利用上的很大差异，并最终导致个体对营养素需要量的不同。

动物摄取的主要营养物质是糖类、脂类及蛋白类，在动物机体营养代谢过程中起主要作用的是细胞水平的代谢，基因多态性影响畜禽对营养物质的吸收和代谢。

4.1.1 瘦素及瘦素受体基因多态性对营养物质代谢的影响

1994 年 Zhang 等首次成功克隆出小鼠肥胖基因即 ob 基因及人类的同源序列，并证实瘦素（leptin）是一种主要由白色脂肪细胞合成和分泌，由 ob 基因编码的多肽类激素，具有抑制摄食、降低体重的作用。现已证实许多组织如棕色脂肪、骨骼肌、胃黏膜、卵母细胞、子宫内膜、胎盘、心脏和脑垂体等器官组织均可分泌瘦素（Masuzaki 等，1997；Ryan 等，2003）。随着研究的深入，瘦素已经不仅仅被认为是调控体重的激素，而是能够对机体整体生物学功能起到一定生理调控作用的整体信号系统（Cava 等，2005），具有参与采食调控、营养物质代谢、生殖发育、骨代谢、造血和免疫等过程的生物学功能，已成为国内外学者的研究热点。

4.1.1.1 ob 基因的结构及其表达

迄今为止，已经克隆了大鼠、小鼠、人、猪、狗、鸡等动物的 ob 基因，不同物种间的基因编码区序列具有高度的保守性。小鼠的 ob 基因位于第 6 号染色体上，mRNA 全长约 4.5 kb，编码 167 个氨基酸，由一个开放阅读框和 N 端含有一段 21 个氨基酸残基构成的信号肽组成。人类的 ob 基因位于第 7 号染色体长臂 3 区 1 带 3 亚带（7q31.3）处，长约 20 kb，由 3 个外显子和

2个内含子组成。牛的Leptin基因定位在牛的第4号染色体,由3个外显子和3个内含子组成,编码区位于第2、3外显子上,基因全长约18.9 kb,其中mRNA全长2 930 bp。猪的Leptin基因与牛、人和鼠的同源性分别为95%、92%和89%。在瘦肉率性状上有显著差异的不同品种猪的瘦素基因的序列大小不同,瘦肉型猪的瘦素基因为4.2 kb,脂肪型猪的瘦素基因为3.3 kb。鸡的瘦素基因与小鼠、家鼠及人的相似性分别为97%、96%和83%,除了在脂肪组织中表达,在肝脏组织中也表达。

瘦素具有Ⅰ级细胞因子家族特有的四螺旋束结构,该结构使其疏水性残基大量暴露在外。部分残基在识别受体中起着重要作用。另外,瘦素分子呈现自我缔合和分子间聚集的趋势。血液循环中的瘦素为单链球形分子,相对分子质量为16 000,以单体形式存在于血浆中,血浆中的瘦素通过血脑屏障和转运系统后,去除N端由21个氨基酸组成的信号肽,最终形成含有146个氨基酸的多肽,其中2个半胱氨酸残基(Cys96和Cys146)形成链内二硫键,并在C端形成一个环状结构。天然的灵长类瘦素序列在生理条件下极易呈现物理性聚集,但其低溶解性使其结晶化过程受阻。通过定点诱变作用,瘦素表面的物理性结构及其分子间互作模式能够被完全改变以适应结晶化(Zhang等,1997)。

4.1.1.2 瘦素受体(ob-R)基因的结构

瘦素的受体基因位于4号染色体,为隐性遗传。Tartaglia等(1995)首次用表达克隆的方法从鼠脉络丛分离克隆出了瘦素受体(ob-R)基因,该基因全长5.1 kb,由1 165个氨基酸组成,属于Ⅰ类细胞因子受体,与白细胞介素-6受体(IL-6R)结构相似。人类瘦素受体基因位于1P31,由20个外显子和19个内含子组成,主要在下丘脑中表达,是单跨膜受体。瘦素受体广泛存在于人的下丘脑、肝脏、肾脏、心脏、肺和胰岛细胞等组织器官表面,能够在中枢神经系统和广谱的周缘组织包括造血系统和免疫系统中表达,有自己的结构域和调节轴。瘦素需要与其受体结合形成二聚体形式,同时在生长激素亚受体家族的参与下而发挥生理功能。

目前已发现的ob-R至少有6种同分异构体,分别以a、b、c、d、e、f来命名,除ob-Rb型为长型受体外,ob-Ra、ob-Rc、ob-Rd、ob-Rf型均为短型受体,ob-Re为溶解型受体。所有的受体拥有同样的N末端配体结合域,但C末端区域则不尽相同。最长的亚型ob-Rb含有一个包含302个氨基酸(含能够识别细胞内信号分子的特异性序列基元)的胞浆区,是唯一能够完成所有信号转导的亚型,因此被认为是功能性瘦素受体,对正常的能量稳态至关重要。对ob-Rb细胞结构域的序列分析发现,该结构域是由一个可以激活Janus激酶(Janus kinase, JAK)的结构域(氨基酸869~876)和一个信号转导及转录激活因子(signal transducer and activator of transcription, STAT)结构域(氨基酸1138~1141)组成的。ob-R表达载体转染细胞中长型受体ob-Rb能激活JAK蛋白的JAK2及STAT蛋白的STAT5和STAT6,但不能激活STAT1、STAT2和STAT4,而短型受体不具有此功能。

4.1.1.3 瘦素的分泌、转运以及影响其分泌的因子

瘦素的分泌呈脉冲式,动物的体重、进食和饥饿状态可以影响脉冲的频率和幅度。瘦素mRNA表达呈周期性变化,夜间表达量最高。禁食可使瘦素表达和分泌显著减少,同时日周期节律消失,再进食可使之恢复正常(Cohen,2006)。

瘦素在血液中的运输有游离型和结合型两种形式,在人血清中每种运输形式各占50%,禁食不影响瘦素的游离型和结合型比例,但在肥胖的人和鼠,该比例发生变化,而且体重指数越高,游离型越多。瘦素的作用部位主要在中枢神经系统,中枢神经系统存在特异的瘦素转运

系统，血清中瘦素通过血脑屏障进入脑内是其发挥作用的重要环节。

胰岛素、类固醇激素和去甲肾上腺素具有促进瘦素分泌的功能。Leal 等（2001）将糖皮质激素直接作用于脂肪组织，发现糖皮质激素对瘦素的合成和分泌具有最显著的促进效应。前列腺素 E_2 和花生四烯酸也同样被证明能够刺激瘦素的释放（Fain 等，2000）。抑制因子方面，Trayhaurm 等（1999）报道高含量环磷酸腺苷能够抑制瘦素的释放，由此推断腺苷酸环化酶激活因子如福斯高林（血小板凝集抑制剂）和异丙肾上腺素能够抑制瘦素分泌。Cammisotto 等（2004）报道细胞内游离钙浓度的提高能够抑制胰岛素刺激导致的瘦素分泌，且其抑制水平不依赖于葡萄糖代谢。此外，褪黑激素也被证明能够降低瘦素的生成（Kus 等，2004）。

瘦素本身是一种激素，不可避免要与其他激素发生作用。现在普遍认为瘦素和胰岛素都对饲料摄取和能量平衡具有重要的调节作用，而且两者之间是协同作用。血浆中的瘦素和胰岛素跟动物体重特别是脂肪含量呈正相关。两者都经血液流入脑部，而脑部又同时表达两者的受体。两者在肥胖信号上的一致性使外源的瘦素和胰岛素注射进脑室都能减少食物摄入量。研究发现两者共享下游信号肽信号路径，都提供给脑部厌食的信号，同时与机体能量贮备呈负相关。瘦素抑制胰岛素分泌，但胰岛素却能刺激瘦素的释放。

4.1.1.4 瘦素对营养物质代谢的调节

瘦素受体在不同部位的下丘脑神经元中广泛表达，其中位于第三脑室底部的弓状核（ARC）在瘦素的能量代谢调节过程中发挥主要作用。瘦素与其受体结合后通过中枢性和外周性效应两种途径，共同调节动物的采食量、能量代谢和脂肪沉积等生理功能。

1. 瘦素对采食量的调节

研究发现，瘦素通过调节摄食中枢和能量平衡，降低食欲，降低采食量，增加能量消耗，使体重降低。瘦素对采食量的调节是通过神经肽 Y（neuropeptide Y，NPY）介导的。已知 NPY 受体有 Y1、Y2、Y3 3 种亚型。过去认为 NPY 诱导的摄食行为是通过与 Y1 受体结合后实现，但 Y1 受体在下丘脑 NPY 敏感区域，如弓状核（ARC）、室旁核（PVN）、背内侧核（DMN）等分布稀疏，而且 Y1 受体拮抗剂（PYX-2）并不能减轻 NPY 引起的食欲增加。William 等（1994）认为可能存在另一种类型的“非典型受体”介导 NPY 的摄食调节效应。瘦素能通过下丘脑的瘦素受体来抑制 NPY 的表达，从而达到降低采食量的效果。另外，瘦素还可以调节减少下丘脑中阿片促黑色素原（proopiomelanocorein，POMC）的表达量，从而调节黑素皮质受体（melanocortin receptor，MCR）的作用，而 MC3R 和 MC4R 的主要作用就包括调节摄食和能量平衡。近几年的研究同样表明，瘦素与禽类的摄食也有重要的关系。放射免疫测定表明，在喂食条件下，17 月龄鸡的血浆中瘦素浓度显著高于禁食后血浆中瘦素浓度。而 Denbow 等（2000）研究表明，通过脑室内注射重组人瘦素蛋白，能在 3 h 内显著抑制 4 周龄和 7 周龄肉鸡和白来航鸡的摄食水平。Lohmus 等（2003）的研究也表明，通过胸肌注射鸡重组瘦素蛋白，注射后 20 min 内大山雀的摄食被显著抑制，且摄食速度明显减慢。在禁食后 2 h 的老龄蛋鸡中，腹腔内注射绵羊或重组瘦素蛋白会引起食物摄入量减少 11%～34%，并且这种效果会持续 5 h。但由于瘦素的来源、实验动物的选择和注射方式的不同，结果也不同。如 Cassy 等（2004）的研究表明，腹腔内注射重组鸡瘦素蛋白（每千克体重 1 mg）显著抑制 56 日龄蛋鸡的摄食（38%），抑制 9 日龄蛋鸡的摄食（15%），对 9 日龄的肉鸡则毫无作用。

2. 瘦素对脂肪代谢的调控

许多研究证明瘦素的脂解作用是使脂肪组织从增生转变到衰减的一个重要原因，给小鼠注射瘦素会导致其基础脂解作用明显增加（Friedman 等，1998）。Levin 等（1996）研究发现注射瘦素的肥胖鼠比对照饲养的肥胖鼠在体重和脂肪增重方面降低更多。Thomas 等（1999）发现瘦素使体外培养的脂肪细胞胞浆脂滴水平下降 50%，表明其可抑制前体细胞向脂肪细胞分化。赵锋（2007）在试验中观察到无论是急性作用（4 h）还是慢性作用（48 h 和 72 h），瘦素均可以明显增加成人脂肪细胞的分解代谢，减少脂肪细胞中脂肪颗粒的脂肪含量。此外，瘦素可以促进脂肪酸氧化，抑制甘油三酯的合成，防止脂质在非脂肪组织中的过度堆积。

3. 瘦素对糖代谢的调节

除下丘脑以外，瘦素的功能性受体还被发现存在于多种外周组织以及一些重要的代谢性器官，如肝脏、骨骼肌和胰腺中，并能通过直接影响这些重要脏器的功能来对整个能量代谢过程作出调节。例如：瘦素可以直接抑制胰腺对胰岛素的基础分泌以及在葡萄糖刺激下的释放；在肝脏中，瘦素可以直接影响其糖代谢过程，发挥类似于胰岛素的促进糖原合成及类似于胰高血糖素的促进糖异生的作用。在消化道的多个部位，尤其是空肠，均发现有瘦素短型受体的存在，它可以介导瘦素抑制肠道对葡萄糖的吸收，减少载脂蛋白 A-IV，从而减少乳糜微粒中甘油三酯的含量。

4.1.1.5 瘦素基因多态性及其对畜产品质量的影响

1. 瘦素基因多态性

研究表明 Leptin 基因是高度多态的，Konfortov 等（1999）对 22 头牛长度为 1 788 bp 的基因片段进行测序，结果发现 20 个单核苷酸多态性（SNPs），平均每 89 bp 就存在一个 SNP，其中有 6 个 SNPs 在外显子上。Yoon 等（2005）对 24 头韩国牛 Leptin 基因的多态性进行筛查，在对包括 Leptin 基因外显子和约 1 kb 的启动子区域的片段测序后，结果发现 57 个突变，其中 14 个在 5′侧翼区，27 个在内含子上，8 个在外显子区域，其余 8 个位于 3′侧翼区。

2. 研究 Leptin 基因多态性对畜产品品质影响的意义

在现代畜牧生产中，脂肪沉积已经成为畜牧业面临的一个重要问题。机体中一定含量的脂肪对维持生命和生长必不可少，但体内沉积过多的脂肪会造成饲料的极大浪费。首先，过多的脂肪不符合现代人的健康膳食要求，过多的脂肪会造成肥胖，严重还会致病；其次，动物体内能量以脂肪的形式贮存，增加了饲料的消耗，造成不必要的浪费，因为沉积单位质量的脂肪比沉积单位质量的蛋白质多消耗 3 倍的能量。虽然肥胖症并非畜牧业上的主要问题，但改善家畜的生产效率、胴体组成以及维护动物的健康却是畜牧学家们的主要目标。针对不同类型家畜品种的 Leptin 基因多态性与家畜脂肪沉积、瘦肉率等生产性能之间的相关性研究，发现品种间 Leptin 基因的不同基因型存在差异，并与其生长性能（比如瘦肉率、背膘厚、脂肪沉积速度、肌间脂肪含量等）相关。因此在集约化生产上，可以将 Leptin 基因的不同基因型作为后代选择的依据和参考，来改良提高家畜生产性能，改善畜产品品质，从而提高选种效率，更加有效地利用畜禽，减少饲料浪费，并为人类提供更多符合膳食要求的畜产品。

3. Leptin 基因多态性对畜产品质量的影响

Leptin 基因编码瘦素蛋白，是调控体重和脂肪生成的重要基因，对于动物脂肪蓄积有调控作用，其多态位点必然会对乳脂、肌肉脂肪含量和嫩度等产生影响。目前有关 Leptin 基因多态性对畜产品质量的影响研究主要集中在肉质和产奶两个方面。

（1）Leptin 基因多态性对肉质性状的影响　Leptin 基因多态性对牛肉品质影响的研究大部分集中在 Leptin 基因外显子 2 区 E2FB 位点和 E2JW 位点的 SNP 上。Buchanan 等（2002）

通过对154头肉用公牛Leptin基因第二外显子E2FB位点的研究发现，该位点的多态性对成牛胴体脂肪级别和平均脂含量有显著影响，并会导致脂肪组织中Leptin mRNA水平升高。Nkrumah等(2004)对144头来自不同品种的商品肉牛E2FB位点的研究显示，在胴体级别和瘦肉率上携带T等位基因的个体低于携带C等位基因的个体。Schenkel等(2005)选用1 111头杂交肉牛研究分析了Leptin基因第二外显子E2FB和E2JW位点的SNP。结果表明：E2FB和E2JW均同脂肪含量、脂肪等级和瘦肉量间存在相关性，T等位基因具有更高的脂肪含量和更低的瘦肉量。此外，E2FB和E2JW的SNP与背最长肌嫩度相关，并存在互作效应。

Jiang(1999)研究发现Leptin基因多态性与杜洛克、汉普夏、长白和大白猪的膘厚显著相关。McNeel等(2000)研究表明，肥胖猪脂肪组织中Leptin mRNA水平显著高于瘦肉型猪。Guay等(2001)研究发现，怀孕母猪背部脂肪组织中Leptin mRNA水平与背膘厚呈正相关。李毅(2007)对松辽黑猪的ob基因内含子2和外显子3上多态性位点与肉质性状的关系进行分析，结果检测到了G1112A、T3469C与G3714T 3个突变位点，其中T3469C位点上TT基因型平均膘厚低于CT基因型，TT基因型瘦肉率高于CT基因型。在G3714T位点上GG基因瘦肉率高于GT基因型和TT基因型。戴茹娟等(1997)、昔奋攻等(2000)和柳淑芳等(2003)的研究也表明不同品种猪在ob基因位点存在多态性，脂肪型猪与瘦肉型猪在RFLP带型上存在明显差异。不同品种猪在ob基因位点的多态性表明，ob基因有可能是影响猪脂肪蓄积的主效基因之一。

在绵羊方面，刘众(2008)研究了Leptin基因外显子3、内含子2和3′非翻译区多态位点与小尾寒羊部分经济性状的关系。结果表明外显子3位点多态性与背膘厚存在相关性，各基因型的均值差异显著；3′非翻译区位点多态性与体重、胴体重、背膘厚、肾脏脂肪重、花油重和腹脂重存在相关性，各基因型的均值差异极显著；内含子2位点多态性与小尾寒羊的体重和背膘厚存在相关性，各基因型的均值差异显著。

(2) Leptin基因多态性对产奶性状的影响　Leptin基因多态性对奶牛的产奶性状也会产生一定影响，研究也主要围绕Leptin基因外显子2上E2FB和E2JW两个位点。Buchanan等(2003)通过研究416头荷斯坦奶牛Leptin基因外显子2区E2FB SNP对泌乳性能的影响发现，影响肉牛脂肪沉积的C73T突变对奶牛的产奶量也有影响，TT型个体比CC型个体平均每天产奶量高出1.5 kg。Liefers等(2002)对Leptin基因多态性与荷斯坦初产母牛的产奶量的相关性研究表明，内含子2上存在C/T转换，其中杂合型CT个体比野生型CC个体日产奶量增加1.32 kg。徐凯勇等(2007)研究分析了190头荷斯坦牛Leptin基因外显子2区E2JW和E2FB位点多态性对荷斯坦牛泌乳性能的影响。结果发现，E2JW SNP不同基因型对乳脂率、305 d产奶量影响显著；E2FB SNP不同基因型对乳蛋白率的影响显著；在对305 d产奶量的影响中，E2JW和E2FB SNP联合基因型AB/CC基因型与AA/CC、AA/CD、AA/DD、AB/CD、AB/DD之间存在显著性差异，在对乳脂率的影响中，AA/CD基因型与AB/CD基因型之间存在显著性差异。刘新武(2008)对中国荷斯坦奶牛Leptin基因的5′非翻译区、外显子2、外显子3和内含子2的多态性进行了分析，研究了Leptin基因多态性对奶牛产奶性状的影响。结果表明，除了5′非翻译区多态位点与乳蛋白率相关性不显著和内含子2多态位点与乳脂率相关性不显著外，不同基因型之间奶牛的产奶量、乳脂率和乳蛋白率均有极显著或显著的相关性。

(3) 其他方面　张敏等(2009)利用单链构象多态性(PCR-SSCP)技术检测北极狐群体的瘦

素和瘦素受体基因编码区域序列的单核苷酸多态性，通过分析 ob 基因第 2 外显子 T→C 突变(OB3)对北极狐生产性状的影响表明，AB 基因型个体的体重、腹围、皮张长与 AA、BB 型个体的体重、腹围、皮张长差异显著；对瘦素受体基因(OBR4)突变位点导致的不同基因型的分析表明，AB 基因型对胴体重和针毛长有极显著的影响。分析两个突变位点所产生的合并基因型对北极狐生产性状的影响结果表明：两位点合并后的基因型对体重和腹围影响显著，对针毛长的影响极显著，AB(OB3)AA(OBR4)对体重是有利的基因型，BB(OB3)BB(OBR4)对针毛是有利的基因型，AA(OB3)AA(OBR4)对腹围是有利的基因型。

4.1.2 脂联素基因多态性对营养物质代谢的影响

作为活性内分泌器官，脂肪组织分泌的活性分子对机体能量代谢的作用越来越受到人们的关注。脂联素作为脂肪细胞分泌的一种因子，是唯一随脂肪细胞量的增加而表达下降的因子，其在能量分配、贮存、消耗以及疾病方面起着不可忽视的作用。在动物生产中，若动物体内脂肪沉积过多，不但降低饲料利用率，增加养殖成本，而且影响肉产品品质。加强脂联素作用机制及应用的研究，对于畜禽肉品质的改善具有重要作用。

4.1.2.1 脂联素的来源

脂联素是脂肪组织特异性分泌的一种胶原样细胞因子，是脂肪细胞补体相关蛋白 Acrp30、AdipoQ、ApM1 和凝胶结合蛋白 GBP28 的统称。1995 年，Scherer 等对小鼠 3T3-L 脂肪细胞 mRNA 反转录 cDNA 进行随机测序，发现了一段新序列，编码一种新的蛋白，结构类似于补体因子 C1q，命名为脂肪细胞补体相关蛋白 30 即 Acrp30。1996 年，Hu 等用 mRNA 差异显示技术从鼠脂肪中分离并克隆出该基因，命名为 AdipoQ；Maeda 等(1996)从人脂肪组织 cDNA 文库中随机测序出 Acrp30 及 AdipoQ 的类似物，因其与胶原质Ⅹ、Ⅷ和补体因子 C1q 高度相似，并且在脂肪组织中基因转录产物最丰富，故称为 ApM1；同年，Nakano 等利用明胶亲和层析技术在人血浆中提纯得到一种新的血浆蛋白，并证明该蛋白由 ApM1 基因编码，是一种相对分子质量为 28×10^3 的明胶结合蛋白，即 GBP28。

4.1.2.2 脂联素基因的结构及其表达

1. 脂联素基因的结构

目前 GenBank 已经登录了人和家鼠、猪、牛、鸡等物种的脂联素基因序列，部分物种该基因已被定位于具体的染色体上。不同物种脂联素基因的调控区及内含子存在差异，使其全长不一致。人脂联素基因位于染色体 3q27，全长约 16 kb。小鼠脂联素基因位于 16 号染色体的 B3-B4，全长约 20 kb。猪脂联素基因全长约 10 kb，位于染色体的 13q36-41。人、鼠及猪等哺乳动物的脂联素基因同源性较高，达 80%以上，均由 3 个外显子和 2 个内含子构成，而禽类脂联素基因结构与哺乳动物有较大的区别，鸡和鸭的脂联素基因仅包含 2 个外显子和 1 个内含子。

脂联素蛋白包括 4 个功能区：N 端信号肽、非同源区、胶原重复序列和球状羧基端。在非同源区，各物种的蛋白质无同源性。胶原重复序列包含 22 个(Gly-X-Pro 和 Gly-X-Y)重复，2 种重复的比例在物种间存在差异，如人胶原重复序列包含 8 个 Gly-X-Pro 完全重复和 14 个 Gly-X-Y 不完全重复，而老鼠胶原重复序列包含 7 个 Gly-X-Pro 完全重复和 15 个 Gly-X-Y 不完全重复(Scherer 等，1995)。脂联素球状羧基端与补体因子 C1q 和胶原质Ⅹ、Ⅷ型有较高的同源性，并在血液中独立存在，但其含量很少。

2. 脂联素基因的表达

Korner 等 (2005)研究认为脂联素 mRNA 只在脂肪组织中表达，且脂联素蛋白的合成和分泌只发生在成熟脂肪细胞中，而在前体脂肪细胞中不表达。近年来的研究发现，鼠肝细胞、心肌细胞、骨形成细胞、肌管和骨骼肌等在适当条件下均能表达脂联素，并在这些组织中起着自分泌或旁分泌功能。对人、猴子、小鼠的研究发现，脂肪组织脂联素基因表达量和血浆脂联素水平随脂肪过度沉积而下降，随体重下降而上升。体内脂联素表达与脂肪沉积密切相关，但是两者之间如何调控的机理还不清楚。

大量研究结果表明，人和动物的脂肪细胞脂联素表达及其血浆浓度与空腹血糖、空腹胰岛素、胰岛素抵抗程度呈负相关，与胰岛素敏感性呈正相关(Weyer 等，2001；Hotta 等，2001)。在培养的 3T3-L1 脂肪细胞，给予短期的胰岛素刺激，可促进脂联素基因的表达和转录，使脂联素的合成和分泌增加(Halleux 等，2001)。给予胰岛素刺激 16 h 后，胰岛素呈时间依赖方式抑制脂联素基因表达和分泌(Fasshauer 等，2002)。谷卫等(2005)也发现体外胰岛素浓度是影响 3T3-L1 脂肪细胞脂联素表达降低的重要因素，脂肪细胞脂联素表达随葡萄糖浓度增加有轻度下降。在 3T3-L1 脂肪细胞中，生长激素可增加脂联素的表达水平，且呈时间依赖性，其作用一般 30 h 后开始生效，40 h 达最大效应。肿瘤坏死因子 α(TNF-α)对脂联素基因的表达起负调控作用，并依赖于时间和剂量。原因是脂联素和 TNF-α 的结构相似，它们能够与对方的受体结合，通过同一个信号通道，发挥各自的生物学效应(Fasshauer 等，2002)。去甲肾上腺素抑制 3T3-L1 细胞中脂联素 mRNA 表达水平，并呈剂量依赖性(Fasshauer 等，2001)。内脏中脂联素 mRNA 表达与血浆脂联素量存在中度正相关，脂联素 G276T 遗传变异影响该基因在内脏脂肪组织中的表达，暗示了该蛋白调节体脂肪的沉积 (Fredriksson 等，2006)。

Jacobi 等(2004)研究发现猪受到大肠杆菌感染时，血浆脂联素水平无改变，脂肪组织中 mRNA 表达不受脂多糖的影响；在生长早期，瘦肉型猪血浆脂联素水平显著高于肥胖型。与基础培养和胰岛素培养的脂肪细胞相比，重组脂联素体外培养 6 h 的猪脂肪细胞的脂肪生成下降近 30%。Maddineni 等(2005)通过 RT-PCR 和 Northern 分析，发现鸡脂联素 mRNA 在脂肪组织、肝脏、垂体前叶、间脑、骨骼肌、肾脏、卵巢和脾脏均表达，但在血液中不表达；半定量 PCR 发现脂联素在脂肪组织表达最高，其次是肝脏、垂体前叶、间脑、肾和骨骼肌；禁食 48 h 后，脂肪组织、肝脏和垂体前叶的脂联素表达显著下降，而间脑的表达水平无显著差异。Yuan 等 (2006)通过 RT-PCR 得知鸡脂联素 mRNA 在脂肪、心脏、胃、皮肤中高表达，在肌肉中低表达。

4.1.2.3 脂联素受体基因及其表达

1. 脂联素受体基因的结构

脂联素功能的发挥与其受体的存在密切相关。2003 年，Yamauchi 等首先克隆出人和小鼠的脂联素受体(adiponectin receptor，AdipoR) cDNA。Northern blot 显示，脂联素受体有 AdipoR1 和 AdipoR2 两种亚型。其中 AdipoR1 在小鼠的脑、心、肾、肝、肺、骨骼肌、脾及睾丸均有表达，其中在骨骼肌最为丰富。2004 年，发现 T-钙黏素可能是脂联素的第 3 种受体，主要表达在内皮细胞和平滑肌中。

AdipoR1、2 结构高度相关，都包含 7 个跨膜结构域，氨基端在细胞内部，羧基端在细胞外部，受体在结构和功能上与 G 蛋白偶联受体截然不同。这 2 个受体可以和全长脂联素或球形脂联素结合，调节腺嘌呤核糖核苷酸(AMP)激酶和 PPAR-α 配合基活性，引起脂联素调节脂肪酸氧化和葡萄糖消耗。其中 AdipoR1 对球形脂联素有高亲和性，但对全长脂联素的亲和性较低；AdipoR2 对球形脂联素和全长脂联素均有中度亲和力。

目前 GenBank 上已经登录了人、家鼠、猪、牛、鸡等物种的脂联素受体序列，AdipoR1 包含 1 128 个核苷酸，编码 375 个氨基酸，在哺乳动物中同源性较高，核苷酸序列同源性达 90%以上，氨基酸同源性达 96.8%以上，鸡与哺乳类同源性较差，核苷酸在 82%左右，氨基酸在 90.4%～90.9%；AdipoR2 包含 1 161 个核苷酸，编码 386 个氨基酸，以鸡、鸭同源性最高，核苷酸为 95.1%，氨基酸为 96.6%，哺乳动物中以猪跟人的同源性最高，核苷酸为 89.8%，氨基酸为 94%。AdipoR1、2 的同源性达 66.7%。

2. 脂联素受体基因的表达

Ding 等(2004)报道 AdipoR1 在猪心脏和骨骼肌中表达丰富，在脂肪、肝脏、脾中依次减少；AdipoR2 在猪脂肪组织中表达最丰富，在肝脏、心脏、骨骼肌、脾中依次减少。禁食 8 h 对 AdipoR1 mRNA 的表达无显著影响，但在杂交猪脂肪组织中 AdipoR2 mRNA 的表达上升。表明在禁食状态下，AdipoR2 能调节猪脂肪组织脂肪酸氧化。李春霖等(2005)研究了 AdipoR 在大鼠心、肝、肾、骨骼肌、睾丸和脂肪组织中的表达，结果显示 AdipoR1 在各组织中均表达，以脂肪和睾丸组织的表达最高，显著高于其他组织；AdipoR2 在肝脏中表达丰富，在肾脏和骨骼肌中表达量低。脂联素受体表达结果的差异可能与遗传、饲养方式及屠宰前的应激有关。

4.1.2.4 脂联素调控营养物质代谢的机制

1. 脂联素上调胰岛素信号

脂联素是一种胰岛素增敏激素，能够增加胰岛素敏感性，而胰岛素对糖、脂肪和蛋白质的代谢具有重要的作用。遗传因素(如脂联素基因多态性)和某些环境因素(高脂日粮)可导致低脂联素血症的出现，使得机体呈现胰岛素抵抗，并表现出各种代谢综合征，最终导致动脉粥样硬化。许多研究报道表明，脂联素可通过上调胰岛素信号来调控机体的能量代谢。

在骨骼肌中，脂联素提高涉及脂肪酸转运分子、脂肪酸氧化分子(如脂酰辅酶 A 氧化酶)和能量耗散分子(如解偶联蛋白 2)的表达，进而提高骨骼肌中脂肪酸的流量和氧化，这些变化导致骨骼肌中甘油三酯的含量降低，骨骼肌中甘油三酯含量的显著降低伴随着血清中游离脂肪酸和甘油三酯水平降低，这就导致了肝脏中甘油三酯含量降低，并降低胰岛素抵抗。这些能量代谢相关基因表达的改变很可能是脂联素的给予提高了过氧化物酶体增殖物激活受体(peroxisome proliferator-activated receptor α、γ，PPAR-α、PPAR-γ)或内源配体基因的表达，而在能量代谢相关基因的启动子区含有过氧化物酶体增殖物应答元件。与骨骼肌相反，脂联素降低肝脏脂肪酸转运分子(如 CD36)的表达，进而减少脂肪酸进入肝脏，降低肝脏甘油三酯的合成。组织甘油三酯含量的提高妨碍了胰岛素刺激的 3-磷脂酰肌醇激酶的活化，进而妨碍葡萄糖转运载体 4 的易位和葡萄糖摄取，导致胰岛素抵抗，因此肌肉组织甘油三酯含量的降低可能上调胰岛素的敏感性。同时，脂联素还加强胰岛素刺激信号分子的酪氨酸磷酸化，这在脂肪萎缩鼠的骨骼肌脂联素处理的结果上得到了证明，处理后胰岛素诱导的胰岛素受体和胰岛素受体Ⅰ底物的酪氨酸磷酸化及胰岛素刺激蛋白激酶 B 的磷酸化被提高。

2. 脂联素活化腺苷酸活化蛋白激酶(AMPK)

研究表明，脂联素刺激骨骼肌和肝脏中葡萄糖的利用、脂肪酸的氧化和降低肝脏葡萄糖产量与 AMPK 的活化有关。AMPK 活性的调节主要包括 AMP 和 ATP 比值调节、AMPK 调节和 AMP 非依赖调节 3 种途径，其中脂联素就是以第 3 种途径对 AMPK 活性进行调节的，但是其激活 AMPK 的具体信号转导机制尚不清楚。AMPK 活化使能量代谢转向分解代谢产生 ATP 的途径，并且关闭 ATP 消耗过程，尤其是合成途径，该作用通过快速、直接的磷酸化代谢酶以及对基因和蛋白表达的变化来实现。Yamauchi 等(2003)首次报道在鼠骨骼肌中 AMPK 被球形脂联素或全长脂联素活化。Wu 等(2003)报道了鼠脂肪细胞经 250～1 000 ng/mL 球形脂联素处理，AMPK 的磷酸化提高 150%～200%，并且脂联素诱导 AMPK 磷酸化具有时间效应，在处理 30 min 后，AMPK 磷酸化显著提高，培养 2～3 h 后，磷酸化达到平台，此时，磷酸化水平提高了 180%。

脂联素对 AMPK 的作用具有组织特异性，球形脂联素和全长脂联素均能活化骨骼肌中的 AMPK，但是仅全长脂联素能刺激肝脏中 AMPK 活化。脂联素活化 AMPK 后，刺激肌细胞乙酰辅酶 A 羧化酶(ACC)的磷酸化，促进脂肪酸氧化、葡萄糖摄取和乳酸盐的产生；同时也刺激肌细胞 p38 AMPK(促分裂原活化蛋白激酶)，进而使 PPAR-α 活化，并提高乙酰辅酶 A 羧化酶(ACC)、肉碱棕榈酰转移酶 1(CPT1)和脂肪酸结合蛋白 3(FABP3)的表达量，这些基因表达的提高促进长链脂肪酸进入线粒体，提高脂肪酸的氧化；还刺激肝脏中 ACC 的磷酸化和降低葡萄糖异生酶(如磷酸烯醇式丙酮酸羧激酶和葡萄糖-6-磷酸酶)的表达。

4.1.2.5 脂联素对营养物质代谢的调控

1. 脂联素对脂肪代谢的调控

(1) 促进脂肪的氧化　研究表明，给予重组脂联素可促进骨骼肌、肝脏和心肌中的脂肪酸的摄取和氧化，球形脂联素和全长脂联素均提高肌细胞的脂肪酸氧化。Palanivel 等(2007)采用[^{3}H]棕榈酸酯和[^{14}C]棕榈酸酯产生 CO_2 的量来研究球形脂联素或全长脂联素对心肌细胞脂肪酸的摄取和脂肪酸的氧化情况，结果发现球形脂联素和全长脂联素在 1 h 和 24 h 处理时显著提高了新生鼠心肌细胞对棕榈酸酯的摄取，在处理的 24 h，尤其是 48 h，棕榈酸酯的氧化显著提高。此外，重组脂联素能刺激啮齿动物骨骼肌的 β-氧化，这一现象在缺乏天然脂联素的 Adipo-/-鼠中也存在。Ma(2002)等测定了 Adipo-/-鼠和 Adipo＋/＋鼠骨骼肌的 β-氧化，发现 Adipo-/-鼠骨骼肌 β-氧化显著高于野生型对照处理(提高了 47%)，Adipo-/-鼠肝脏匀浆组织的 β-氧化也较野生型鼠高 30%，具体原因尚不清楚。

(2) 抑制脂肪生成　Huypens 等(2005)在研究脂联素在 β 细胞中对[^{14}C]标记的葡萄糖进入乙酰 CoA/胆固醇生物合成中间物的影响时发现，在 30 min 时，10 mmol/L 葡萄糖明显地刺激了脂肪生成，比 0.085 mmol/L 葡萄糖提高了 12 倍，球形脂联素(2.5 μg/mL)显著抑制了葡萄糖刺激的葡萄糖碳合成脂肪的作用。Jacobi 等(2004)也报道重组全长脂联素显著抑制了猪脂肪细胞的生脂作用，较基础对照组和胰岛素刺激对照组分别降低了 28%和 30%。

2. 脂联素对葡萄糖代谢的调控

(1) 加强葡萄糖的摄取　脂联素能提高细胞对葡萄糖的摄取量，加强胰岛素对葡萄糖摄取的刺激，逆转肿瘤坏死因子(TNF)对胰岛素刺激葡萄糖摄取的抑制作用。此外，脂联素还可能以 NO 依赖的方式加强血流量和葡萄糖清除，这与胰岛素相似。通过测定 *D*-[^{14}C]葡萄糖和 2-脱氧-*D*-[^{3}H]葡萄糖来考察球形脂联素对成熟鼠脂肪细胞摄取葡萄糖的影响发现，成熟鼠脂肪细胞单独添加 100～800 ng/mL 球形脂联素处理 2 h 后，*D*-葡萄糖摄取量较对照组提高了 50%～100%；单独的胰岛素(35 nmol/L)处理 5 min 后，*D*-葡萄糖的摄取提高了 240%；胰岛素和球形脂联素共同作用可进一步提高 *D*-葡萄糖的摄取，在心肌细胞上的研究也得到类似的结果(Pineiro 等,2005;Palanivel 等,2007;Ding 等,2004),结果表明,脂联素不仅提高了葡萄糖的基础摄取量,并且以剂量依赖的方式加强胰岛素对葡萄糖摄取的刺激作用。

(2) 抑制肝脏葡萄糖的产生　脂联素可通过敏化胰岛素效应来抑制肝脏葡萄糖生成,然而在没有胰岛素的情况下,内源过量表达或外源处理重组脂联素也能降低肝细胞中葡萄糖的生成,该效应主要通过抑制葡萄糖异生和糖原分解方式发挥作用,前者主要是通过抑制糖异生酶基因的表达来实现,而后者很可能通过其他机制实现。采用大鼠肝癌细胞系(H4ⅡE)细胞研究脂联素对葡萄糖异生的调控结果表明,在没有葡萄糖异生底物(丙酮酸和乳酸盐)的刺激时,培养基中产生的葡萄糖非常低。而有葡萄糖异生底物刺激时,全长和球形人脂联素显著抑制葡萄糖的产生,该降低效应不依赖于胰岛素,采用 H4ⅡE 细胞异位表达的鼠脂联素也得到类似的结果。经进一步分析发现,脂联素抑制 H4ⅡE 细胞葡萄糖的产生在一定程度上是通过抑制葡萄糖异生酶的基因表达。异位表达人和鼠的脂联素可使葡萄糖-6-磷酸酶和磷酸烯醇式丙酮酸羧激酶基因表达降低约 60%。

4.1.2.6　脂联素基因多态性对畜禽生产性能的影响

1. 猪

Wang 等(2004)克隆得到猪脂联素基因片段,并发现其 mRNA 在猪脂肪组织中的含量非常丰富且在不同脂肪细胞中含量有差异。Ding 等(2004)克隆得到猪脂联素基因 cDNA,并检测其在心脏、肝脏、脾脏、背最长肌以及皮下脂肪组织等 5 个不同组织的分布情况。Cepica 等(2005)利用反向 PCR 技术扩增得到一个长为 3 326 bp 的脂联素基因片段,该片段包括外显子 2、外显子 3、内含子 2 和部分内含子 1,并检测到内含子 2 上有 1 个 *Hin*dⅢ限制性内切酶多态位点。戴丽荷等(2006)对大白猪、梅山猪脂联素基因内含子 2 进行突变检测,发现内含子 2 中 985 位的 A→G 突变,在其 F2 资源家系群体中性状关联分析表明,A 等位基因有利于增加眼肌面积和瘦肉率,减少背膘厚。

2. 家禽

Sreenivasa 等(2005)对鸡脂联素基因研究分析表明,与自由采食相比,在禁食 48 h 后,鸡脂肪组织、肝脏和腺垂体中脂联素 mRNA 量明显减少。宾夕法尼亚州立大学的科研人员对鸡脂联素蛋白特性,以及鸡血清中的脂联素水平进行研究,结果显示鸡脂联素羟基蛋白中存在脯氨酸,且这些残基的糖基化多样。ELISA 检测结果证实,4 周龄公鸡体内的脂联素水平要高于 8 周龄,其水平与腹部脂肪沉积情况刚好相反。刘大林等(2009)研究了京海黄鸡脂联素基因第 1 内含子 1 个突变位点的多样性及其对屠体性状的遗传效应,结果表明该基因 1 251 处发生 C→T 突变,扩增产物后出现 3 种基因型(AA/AB/BB)。该位点的 3 种基因型对公鸡的活重有显著效应,BB 基因型个体的周龄活重达(1 755.14±223.85)g;就腹脂重而言,公鸡 AA 型和 AB 型与 BB 型差异极显著,AA、AB 和 BB 型腹脂重的变化趋势由低到高依次为 AA、AB 和 BB 型。公、母鸡的 BB 型个体腹脂率最高,分别为(2.20±1.18)%和(2.95±0.78)%,极显著高于 AA 和 AB 型个体。

董飚等(2007)研究表明,鸭脂联素基因存在 7 个单碱基突变,其中 G430A、A457G、T525C 突变导致 144、153 和 175 位氨基酸发生改变,而 C507T、T540C、C576T 和 C597T 突变为沉默突变(DQ452618)。张依裕等(2010)对白羽番鸭脂联素基因外显子 1 进行 SNP 检测,结果检测到 3 种基因型(AA、AB 和 BB)和 2 个等位基因(A 和 B),其中 AA 和 A 分别为优势基因型和优势等位基因,序列比对发现在外显子 1 的 A167G 变异为沉默突变。AA 基因型个体的肌内脂肪(IMF)和血清总胆固醇(TC)显著高于BB基因型个体,而失水率则显著低于BB基因型个体。结果表明A167G位点对脂肪沉积、失水率和胆固醇浓度可能有显著的遗传效应。同年,张依裕首次发现白羽番鸭脂联素基因的内含子区也存在多态性,经分析发现3种基因型和2个等位基因,其中CT为优势基因型,C为优势等位基因。对该基因内含子T290C位点与肉质和血清总胆固醇和甘油三酯的关联性进行分析,表明该位点与肌内脂肪(IMF)显著相关,与失水率极显著相关。

3. 牛

Morsci等(2006)在研究安格斯牛脂联素基因多态性与生长及肉质性状关联性时,发现3个SNPs与大理石花纹存在相关性。杨彦杰等(2009)利用PCR-SSCP结合测序技术对405头24月龄秦川牛脂联素基因SNPs位点进行检测,结果检测到AA、AB、BB、CC、CD 5种基因型,其中AB、BB型个体在脂联素基因第2外显子64 bp处发生G→C突变,CD型个体第3外显子50 bp处发生C→T突变,G→C导致谷氨酸(GGA)转化为谷氨酰胺(GCA),C→T导致丝氨酸(TCA)转化为亮氨酸(TTA)。分析表明G→C突变位点对秦川牛的宰前活重、胴体重、眼肌面积、背膘厚的影响差异极显著或显著,AA型个体的宰前活重、胴体重、背膘厚、眼肌面积方面都显著优于BB型,AA型与AB型差异不显著。AA型个体在胴体腿臀围方面极显著高于AB型和BB型个体。对第3外显子50 bp处发生C→T突变进行分析,只检测到了CC、CD基因型,其中CD基因型个体的胴体及肉质性状大多优于CC基因型个体。

4.1.3 生长素基因多态性对营养物质代谢的影响

4.1.3.1 生长素基因的结构

1999年,Kojima等首先在小鼠和人的胃组织中纯化和鉴定了生长激素促分泌素受体的特异内源性配基,将其命名为生长素(ghrelin,GHRL)。目前已有多个物种Ghrelin基因被克隆出来并被加以利用,如人、小鼠、猪、绵羊、奶牛、水牛等。已知人类Ghrelin基因位于3号染色体(3p25-26),包含4个外显子和3个内含子,编码长117个氨基酸的蛋白质。人、啮齿类动物和猪Ghrelin结构高度保守,仅有3个氨基酸的差异,其中第3位丝氨酸N端辛酰基化对发挥其生物学功能有重要作用。猪Ghrelin前体是由118个氨基酸组成的多肽,Ghrelin前体N端的前23个氨基酸为信号肽,Ghrelin前激素原mRNA全序列中第80～164个碱基之间编码Ghrelin。人的内含子1因存在一个可选择性剪接位点,其Ghrelin通常有28个氨基酸和27个氨基酸剪接产物。而反刍动物均为第14位谷氨酸的缺失,导致只有27个氨基酸的Ghrelin(des-Gin14-ghrelin)产物。水牛Ghrelin基因与牛、人、猪、小鼠及绵羊基因相应序列的同源性分别为97%、79%、81%、75%和95%,氨基酸与牛、羊、人、猪、小鼠同源性分别为96%、94%、73%、76%和75%,表明Ghrelin是一组在进化上高度保守的蛋白质。鸡Ghrelin基因全长约3 kb,包含5个外显子和4个内含子,外显子1不编码任何氨基酸;其cDNA编码含116个氨基酸的前体蛋白,包含23个氨基酸的信号肽、26个氨基酸的成熟肽和67个氨基酸的C末端多肽;与人Ghrelin相比较,家鸡成熟Ghrelin缺少1个氨基酸,且同源性仅为54%,但决定Ghrelin活性的第3个氨基酸(丝氨酸)依然保守。代新兰等(2008)克隆黑羽乌骨鸡Ghrelin基因,全长2 330 bp,含有4个外显子和3个内含子,和已知鸡种比较有13～18个碱基不同,相似性为99.1%～99.3%,但其氨基酸序列完全一样。表明,禽类的Ghrelin多肽也具有高度保守性。

生长激素促分泌素受体(growth hormone secretagogues receptor,GHSR)是典型的G蛋白偶联受体(GPCR)家族中的一员,含有7个跨膜域。该受体组织分布广泛,有2个亚型,分别为GHSR-1a和GHSR-1b。其中功能性受体GHSR-1a mRNA主要在垂体表达,在甲状腺、胰腺、心脏及肾上腺也有少量表达,但在胃肠道、脂肪组织等没有发现表达;尽管GHSR-1b mRNA在所有组织中均有表达,目前研究认为,GHSR-1b是一种没有功能的受体亚型。因此推测,体内特别是外周组织中一定有另一种不同于GHSR-1a和GHSR-1b的受体存在。

4.1.3.2 Ghrelin的生物学功能

Ghrelin主要合成于胃,肠、垂体、下丘脑、胎盘、肾脏、胰腺等亦有少量合成,是除了生长激素释放激素(growth hormone releasing hormone,GHRH)和生长抑素(somatostatin, SS)外,第三个调节生长激素分泌的内源性物质,其作用强于同等剂量的GHRH和非天然的GHSR(雷治海,2005)。目前研究结果表明,Ghrelin与其受体结合后可产生广泛的生物学效应,在具有促生长激素分泌作用的同时,还通过启动进食、增进食欲、增加营养物质,尤其是脂类的摄取、促进脂肪形成等多方面作用调节着机体能量代谢的平衡和体重的变化。近年来研究表明Ghrelin也参与动物生殖的调控,即抑制GnRH和LH的分泌释放。Ghrelin及其受体在下丘脑-垂体-性腺轴都有分布。体内外试验表明,Ghrelin在下丘脑、垂体和卵巢(睾丸)水平上对生殖具有不同调节作用。张舒等(2011)研究发现小梅山猪初生、初情期至性成熟卵巢Ghrelin mRNA表达量呈上升趋势,不同阶段间差异显著。性成熟时生殖轴不同组织Ghrelin mRNA表达量,卵巢明显高于垂体和下丘脑。吕东媛等(2008)研究发现,3～4岁雌性绵羊(均未受孕)各生殖道组织均有Ghrelin基因的表达,且Ghrelin基因在雌性绵羊各生殖道组织的表达量不同,在子宫体的表达量最高,输卵管内的表达量次之,子宫颈和阴道内的表达量最少,表明Ghrelin对雌性绵羊生殖系统的调节及生殖激素的分泌等具有重要作用。

4.1.3.3 Ghrelin对营养物质代谢的调节

1. Ghrelin对食欲的调节作用

Tschop等(2000)报道皮下或脑室注射Ghrelin,增加小鼠与大鼠的采食、减少体脂利用并增加体重,提示对维持机体能量稳态有重要作用。试验表明Ghrelin促进摄食的作用由NPY和下丘脑刺鼠相关蛋白(Agouti related protein,AGRP)调节。在NPY基因敲除小鼠中,Ghrelin仍对摄食有增加作用,外周和大脑注射Ghrelin会引起明显的、剂量相关性的采食增加,且体重也发生相应的增加,而能量消耗减少。研究表明,禁食48 h后大鼠胃中Ghrelin mRNA的表达增加,血清Ghrelin浓度增加,当给予食物后,Ghrelin浓度又恢复原来水平。以上结果表明,禁食可刺激Ghrelin合成,促进胃内分泌细胞分泌Ghrelin。在啮齿类动物中,机体主要通过Ghrelin和Leptin分别传递外周饥饿和饱食信号,在下丘脑能量平衡中枢进行整合,然后通过各种途径对食欲进行调节,从而维持机体的能量稳态。但是,在禽类恰好相反。Furuse等(2001)给雏鸡脑室注射大鼠Ghrelin或GH释放因子(GRF),结果发现2 h内两者都强烈地抑制雏鸡的采食,对于预先禁食3 h的雏鸡,脑室注射Ghrelin仍可引起剂量依赖性的采食下降。研究表明,NPY和AGRP抗体、NPY受体抑制剂都能消除Ghrelin对食欲的促进作用。Ghrelin的促食欲作用可通过以下3条途径实现:①循环Ghrelin刺激弓状核(ARC)中的NPY/AGRP神经元,抑制ARC中的阿片促黑色素原(POMC)神经元;②循环Ghrelin在胃中产生,通过迷走神经传递到孤束核,再传到下丘脑食欲调节中枢;③Ghrelin在下丘脑产生，激活 ARC 中的 NPY/AGRP 神经元和侧下丘脑的增食欲素（orexin）神经元。3 个途径有可能共同作用。

2. Ghrelin 对糖代谢的影响

Ghrelin 促进正常大鼠 β 细胞释放胰岛素，静脉注射 Ghrelin 引起大鼠胰岛素释放。也有报道表明，Ghrelin 可抑制人胰岛素分泌。Ghrelin 对血糖有直接作用，静脉注射 Ghrelin 能升高正常者的血糖水平。给予 Ghrelin 15 min 后血糖开始升高，而 30 min 后胰岛素下降。因此，血糖升高不是胰岛素降低引起的。体内外实验证明，Ghrelin 可剂量依赖地抑制葡萄糖诱导的胰岛素释放。在离体大鼠实验中，Ghrelin 还可抑制由高钾、精氨酸、乙酰胆碱这些通过不同途径诱导的胰岛素释放。Ghrelin 抑制胰岛素的释放对维持空腹血糖水平或维持低血糖时的低胰岛素水平有一定作用。Ghrelin 不仅影响胰岛素的释放，影响胰岛素敏感性与胰岛素释放之间的关系，还可通过影响其他致肥胖因子来参与肥胖的病理过程。如脂联素 Acrp30 和抵抗素，它们都与胰岛素抵抗密切相关，而 Ghrelin 与这些激素之间可能有复杂的相互调节作用，并共同参与肥胖和糖尿病的发病过程。虽然 Ghrelin 对血糖的直接作用报道不一，但 Ghrelin 确实可以调节血糖水平，其机制需进一步研究。

3. Ghrelin 对脂肪代谢的调节

Ghrelin 促进脂肪的沉积，且这种作用不依赖于摄食和体重的增加。Ghrelin 优先增加脂肪摄取和促进脂肪合成，Shimbara 等（2004）给予高碳水化合物喂养（HC）大鼠和高脂喂养（HF）大鼠脑室内注射 Ghrelin 后，发现大鼠摄取高脂食物明显增加；Thompson 等（2004）对生长激素不同程度缺乏的大鼠模型研究中发现 Ghrelin 直接作用于外周促进骨髓脂肪合成，而去辛酰基化的 Ghrelin 也有类似作用，但 GHSR 激动剂却没有该作用，提示促进脂肪合成是由不同 GHSR 受体介导的，并认为 Ghrelin 在体内具有促进脂肪合成的作用。此外，Ghrelin 还可以促进前脂肪细胞分化，在脂肪形成过程中有重要的作用。

4.1.3.4 Ghrelin 基因多态性及其对畜禽生产性能的影响

研究表明，鸡 Ghrelin 基因中存在 19 个单核苷酸多态性（single nucleotide polymorphism，SNP），其中仅有 1 个 SNP 导致氨基酸的改变。李慧芳等（2009）利用 PCR-SSCP 方法，在高邮鸭、金定鸭、北京鸭、建昌鸭、连城白鸭、攸县麻鸭、绍兴鸭及莆田黑鸭等 8 个国家级保护鸭品种中检测发现基因存在 3 个突变位点，分别为 157 bp 处 9 bp 的缺失、431 bp 处 T→C 的突变、909 bp 处 A→G（苏氨酸→丙氨酸）的突变；同年，李俊营等在巢湖鸭群体中发现 GHRL 基因外显子 3 第 54 bp 位置有 G→A 碱基的点突变，外显子 5 第 149 和 166 位分别发生了 C→A 和 G→T 的突变。2010 年，Nie 等对三水白鸭、北京鸭、乐昌麻鸭、乐昌水鸭等 4 个地方品种鸭 GHRL 和 GHSR 全基因直接测序筛查 SNP，发现鸭 GHRL 基因共 42 个 SNPs、1 个微卫星和 1 个 9 bp 插入缺失，鸭 GHSR 基因共 48 个 SNPs 和 5 个插入缺失。

Li 等（2006）发现 3 个 SNPs 与丝羽乌骨鸡 16 周龄体重和胫长相关，何丹林等（2007）发现鸡 Ghrelin 基因 C2100T 位点与鸡 1、6 和 9 周龄体重和皮下脂肪厚度存在相关性。此外，研究发现，鸡 Ghrelin 基因 5′端外显子 1 的一处 8 bp 缺失/插入突变影响了 mRNA 表达水平，并与鸡的部分生长和屠体性状显著相关（2006）。

朱文奇等（2009）研究发现高邮鸭内含子 1 的 157 bp 处 9 bp 的插入缺失突变，内含子 2 的 431 bp 处 T→C 的突变，外显子 3 的 909 bp 处 A→G 的突变，分别与产蛋数、开产体重、最大连产天数显著相关。Nie 等（2009）对生长快速的三水白鸭和生长缓慢的麻鸭各组织中 mRNA

表达研究也表明，GHRL 基因 mRNA 在三水白鸭腺胃中的表达显著高于麻鸭，GHSR 基因也呈现不同程度的表达差异；三水白鸭 GHRL 基因的 C729T 位点和 GHSR 基因的 G3427A 位点均与鸭皮下脂肪沉积和屠体性状有显著相关。李俊营等(2009)研究发现巢湖鸭 Ghrelin 基因外显子 3 第 54 位发生了 G→A 的突变对巢湖鸭体重、胸深和龙骨长的影响极显著，对体斜长、胸宽和半潜水长的影响达显著。BB 基因型的体重、体斜长、胸深、胸宽、龙骨长和半潜水长显著高于 AA 型和 AB 型；此外，该突变位点对巢湖鸭胴体重影响极显著，对半净膛重和全净膛重有显著影响，BB 基因型在胴体重、半净膛重和全净膛重上显著高于 AA 型和 AB 型。表明 Ghrelin 基因多态性与巢湖鸭的部分体尺指标、屠体性状存在显著相关性，B 等位基因为优势基因。

张春雷(2007)检测了南阳牛、秦川牛、郏县红牛、晋南牛、鲁西牛、安格斯牛、中国荷斯坦牛 7 个群体的 Ghrelin 基因，在 4 个基因座中首次检测到 1 处突变 403725 T→C。南阳牛 403725 T→C 位点 BB 型个体 24 月龄体重、坐骨端宽显著大于 AA 型，秦川牛该位点 BB 型个体体重和胸围显著大于 AA 型，郏县红牛 BB 型个体体重显著大于 AA 型。

4.1.4 淀粉酶基因多态性对营养物质代谢的影响

4.1.4.1 淀粉酶简介

淀粉酶(amylase)是人和动物体内重要的酶类，一般作用于可溶性淀粉、直链淀粉、糖原等 α-1,4-葡聚糖，水解 α-1,4-糖苷键。根据作用的方式不同，将淀粉酶分为 α-淀粉酶和 β-淀粉酶。α-淀粉酶广泛分布于人和动物的唾液、胰脏及小肠等器官中，部分植物、细菌和真菌中也有分布，α-淀粉酶主要由胰腺、腮腺和肝脏分泌。α-淀粉酶以 Ca^{2+} 为必需因子，既作用于直链淀粉，也作用于支链淀粉，可以无差别地切断 α-1,4-链。畜禽消化道分泌的淀粉酶以活性状态排入消化道，是最重要的水解碳水化合物的酶，和唾液腺分泌的淀粉酶一样都属于 α-淀粉酶，作用于 α-1,4-糖苷键，对分支上的 α-1,6-糖苷键无作用，故又称淀粉内切酶。其特征是能引起底物溶液黏度的急剧下降和碘反应的消失，最终产物在分解直链淀粉时以麦芽糖为主，此外，还有麦芽三糖及少量葡萄糖。另一方面在分解支链淀粉时，除麦芽糖、葡萄糖外，还生成部分极限糊精。β-淀粉酶与 α-淀粉酶的不同点在于从非还原性末端逐次以麦芽糖为单位切断 α-1,4-葡聚糖链。主要见于高等植物(大麦、小麦、甘薯、大豆等)，但也有报道在细菌、牛乳、霉菌中存在。

4.1.4.2 畜禽淀粉酶基因多态性及其对畜禽生产性能的影响

许多研究表明淀粉酶活性与动物品种、年龄有关，不同畜禽品种淀粉酶活性不同。淀粉酶是消化代谢的关键酶，可通过参与畜禽机体内淀粉分解和糖代谢来影响畜禽的生产性能。此外，不同畜禽品种在淀粉酶基因型和基因频率上也存在差异，淀粉酶基因型与生产性能间也存在一定的关系。

1. 畜禽淀粉酶基因的多态性

家畜淀粉酶基因(Amy)的多态性最早由 Ashton 于 1958 年在牛中发现，当时他将其命名为线蛋白(thread protein)，以后才证实它是一种 α-淀粉酶，Fechther 等 1968 年证实绵羊的 Amy 存在多态性。Carolyn 等(1979)对荷斯坦牛淀粉酶多态性的研究表明，淀粉酶存在 3 种表现型：Amy Ⅰ B、Amy Ⅰ C 和 Amy Ⅰ BC，这 3 种表现型由位于染色体Ⅰ上的两个等位基因

(AmyⅠB、AmyⅠC)控制，AmyⅠB 和 AmyⅠC 的基因频率分别为 0.518 和 0.482。张细权等(1996)测定了我国 10 个地方鸡种的血液 Amy-1 多态性，发现我国地方鸡种 Amy-1 的 AA 型和 BB 型纯合子基因型频率很低，AB 基因型频率很高，杂合子显著过量，且普遍存在 Amy-1 分布不平衡。还发现 Amy-1A 和 Amy-1B 两个等位基因频率在所有 10 个鸡种中几乎均为 0.5。肖朝武等(1989)测定发现杏花鸡、石岐杂鸡、粤黄鸡、郑州红鸡、长沙黄鸡和白来航鸡的 Amy-1 位点均存在多态现象，在杏花鸡中存在着控制血浆淀粉酶的另一位点(Amy-2)，Amy-2 位点上有一对显隐性基因(Amy-21、Amy-2i)。经交配试验，发现 Amy-2 位点与 Amy-1 位点是紧密连锁的。邹平等(1997)研究发现云南 3 个地方鸡种(版纳斗鸡、武定鸡、尼西鸡)Amy-1 的 AA、BB 型纯合子基因型频率很低，其中尼西鸡为 0，而 AB 型杂合子基因型频率很高，并且在版纳斗鸡少数个体中还发现控制血液淀粉酶的另一位点 Amy-2。李相运等(2001)应用水平板淀粉凝胶电泳技术对八眉猪、安康猪、林芝藏猪、合作猪、成华猪和迪庆藏猪的血液淀粉酶基因多态性进行分析。结果表明，在 6 个地方猪群体中共发现了 6 个等位基因，即 AmyA、AmyB、AmyC、AmyX、AmyY 和 AmyC′，其中 AmyA 和 AmyC 的频率表现出明显的地域差异，中国地方猪具有亚洲猪的典型特点。张才骏等(2004)对青海省 7 个品种绵羊血清淀粉酶同工酶的多态性特征进行了研究。结果发现：所有被检绵羊的血清淀粉酶均存在 Amy1、Amy2 和 Amy3 三种同工酶，其中 Amy2 同工酶有 Amy2A 和 Amy2O 两种表型而表现出多态性，而且青海绵羊 Amy2 同工酶的多态性特征存在品种间差异。马海明等(2004)检测了 131 只兰州大尾羊血清淀粉酶、酯酶和苹果酸脱氢酶等的多态性。结果发现血清淀粉酶有 2 个等位基因，3 种基因型。刘小林等(2002)利用淀粉凝胶电泳法测定了成都麻羊 33 个血液蛋白座位，并对其外形特征进行了检测。结果表明，淀粉酶等 6 个血液蛋白座位表现多态性，多态位点比例为 0.181 8 以上。王小龙等(2008)根据已公布的绵羊 Amy 基因序列，分别在第一外显子 5′端、第七外显子、第八外显子和第十外显子筛选 4 个位点(A1、A7、A8、A10)设计引物进行 PCR 扩增，经检测 A1、A7 和 A10 位点存在多态性，均存在 3 个基因型 AA、BB 和 AB 型，其中 AA 型为野生型，AB 型为杂合子，BB 型为突变基因型。将 3 个含有多态基因型的位点(A1、A7、A10)与 3 个品种绵羊的淀粉酶活性进行相关性分析，发现在小尾寒羊群体中，A7 位点多态性与淀粉酶活性存在相关；在滩羊群体中，A10 位点多态性与淀粉酶活性存在相关性；在蒙古羊群体中，A1 位点多态性与淀粉酶活性存在相关性，各基因型均值差异显著。小尾寒羊的 A7-AA 基因型、滩羊的 A10-AA 基因型、蒙古羊的 A1-AA 基因型可作为其群体生产性状的标记基因型。

2. 淀粉酶基因的多态性对畜禽生产性能的影响

(1) 猪　一般认为猪的淀粉酶受 3 个共显性复等位基因 AmyA、AmyB 和 AmyC 控制，一般表现为 AA、AB、AC、BB、BC、CC 6 种基因型。研究表明 AmyAC 型与日增重的效应达到显著水平，AmyBB 型的效应达到极显著水平(连林生，1999)；Yablanski 等(1982)对德系约克夏猪、长白猪和瑞系长白猪的血浆 Amy 型研究发现，AmyBB 型背膘厚最薄；吴译夫等(1988)研究表明 AmyAC 型二花脸母猪的产仔数、仔猪初生重及初生窝重均为最高；李玉谷等(1995)研究表明，AmyAC 型和 AmyAB 型个体繁殖性能比 AmyBC 型和 AmyCC 型强；殷宗俊等(2000)研究发现，长白初产母猪中以 AmyAB 型的繁殖性能较好，而且 Amy 基因型与分娩季节的互作对母猪的产活仔猪数有显著的影响。鲁绍雄等(1999)研究表明 Amy 不同基因型撒坝猪公、母猪间的繁殖性能差异未达到显著水平，但公、母猪不同基因型交配组合间的繁殖性能则在仔猪断奶体重上存在着显著差异，说明血清淀粉酶多态性与某些繁殖性状间存在着一定的相关。王彦芳等(2002)对甘肃黑猪合成系猪的研究表明，AmyAA 型具有显著提高初生重的效应，表明 AmyA 基因可能与猪的优良繁殖性能有关。

(2) 家禽　研究表明家禽的 Amy 有 Amy-1、Amy-2、Amy-3 3 种同工酶，其中对 Amy-1 研究较多。Hashiguchi 等(1970)认为，Amy-1 位点上有 4 个呈等显性遗传的等位基因 AmyA、AmyB 和 AmyC、AmyD 控制，蛋用型鸡 Amy-1B 频率较高，而肉用品种则 Amy-1A 基因频率较高(Hashiguchi 等，1970；邹平，1997；王延峰等，2005)，但张细权等(1996)认为，部分中国地方鸡种肉用型 Amy-1B 频率高于 Amy-1A 频率。张汤杰等(1999)对绍鸭的研究也表明，产蛋鸭血清以 Amy-1B 型为主，未产蛋鸭以 Amy-1A 型居多。郑晓锋等(1996)的研究发现，Amy-1AB 型开产早、体重低、蛋重较大、产蛋数多。周勤等(2002)研究表明，武定鸡农大Ⅰ系 Amy-1AB 型开产晚、体形大、蛋重大、蛋多，AmyBB 型个体则相反。结论尚不一致，可能和品种因素有关。肖朝武等(1989)认为，石岐杂鸡 Amy-1 基因型 AA 型死胚率高，生产中应避免 AB 个体间的交配。张细权等(1993)研究粤黄鸡死亡鸡 Amy-1A 频率高，健康鸡 Amy-1B 频率高，Amy-1B 基因可能作为提高抗病力的遗传标记。

(3) 牛　牛的 Amy-1 受 3 个共显性复等位基因 AmyA、AmyB 和 AmyC 控制，一般表现为 AA、AB、AC、BB、BC、CC 6 种基因型。Andersson-Eklund 等(1993)采用单标记法研究发现，Amy-1 与一个影响乳脂率的位点紧密连锁，Amy 可以通过改变血糖水平来影响产奶量。Lindersson 等(1998)通过对奶牛血清 Amy-1 的数量性状基因座分析表明，Amy-1 与牛产奶有关的性状(产奶量、乳脂率、乳脂量、乳蛋白率和乳蛋白量)密切相关。曹红鹤等(1999)报道南阳、皮埃蒙特及其杂交牛 AmyAB 对肩部的肌肉发达程度均有极显著遗传正效应。李齐发等(2002)报道 Amy 活性与牦牛体重、腹毛长和产绒量呈正相关。

4.2 基因多态性对钙、磷代谢的影响

体内钙、磷代谢平衡受遗传、营养、激素等多种因素的影响。而钙、磷代谢过程是互相偶联的，凡是影响钙代谢的器官和激素同时也影响磷代谢。正常机体每日钙的摄入量与排出量相等，体液中钙磷与骨组织中的钙磷交换量相等，血浆中钙和磷的含量亦保持相对恒定，表明体内钙磷代谢受到精细的调节。

4.2.1 钙、磷代谢的整体调节

4.2.1.1 钙、磷代谢的营养生理调节

1. 饲料及消化道因素对钙、磷代谢的影响

影响钙、磷吸收的因素主要包括以下几方面：

(1) 食物成分中的钙磷比例。饲料中钙、磷缺乏或虽有足够的钙、磷供给但二者的比例不当时，不能很好地吸收，易引发骨病，如：幼年动物饲粮中钙和磷的比例以 1.3∶1 较适宜；母乳中钙∶磷约为 1.2∶1，是良好的钙、磷来源。磷也是构成骨骼的主要成分，它还是构成组织细胞核蛋白与体内各种酶的主要成分。缺磷或供应不足时，则有碍钙在软骨中沉积，容易引起与

发生骨骼发育失常、骨质松软等症。

(2) 日粮阴阳离子水平。日粮中阴阳离子比例变化可改变动物体内的酸碱平衡状况，从而影响到骨骼钙磷代谢过程。pH 约为 3 时，钙呈离子状态，吸收最好。消化酶在适宜的 pH 时，能使钙从络合物中释放出来，然后在偏酸性的十二指肠和近端空肠吸收。

(3) 胆盐也可增加钙的溶解而促进其吸收。乳糖与钙的复合体为可溶性，有利于钙的吸收。

(4) 肠内存在的赖氨酸和精氨酸等许多必需氨基酸有促进钙吸收的作用。饲料中的植酸、纤维素、糖醛酸和草酸等物质不利于钙吸收，它们能与钙结合成不溶解的化合物而使钙不能吸收。

2. 维生素对钙、磷代谢的影响

维生素 D 的功能是促进肠道钙、磷的吸收，提高血液钙、磷水平，促进骨的钙化。当动物体内维生素 D 缺乏时，会阻碍钙、磷的吸收，导致粪中排出的钙、磷量超过食入食物中的钙、磷量，如不及时补给维生素 D，容易造成缺钙、磷而使骨质钙化不良。维生素 C 可降低胫骨、软骨发育不良症的发生率，同时，维生素 C 还可以促进维生素 D 向其代谢形式转化，从而有益于软骨的完全钙化。维生素 A 具有促进骨骼发育的功能，日粮维生素 A 缺乏或过量都可引起动物骨骼钙磷代谢紊乱，表现为骨骼生长发育受阻以及出现骨骼畸形(Hough 等，1988；Cynthia 等，2003)。维生素 K 对维持骨代谢具有重要作用，维生素 K 通过促进成骨细胞分泌的骨钙素(BGP)γ-羧基谷氨酸化而与骨形成密切相关，是 BGP 中谷氨酸 γ 位羧化的重要辅酶(陶天遵等，2005)。维生素 K 缺乏时，骨钙素浓度下降，会影响骨的矿化作用。

4.2.1.2 钙、磷代谢的内分泌调节

机体内钙、磷代谢的调节主要受激素和一些体内因子的影响。其中甲状旁腺激素(PTH)、降钙素(CT)和 1,25-二羟维生素 D_3(1,25-$(OH)_2D_3$)是体内钙、磷代谢调节的关键性物质。除此之外，糖皮质激素、生长激素、甲状腺激素、性激素等对钙磷代谢均有一定影响。PTH、CT 和 1,25-$(OH)_2D_3$ 三者在其他激素及众多细胞因子的协同参与下维持动物体内钙的稳定。

1. 甲状旁腺激素(PTH)与钙、磷代谢

PTH 是由甲状旁腺细胞分泌的一种含有 84 个氨基酸残基的直链肽类激素，其主要作用是使血钙浓度维持在正常水平。甲状旁腺细胞对细胞外液钙浓度的变化很敏感。甲状旁腺细胞胞浆膜侧存在感受细胞外液钙浓度的蛋白质即钙感受蛋白。该蛋白的全长为 1 078 个氨基酸，其中 N 末端的 613 个氨基酸存在于细胞外，包括钙结合区和钙感受区。它可以把细胞外液的钙变化信号传到细胞内。C 末端完全在胞内，信号蛋白与 G 蛋白偶联，G 蛋白可以激活磷脂酶 C，有活性的磷脂酶 C 可以从膜脂质中分离三磷酸肌醇(IP3)，从而导致肌浆网释放钙，使胞浆钙浓度很快升高，而引起 PTH 释放。

甲状旁腺细胞对细胞外液钙浓度的变化很敏感。当血钙浓度降低时，可诱导甲状旁腺分泌 PTH，释放入血液，影响肾及破骨细胞。在骨中，PTH 加强破骨细胞活动并促进其增殖，使钙从骨中动员出来；在肾中，PTH 的作用是在促进 1,25-$(OH)_2D_3$ 合成的同时，促进肾小管上皮钙结合蛋白(CaBP)的合成，促进钙的重吸收与磷从尿中的排泄。PTH 只有在维生素 D_3 及其代谢产物存在情况下，才具有促进十二指肠钙结合蛋白(CaBP)生成的能力，增加小肠对钙的吸收。研究证实，PTH 通过促进 1α-羟化酶的基因表达提高该酶的活性，从而促进活性维生

素 D 形成，维生素 D 与 PTH 协同作用，共同维持钙磷的动态平衡。此外，1,25-$(OH)_2D_3$ 与 PTH 分泌也有关系，当血中 1,25-$(OH)_2D_3$ 增多时，PTH 的分泌减少，降钙素则可促进 PTH 分泌。

2. 降钙素(CT)与钙、磷代谢

1962 年 Copp 首先明确了一种具有降低血钙作用的激素并将其命名为降钙素。降钙素由降钙素 a 基因表达，是 32 个氨基酸组成的单链多肽，相对分子质量约为 3 500，1、7 位是 Cys，组成分子内二硫键，羧基末端为脯氨酰胺。不同动物的 CT 在氨基酸组成上的差异很大，N 端保守性很高，主要差异在 C 端。CT 是唯一有效的降低血钙的激素，与血钙水平成正反馈调节。CT 作用的靶器官主要为骨和肾，但其作用与 PTH 相反，其作用主要是抑制破骨作用，抑制钙、磷的重吸收，降低血钙和血磷。在血钙高时刺激甲状腺 C 细胞在非哺乳动物(如鸡、蛙鱼和鳗鱼等则为鳃后体)产生 CT，抑制破骨细胞，增加成骨过程，一方面使骨组织释放的钙盐减少，另一方面使钙盐沉积加强，从而使血钙降低。在肾中 CT 的作用是抑制肾小管对钙的重吸收，促进钙从尿中排出，减少磷排泄，从而使血钙恢复正常。

3. 维生素 D_3 与钙、磷代谢

在维生素 D 族中，维生素 D_3 较为重要。各种来源的维生素 D_3 经肝和肾代谢后转变成具有较强活性的 1,25-$(OH)_2D_3$。足量的 1,25-$(OH)_2D_3$ 经血液运转到小肠黏膜细胞内，能加快钙离子在肠黏膜刷状缘的积聚，并与胞浆内的 1,25-$(OH)_2D_3$ 受体结合进入细胞核，促进 DNA 转录 mRNA，增加细胞内维生素 D 依赖性钙结合蛋白(主要是 CaBP-D28k)的合成，促进钙的吸收，加速细胞内钙的迁移，使肠组织内钙的分布更广泛均匀。研究表明，钙的吸收与钙结合蛋白(CaBP)的活性和十二指肠的活动呈正比，钙结合蛋白存在时消化道吸收钙量最多。

1,25-$(OH)_2D_3$ 的合成受多种因素影响和调控，主要通过 1α-羟化酶调节。1α-羟化酶的主要影响因素有 PTH、血液和细胞外液磷酸盐浓度、1,25-$(OH)_2D_3$ 浓度及血钙浓度等。其中，PTH 是 1α-羟化酶的主要调节者。PTH 能促进 1α-羟化酶合成，抑制 24α-羟化酶，从而使 25-$(OH)D_3$ 转变为 1,25-$(OH)_2D_3$ 增多，转变为 24,25-$(OH)_2D_3$ 减少。低血钙由于使 PTH 升高而刺激 1,25-$(OH)_2D_3$ 的生成。低血磷可直接刺激 1α-羟化酶活性，促进 1,25-$(OH)_2D_3$ 的合成作用。而维生素 D_3 不仅不受 1α-羟化酶作用，而且还抑制 1α-羟化酶。

4. 性激素与钙代谢

雌性激素通过促进 1,25-$(OH)_2D_3$ 的生成，促进钙的吸收和代谢，促进肾钙的重吸收，抑制溶骨作用，导致血钙和血磷的双升高，促进骨化和骨髓成熟。雄性激素促进骨基质合成和其中的骨盐沉淀，促进长骨的骨骺融合，因而雄性动物对食物中钙、磷的吸收多于雌性动物。

5. 其他因子

钙、磷代谢主要受激素的调节，同时局部因子也发挥着重要的调节作用，如类胰岛素生长因子-Ⅰ和类胰岛素生长因子-Ⅱ、转化生长因子-β、成纤维细胞生长因子和血小板源生长因子。此外，免疫和造血系统的细胞因子，如白介素、肿瘤坏死因子和克隆刺激因子，以及前列腺素等也对钙、磷代谢有重要的调节作用。这些因子可能是局部产生的，也可以随血液循环到全身各处。它们不仅作用于骨组织，也作用于非骨组织，直接或间接激活受体和结合蛋白。此后，这些因子可再刺激或抑制钙、磷的吸收代谢。

4.2.1.3 钙、磷代谢的基因调控

传统的营养学对于动物体内钙的代谢调节多是从营养生理角度考虑，采用适当提高日粮

中钙、磷含量，调整钙、磷比例和添加维生素 D 等方法，但动物还是经常会出现钙、磷缺乏症。人类临床医学中主要采用药物注射方式调节激素分泌进而完成对机体钙代谢的调控，这种方法尽管有效，但在实际应用中，不仅操作繁琐，而且治疗成本也较高。随着基因技术的不断发展，众多研究者开始将目光转向基因调控领域。从基因水平进行研究，可以更进一步揭示动物体内钙磷的代谢机制，从而从生理角度来满足动物的钙磷需要，尤其是可以将其制作成基因疫苗，开辟一条新的调控动物体钙、磷代谢的途径，预防动物因为发生钙磷的缺乏而造成生产上的损失。

1. PTH 基因与钙、磷代谢

目前已经报道了人、食蟹猴、牛、马、狗等多个物种的 PTH 序列。Stausberg 等(2002)成功克隆出人 PTH 基因，Estepa 等(2003)克隆出了犬 PTH 基因。关于 PTH 基因的研究，在动物应用上的研究还很少，在实验动物上的研究也多是为了治疗人类的某些疾病而开展的。近年来国内外利用生物工程技术，已经获得人 PTH 的多种表达方式。Thomas 等(1990)将人 PTH 的基因在大肠杆菌中进行表达，张伟辉等(2001)对人 PTH 基因体外真核表达进行了研究，同时开展用 PTH 基因来治疗骨质疏松症的研究工作。温济民等(2006)构建人 PTH 基因重组真核表达质粒，并证实其可以在人胚肾 293 细胞内获取表达。

在动物上，董美英等(2005)成功构建扬州鸡 PTH 基因真核表达质粒，并对其表达效果进行了研究，试验证实接种质粒后蛋鸡血清中 PTH 水平连续 6 周有升高趋势，同时血钙水平也有不同程度升高。章世元等(2008)分别经腿肌注射 0 μg、200 μg 和 400 μg 鸡甲状旁腺素基因质粒(pCEP4-PTH)，研究其对 56 周龄新扬州鸡产蛋量、蛋壳质量和钙磷代谢的影响，结果表明，pCEP4-PTH 基因质粒可在蛋鸡体内良好表达，并改善蛋鸡生产性能；200 μg 注射量可显著改善蛋壳强度；各组 PTH 水平均显著升高，注射 400 μg 时达到极显著水平，且注射 400 μg pCEP4-PTH 基因质粒具有促进内源降钙素(CT)和雌激素(E_2)分泌的作用，血钙、血磷及钙、磷代谢率均有升高。表明 pCEP4-PTH 质粒可改善蛋鸡生产性能和蛋壳质量，促进钙、磷代谢吸收，且不影响骨骼质量。

2. 降钙素(CT)基因与钙代谢

自 1962 年 Copp 首先发现并命名降钙素后，有关其结构、生物合成、生理作用和药理效应等方面的研究均有了很大的进展。Farley 等(1991)研究显示，降钙素可直接作用于人成骨细胞，刺激成骨细胞增殖和分化。Kobayashi 等(l994)研究显示，降钙素可以直接作用于小鼠成骨细胞，刺激小鼠成骨细胞类胰岛素生长因子-Ⅰ(IGF-Ⅰ)、fos 肿瘤基因(c-fos)、Ⅰ型胶原和骨钙素 mRNA 表达，刺激小鼠成骨细胞增殖和分化。杜清友等(1997)构建鲑鱼 CT 基因 DNA 质粒并在大肠杆菌中得到高效表达。郑莉等(1998)对人 CT 基因在大肠杆菌中的克隆与表达进行了研究。杨恺等(2006)报道人降钙素基因可以在 L-6 成肌细胞中获得良好表达。周一江等(2007)研究表明，人、鲑降钙素嵌合基因可以在大肠杆菌中串联表达。卜祥斌(2003)构建鸡 CT 基因重组质粒 pCEP4-CT 和 pcDNA3-CT 并将其在蛋鸡体内成功表达，质粒接种 6 周内蛋鸡血清中 CT 水平均有不同程度升高，血钙水平也呈现了下降趋势。全丽萍(2010)研究了 pCEP4-CT 对老龄蛋鸡(70 周龄新扬州鸡)钙代谢的调控效应，表明经腿肌注射 200 μg pCEP4-CT 真核表达质粒可促进老龄蛋鸡对钙的利用，利于骨钙沉积。同等日粮钙水平条件下，pCEP4-CT 质粒可显著提高老龄蛋鸡血清甲状旁腺激素，降低血钙、骨钙素和碱性磷酸酶含量；饲喂低钙(2.5%)日粮时，注射 pCEP4-CT 质粒可显著改善老龄蛋鸡对钙的利用率，促进蛋壳形成，并降低骨质疏松症发病风险。

3. CaBP-D28k基因与钙、磷代谢

钙结合蛋白(CaBP)包括CaBP-D28k、CaBP-D9k、钙调蛋白、肌钙蛋白C、S-100蛋白等200多种蛋白，其中CaBP-D28k和CaBP-D9k受1,25-$(OH)_2D_3$水平的调节，故又称维生素D依赖性钙结合蛋白(CaBP-Ds)，其在体内的含量与肠钙吸收的量呈正相关。其中CaBP-D28k最为重要，相关研究也较深入。研究表明，CaBP-D28k在整个小肠钙吸收过程中起着重要的作用，主要集中于肠上皮杯状细胞和小肠刷状缘区的吸收细胞上，与肠钙吸收量密切相关。在肾脏中，CaBP-D28k可促进肾小管钙的重吸收。在禽类蛋壳形成期CaBP-D28k还参与钙的分泌过程。

(1) CaBP-D28k的特性及结构　CaBP-D28k是存在于真核细胞浆的一种可溶性酸性蛋白质，等电点在4左右，属于CaBP家族。CaBP-D28k具有EF手臂，呈螺旋环状结构，可与Ca^{2+}相结合，直接调节Ca^{2+}转运，介导调节Ca^{2+}参与的多种生理功能，但其与钙的亲和力或稳定性受pH影响。Hunziker(1986)从鸡肠道cDNA文库中分离到CaBP-D28k cDNA克隆，序列分析显示一个786核苷酸的开放阅读框，编码262个氨基酸、相对分子质量约为30 167的蛋白质。在鸡的肠道中探测到3种大小不同的CaBP-D28k mRNA(2.0 kb、2.8 kb、3.1 kb)，引物延伸和S1核酶图谱表明，3种CaBP-D28k mRNA有共同的5′末端，但在3′端的非编码序列长度不同。李燕舞(2004)成功克隆新扬州鸡小肠部CaBP-D28k cDNA片段，且证实编码区760位处存在一个G→T的有意义突变。

(2) CaBP-D28k的分布及作用　肠道中钙的吸收包括主动转运和被动扩散两种，其所占比例取决于钙摄入量，摄入量多时主动转运过程达到饱和，以被动扩散为主；摄入量少时则以主动转运为主。钙的主动转运需要维生素D、CaBP-Ds(在禽类就是CaBP-D28k)的协助。因此，CaBP-D28k水平与蛋鸡肠钙吸收量呈正相关。Hall等(1990)在鸡肾脏中检测到CaBP-D28k的表达，并证实肾脏中CaBP-D28k基因的作用方式与其在肠道中类似，直接参与钙的重吸收。近年来研究表明CaBP-D28k在雌性动物生殖过程中具有重要作用，其在蛋禽子宫及输卵管中的表达量与Ca^{2+}转运量，即蛋壳沉积量密切相关。此外，在骨骼、神经系统、雄性禽类睾丸部等多个部均检测到CaBP-D28k的分布，其重要性也与这些部位的Ca^{2+}转运有关。

(3) CaBP-D28k基因对钙、磷代谢的调控　国内外关于CaBP-D28k表达或质粒构建的相关研究较多。Inpanbutrn等(1992)研究表明CaBP-D28k可以在生长发育鸡睾丸中表达；李燕舞(2004)完成了对CaBP-D28k cDNA的克隆及序列分析；章世元(2005)通过对CaBP-D28k基因表达质粒的构建及其表达效果的研究，证明CaBP-D28k基因DNA质粒可以在鸡肌肉中获得良好表达，增强鸡肠道对钙的吸收能力，显著提高血钙水平；俞路(2009)的研究表明，pCEP4-CaBP-D28k真核表达载体可促进老龄蛋鸡(70周龄)对钙的吸收代谢，利于骨钙沉积，对蛋壳质量和超微结构也有明显的改善作用，饲喂低钙(2.5%)日粮时，注射pCEP4-CaBP-D28k质粒可显著改善老龄蛋鸡对钙的吸收利用率。

4. 维生素D受体(1,25-$(OH)_2D_3$受体)基因与钙、磷代谢

现在普遍认为，1,25-$(OH)_2D_3$是维生素D的激素形式，一系列试验揭示维生素D促进钙吸收是通过小肠黏膜上皮细胞浆中的有关受体介导来实现的。肠黏膜细胞内丰富的1,25-$(OH)_2D_3$受体调节着许多基因表达，如钙结合蛋白CaBP-D28k、CaBP-D9k和血浆钙泵膜，从而在小肠钙吸收、骨矿物吸收和肾重吸收上充当重要的角色。1,25-$(OH)_2D_3$经血液循环到

小肠黏膜上皮细胞后，跨细胞膜扩散至胞浆与其受体结合，再转运到细胞核内激发 DNA 的转录过程。生成的 mRNA 由胞核转移至胞浆，在核糖体上进行翻译过程，使小肠黏膜细胞合成新的并且对钙有高度亲和性的 CaBP-D28k，参与钙的运载而促进钙的吸收。肠黏膜细胞刷状缘附近的钙结合蛋白在 Ca-ATP 酶参与下与来自肠腔的钙离子结合，再转移到肠黏膜细胞基膜侧，在碱性磷酸酶参与下把钙离子泵出肠黏膜细胞进入血液中，从而完成肠道对钙的吸收过程。

Ferrari 等(1992)将各鸡胚肠细胞放在化学合成的无血清培养基中生长，大多数培养细胞出现类上皮形态学特征。间接免疫荧光表明未污染有成纤维细胞的上皮细胞，只在加入维生素 D 的激素活性形式 1,25-$(OH)_2D_3$ 后才表达 CaBP-D28k。高度灵敏的 RT-PCR 显示，在培养基中加入 1,25-$(OH)_2D_3$ 后培养的肠细胞中，CaBP-D28k mRNA 及相应的原始的未经加工的转录因子(pre-mRNA)显著增加，说明提高相应基因的转录速度，能诱导合成 CaBP-D28k。Clemens 等(1988)研究了鸡体内 1,25-$(OH)_2D_3$ 对 CaBP-D28k 的组织特异性调节。用鸡 CaBP-D28k mRNA 合成的寡核苷酸互补片段作杂交探针，进行多聚腺嘌呤核苷酸印迹杂交技术(poly(A)+RNA Northern)分析。在维生素 D 缺乏的鸡体内，肠道几乎不能检测到 CaBP-D28k mRNA，肾内可以清楚地检测到，以小脑内含量最高。静脉注射 500 ng 1,25-$(OH)_2D_3$ 后，肠道 CaBP-D28k mRNA 水平增加 50 倍，肾 CaBP-D28k mRNA 含量增加 4 倍。注射后 2 h CaBP-D28k mRNA 显著增加，12 h 达到最高。

血液循环中钙浓度作用于 PTH、CT 的释放，指导肾中 1α-羟化酶的活性，从而调节 1,25-$(OH)_2D_3$ 的合成。Hall 等(1990)设计试验证明，日粮钙水平对维生素 D 缺乏鸡肠道 CaBP-D28k 的表达可能有作用。用 ELISA 分析和斑点杂交分析，检测 1,25-$(OH)_2D_3$ 和日粮钙吸收对肠道 CaBP-D28k、CaBP-D28k mRNA 的作用。维生素 D 缺乏小鸡分别饲喂高钙日粮(含钙量 3%)和低钙日粮(含钙量 0.4%)，其血清钙水平发生很大的变化，然而 CaBP-D28k、CaBP-D28k mRNA 水平未受影响。给"血钙正常"和"高血钙"维生素 D 缺乏鸡服用 1,25-$(OH)_2D_3$ 1～16 nmol/只，使十二指肠内 CaBP-D28k、CaBP-D28k mRNA 的积累受到相同的刺激。在 2 个日粮组都单个注射 6～8 nmol 1,25-$(OH)_2D_3$ 48 h 后检测到，肠道 CaBP-D28k 被刺激 20～28 倍(高于对照组)。因此，尽管血清钙水平存在很大差异，但在维生素 D 缺乏的动物体内，1,25-$(OH)_2D_3$ 的分子作用与血清钙水平关系不大。这就说明，在维生素 D 缺乏情况下，单有血清钙离子不能调节体内 CaBP-D28k 基因的表达。日粮钙和磷水平会影响鸡肠道 CaBP-D28k 水平稳定状态的改变。在维生素 D 充足的鸡体内，通过观察 CaBP-D28k mRNA 的变化，评估日粮钙和磷水平影响肠道对服用 1,25-$(OH)_2D_3$ 的反应，发现保持正常钙、磷水平和维生素 D 充足的鸡，服用 1,25-$(OH)_2D_3$ 后导致 CaBP-D28k mRNA 水平增加 2 倍。已有试验显示，这种情况下受体含量提高 6 倍，很明显与 CaBP-D28k 基因的调节活动紧密相关。给饲喂低钙、高钙、低磷和维生素 D 充足日粮的鸡服用 1,25-$(OH)_2D_3$，肠道 CaBP-D28k mRNA 水平都只产生相似的微小的变化。

PTH 促进骨生长的作用至少部分与 IGF-Ⅰ的合成增加有关，IGF-Ⅰ合成的增加又取决于 cAMP 的增加。据推测 CT 还能通过使腺苷一磷酸(AMP)环化来介导抑制前体细胞分化和增殖，抑制大单核细胞转变为破骨细胞，从而减少骨吸收。试验研究证明：1,25-$(OH)_2D_3$ 能直接抑制骨胶原的合成，加速 IGF-Ⅰ与成骨细胞内受体的结合，并能促进 IGF 结合蛋白的合成。糖皮质激素使合成骨基质的成骨细胞严重缺乏，抑制骨细胞合成 IGF-Ⅰ，这也部分解释了为什么糖皮质激素对骨形成有抑制作用，易于诱发骨质疏松。

4.2.2 VDR 基因多态性对钙、磷代谢的影响

维生素 D 受体（vitamin D receptor，VDR）为亲核蛋白，是一种配体依赖性转录调节蛋白，属于类固醇激素/甲状腺受体超家族的成员，是介导 1,25-$(OH)_2D_3$ 发挥生物效应的核内生物大分子，可调控靶基因上游启动子区域特定 DNA 序列的转录，促进细胞外 Ca^{2+} 流入胞内，在维持机体钙、磷代谢，调节脂肪细胞增殖、分化等方面起重要作用。VDR 可介导 1,25-$(OH)_2D_3$，尚能导致小肠黏膜钙依赖性 ATP 酶和碱性磷酸酶浓度增加，亦有助于肠道钙的吸收。1,25-$(OH)_2D_3$ 分子在靶细胞与 VDR 结合形成激素-受体复合物，该复合物作用于靶基因上的特定 DNA 序列，从而对结构基因的表达产生调节作用。VDR 基因与肠道钙吸收、骨质代谢相关，被认为是研究骨和钙代谢疾病的候选基因。VDR 基因存在多个多态性位点，其基因多态性影响机体对钙的吸收、排泄和利用，从而使个体的钙营养情况呈现出多态性。

4.2.2.1 VDR 的结构与功能

1. VDR 的结构

1987 年鸡 VDR cDNA 首先被克隆成功。随后不同学者又分别从人小肠 T47D 细胞 cDNA 文库和大鼠 λgtll 表达文库中相继克隆出人和大鼠的 VDR cDNA。人、大鼠和鸡的 VDR 分别由 427 个、423 个和 448 个氨基酸组成，相对分子质量 48 000（人）～60 000（鸡）。MacDonald 等（1995）研究人 VDR 调控骨钙素基因表达时发现，DNA 结合功能域位于 N 端 1～114 位氨基酸残基，转录活化域位于 1～190 位氨基酸残基，维生素 D 结合域位于 115～427 位氨基酸残基。N 端 1～104 或 C 端 282～427/373～427 氨基酸片段缺失均对骨钙素基因转录起抑制作用。与哺乳动物不同，鸡 VDR 以两种形式等量存在，即 VDR、VDRB。以往认为 58 000 的 VDRB 是 VDR 蛋白水解后产物，但现已证实两者均由同一 mRNA 翻译产生，只是翻译的起始位点不同，且两者具有相同的 DNA 结合能力。尽管不同种属的 VDR 分子质量存在较大差异，但它们的结构及氨基酸组成极其相似。从氨基端到羧基端一般依次可分为 A、B、C、D、E、F 6 个功能区，每个功能区分工不同但相互协作（图 4.1）。

氨基端 +— — A/B — — — + — C — — — + D — + — — — E — — — +F— 羧基端

转录调节区　DNA结合区　铰链区　配体结合区

图 4.1　维生素 D 受体（VDR）结构示意图

（1）A/B 区　A/B 区为 N 端短区，是不依赖于配体而有组织、细胞特异性的转录激活自主调节功能区（activation function-1，AF-1）。人的 VDR A/B 区约由 24 个氨基酸残基组成，含有 A/B 区而缺乏羧基端 AF-2 区的 VDR 仅有野生型 VDR 转录活性的 1%～5%，提示 A/B 区是一个很弱的自主调节功能区。

（2）C 区　C 区为 DNA 结合区（DBD），主要参与 DNA 序列识别，也部分参与二聚体界面的形成。该区域高度一致，人、大鼠与鸡之间 VDR DBD 的同源性为 98.5%。DBD 由 8 个相同的半胱氨酸组成两个锌指结构，每个锌指结构形成一个 α 螺旋，两个 α 螺旋相互垂直构成 DBD 的核心。当识别螺旋与 DNA 大沟接触时识别特定的 DNA 序列。一般认为前 66 个氨基酸为 DBD 的核心。

（3）E 区　该区相对较大，功能也较多，参与：①配体结合，因而被称为配体结合功能区

(LBD);②与视黄酸X受体(retinoid X receptor,RXR)形成二聚体;③形成配体依赖的转录激活/抑制功能区AF-2,并与AF-1协同作用。

野生型VDR与配体1,25-$(OH)_2D_3$具有极高的亲和力。早期研究表明,去掉VDR氨基末端的116个氨基酸并不影响它与配体的结合,如果去掉160个氨基酸则失去与配体的亲和力。相反,从羧基末端去掉20个氨基酸就会导致与配体的亲和力急剧下降。因此,估计VDR LBD约由300个氨基酸残基构成。

RXR能与多种核受体形成异二聚体并参与核受体的信息传导路径,是核受体的公用辅助蛋白。VDR上244~263位之间的氨基酸残基以及位于LBD区的第四(Leu325~Leu322)和第九(Lys382~Arg402)氨基酸重复顺序是形成二聚体的关键。

VDR-RXR二聚体的形成能极大地增强受体与靶基因上维生素D应答元件(VDRE)的结合力,因而E区对DNA识别也有协同作用。VDRE是靶基因上的特异性核苷酸序列。一般存在于靶基因的启动子区域调控顺序部分。典型的VDRE是由两个6 bp的保守序列(GGGTGA)相互隔3个核苷酸形成的直接重复序列。VDR与VDRE相互作用以实现VDR介导的转录激活,1,25-二羟胆钙化醇(1,25-dihydroxycholecalciferal,DHCC)通过VDR与VDRE结合完成转录调节。

LBD的羧基末端还有一个配体依赖的亚区,称AF-2。与位于A/B区的AF-1不同,AF-2在激素受体超基因家族各个成员之间有较高的同源性。人VDR LBD 403~427位之间的氨基酸参与了转录激活,而AF-2为VDR与协同激活/抑制因子的相互作用提供界面,AF-2上的这些氨基酸就作为这些因子的结合点。

(4) D区和F区　这两个区域的功能不详。D区可能是一个铰链区,并可能与核受体定位有关。

2. VDR的配体

1,25-$(OH)_2D_3$是VDR主要的配体。1,25-$(OH)_2D_3$又称作活性维生素D,是体内最重要的维生素D活性代谢产物。由于1,25-$(OH)_2D_3$的作用机制及其生成时的严密负反馈调节,符合类固醇激素的固有特点,因此学者们公认1,25-$(OH)_2D_3$不仅是一个脂溶性维生素,更是一个激素。1,25-$(OH)_2D_3$与其他激素如甲状旁腺激素一起,是主要的Ca^{2+}动员激素,主要用来维持体内钙和磷的动态平衡,调节骨骼代谢。小肠上皮细胞、甲状腺细胞、肾细胞和骨细胞是其经典的靶细胞。1,25-$(OH)_2D_3$通过位于细胞核的VDR发挥生理作用。

维生素D_3是脂溶性维生素,属于类固醇化合物,可以从食物中摄取,也可由皮肤中的7-脱氢胆固醇经中波紫外线(UVB,波长290~320 nm)照射异构而成,无生物活性。从皮肤和肠道吸收的维生素D_3经过肝脏和肾脏两次羟化后形成其活性形式——1,25-$(OH)_2D_3$。维生素D_3被血浆中的维生素D结合蛋白运送至肝脏,首先经肝细胞线粒体内的25-羟化酶羟化形成25-$(OH)D_3$,其可与α-球蛋白结合,是维生素D_3在血液循环中的主要形式。但25-$(OH)D_3$仍无生物活性,待其转运到肾脏后,被近端肾小管上皮细胞线粒体25-$(OH)D_3$-1α-羟化酶(即细胞色素P450)羟化,形成1,25-$(OH)_2D_3$,才具有生物活性。肾脏外其他部位的组织细胞内也具有25-$(OH)D_3$-1α-羟化酶,可以合成1,25-$(OH)_2D_3$,并通过自分泌或旁分泌发生作用,但这种合成量较肝-肾经典途径的合成量明显要少。

除1,25-$(OH)_2D_3$外,维生素D类似物以及次级胆汁酸LCA和其部分代谢产物也是VDR的配体,能与VDR结合而调控下游靶基因。

3. VDR 的生物学作用

VDR 在体内的生物学作用主要是介导维生素 D 的细胞作用，对钙、磷的吸收进行调节，对 DNA 的合成也有促进作用。1,25-$(OH)_2D_3$ 进入靶细胞后，穿过胞浆进入核内，与核内受体 VDR 结合，VDR 作用于靶基因，对靶基因的转录和翻译进行调控，从而激活了靶基因，导致细胞内一系列代谢转变而产生生物学效应，进而实现其生物学功能。位于肠道的 VDR 可增加小肠对钙、磷的吸收。位于肾脏的 VDR 可增加肾脏近端小管对钙、磷的重吸收。位于骨组织上的 VDR 的作用则是双向的，位于成骨细胞上的 VDR 可促进骨桥蛋白、骨钙蛋白的合成，参与骨的形成和矿化，而位于破骨细胞上的 VDR 可抑制其增殖并促进破骨细胞的分化，促进骨钙、磷的释放。

近年来随着研究的不断深入，对 VDR 的功能又有了新的认识，如 VDR 可介导 1,25-$(OH)_2D_3$，促进胚胎肌肉发育和成熟，在未分化的成肌细胞中，1,25-$(OH)_2D_3$ 可刺激 DNA 的合成，并降低肌酸激酶的活性，促进细胞的分化并抑制肌细胞生成。当成肌细胞分化形成肌管后，1,25-$(OH)_2D_3$ 则阻止 DNA 的合成并增加肌酸激酶的活性和肌球蛋白的表达，进而促进肌细胞的生成。

4. VDR 的组织分布和定位

VDR 广泛分布于体内各组织细胞中。除了传统的维生素 D 靶器官如肠道、肾脏、骨骼外，VDR 还存在于血液淋巴系统（如 T 淋巴细胞、B 淋巴细胞、单核细胞和巨噬细胞等）、尿生殖系统（如乳腺、前列腺、子宫、卵巢等）以及神经系统、甲状旁腺等。另外，在一些肿瘤组织中也发现有 VDR 存在，如乳腺瘤、白血病细胞等。Armbreht 等（2001）、Andress 等（2006）、Wittke 等（2007）等报道 VDR 存在于人体许多组织与器官，例如肠、骨、肾脏、心、脑、皮肤等。

4.2.2.2 维生素 D 受体基因多态性

机体内活性维生素 D_3（1,25-$(OH)_2D_3$）与维生素 D 受体（VDR）结合，可调节维生素 D 靶基因的转录水平，从而影响肠、骨和肾中钙的转运。由于 VDR 基因存在多个多态位点，形成了不同的等位基因，而不同基因型的 VDR 与 1,25-$(OH)_2D_3$ 的结合能力又有差异，所以 VDR 基因多态性就会影响到机体对钙的代谢。

1. VDR 基因的结构

人 VDR 基因位于 12 号染色体长臂 1 区 3 带 12q13，基因全长 45 kb，由 9 个外显子和8 个内含子组成，5′端非编码区包括 1A、1B、1C 外显子，2～9 号外显子编码基因的蛋白产物。当前，VDR 基因多态性的研究主要集中于第 8 内含子、第 9 外显子和转录起始位点，目前报道的 VDR 基因多态性与 4 个 SNPs 位点有关，其多态性位点以相应的 *Fok* Ⅰ、*Bsm* Ⅰ、*Apa* Ⅰ、*Taq* Ⅰ限制酶命名，分别为第 2 外显子的 *Fok* Ⅰ位点（等位基因 F、f）、第 8 内含子的 *Bsm* Ⅰ位点（等位基因 B、b）和 *Apa* Ⅰ位点（等位基因 A、a）及第 9 外显子的 *Taq* Ⅰ位点（等位基因 T、t），大写字母代表无酶切位点，小写字母代表有酶切位点。目前，检测 VDR 基因多态性常用的方法有限制性片段长度多态性聚合酶链反应（PCR-RFLP）、PCR-SSCP 及直接测序分型（SBT）等方法。

2. VDR 基因多态位点

应用 PCR-RFLP 分析发现，VDR 基因具有明显的多态性。到目前为止，至少已有 25 个 VDR 多态性位点被发现，而研究较多的主要是以下一些多态位点。

(1) *Fok* Ⅰ多态位点　该位点位于 VDR 基因翻译起始区，外显子 2 处。在外显子 2 中有两个转录起始位点，具体说是存在两个被6个核苷酸隔开的起始密码子ATG。在第1个转录起始位点中(116位碱基)存在T→C突变，导致编码氨基酸密码子发生ATG→ACG突变。正常人VDR基因编码427个氨基酸，而*Fok*Ⅰ变异则使VDR翻译从第2个密码子开始，结果翻译出的蛋白质少3个氨基酸，为424个氨基酸。Uitterlinden(2004)认为这是目前已知的唯一的VDR基因突变形成的蛋白质改变。利用*Fok*Ⅰ限制性内切酶可识别该位点。携带有C等位基因的单倍体不具有酶切位点，被标记为F基因型，而携带T等位基因的单倍体能被限制性内切酶*Fok*Ⅰ识别，被标记为f基因型。通过*Fok*Ⅰ酶切后，可产生FF、Ff、ff 3种基因型。

(2) *Bsm*Ⅰ、*Apa*Ⅰ和*Tru9*Ⅰ多态位点　这3个位点都位于第8和第9外显子之间的第8内含子内。其中*Bsm*Ⅰ位点为A→G突变，*Apa*Ⅰ位点为G→T突变，*Tru9*Ⅰ则是在距外显子8的443 bp处由A突变为G。根据3个多态位点特定的限制性内切酶酶切位点存在与否，标记为不同的基因型。含有*Bsm*Ⅰ、*Apa*Ⅰ、*Tru9*Ⅰ酶切位点者分别为b、a、tr型，而不含相应酶切位点的则分别为B、A、Tr型。

(3) *Taq*Ⅰ多态位点　此位点位于第9外显子中的第352密码子上，为T→C突变，该位点变异使密码子ATT→ATC，但是这两个密码子均对应异亮氨酸，所以该突变为同义突变，不会引起表达的氨基酸改变。利用*Taq*Ⅰ限制性内切酶可识别该位点。不能被限制性内切酶*Taq*Ⅰ识别者，被标记为T基因型；能被限制性内切酶*Taq*Ⅰ识别者，被标记为t基因型。

(4) Cdx-2多态位点　此位点位于VDR基因启动子区，在VDR基因启动子5′末端，第一外显子上游，序列为5′-ATAAAAACTTAT-3′，其多态性是A→G的单碱基改变所产生。Cdx-2是肠相关的同源结构域蛋白，Yamamoto等(1999)研究发现Cdx-2作为VDR基因表达的主要元件，它在肠细胞VDR基因启动子的结合位点是决定VDR基因表达的关键。周波等(2005)在检测老年人VDR基因启动子中Cdx-2结合位点多态性分布的研究中，将PCR扩增后的DNA片段用*Hae*Ⅲ内切酶分为3种基因型：有297 bp、234 bp的为AA，有297 bp、234 bp、110 bp的为AG，有297 bp、110 bp的为GG。

(5) 多聚腺苷酸(polyA)多态性　VDR 3′非翻译区还存在一个可变数目串联重复序列(variable number of tandem repeats，VNTR)微卫星多态性，其长度变化为13～24个多聚腺苷酸，所以此多态位点一共可以产生12个等位基因。其中携带有13～17个腺苷酸重复序列的个体被标记为短型等位基因(S)，而携带有18～24个腺苷酸的个体被标记为长型等位基因(L)。

3. 多态位点对VDR基因表达的影响

不同区域的多态性位点对VDR基因表达产生的影响不同。Uitterlinden等(2002)研究认为，5′端启动子区内的多态性位点会影响mRNA表达模式和表达水平，而3′端非翻译区的多态位点则影响mRNA的稳定性和蛋白质的翻译效率，并且这种影响与其所在细胞的类型、分化阶段和活性状态有关。

*Fok*Ⅰ多态性位点位于转录起始部位，其多态性可导致氨基酸序列长度发生改变。Ff基因型能表达全长VDR蛋白，FF基因型表达的VDR蛋白则较短。所以*Fok*Ⅰ变异一直被认为是一个具有功能性的候选基因。而对于*Bsm*Ⅰ、*Apa*Ⅰ和*Taq*Ⅰ位点多态性，多数研究认为它们本身并不具有功能性。因为*Bsm*Ⅰ和*Apa*Ⅰ酶切位点位于第8内含了上，这种变异既不在内含子、外显子交界处附近，又没产生拼接错误，其多态性不影响VDR的氨基酸序列。*Taq*Ⅰ酶切位点虽然在编码区上，但其多态性是由同义突变造成，也不会使VDR的氨基酸序列改

变。而 *Bsm* Ⅰ、*Apa* Ⅰ和 *Taq* Ⅰ多态性所具有的功能作用可能与 3′非翻译区具有的功能作用有关。因为 *Bsm* Ⅰ、*Apa* Ⅰ和 *Taq* Ⅰ多态性与 3′非翻译区多聚腺苷酸多态性之间存在着连锁不平衡，而 3′非翻译区控制着 mRNA 的稳定性，能够改变 VDR mRNA 的表达水平，所以其连锁的 *Bsm* Ⅰ、*Apa* Ⅰ和 *Taq* Ⅰ多态性编码不同数量和活力的 VDR 蛋白质，从而影响 VDR 发挥效应。但也可能是这些多态位点与 VDR 基因附近其他一些具有功能性作用的基因存在连锁不平衡，从而改变了 VDR 功能。

4.2.2.3 维生素 D 受体基因多态性对钙、磷代谢的影响

1992 年 Morrison 等首次提出 VDR 多态性与血钙素有关。1994 年，Morrison 等提出 VDR 等位基因可能影响 VDR mRNA 的表达与稳定，造成其受体蛋白在数量或功能上的差异，影响维生素 D 对钙、磷代谢的调节作用，导致肠道中钙、磷吸收率及钙、磷在骨骼中的沉积发生改变，从而影响骨密度(bone mineral density，BMD)。而骨密度作为机体钙长期利用的标志物，可反映机体对钙的利用状况，因此人们不仅就钙代谢与 VDR 基因多态性的关系进行研究，也对骨密度与 VDR 基因多态性的关系进行了广泛研究。由于 VDR 基因多态性与 1，25-$(OH)_2D_3$ 和钙代谢相关，并与人骨骼生理参数正常变异有关，所以它被认为是调控骨和钙代谢平衡的候选基因之一。

目前研究发现与骨和钙代谢有关的 VDR 基因多态性位点有 *Fok* Ⅰ、*Bsm* Ⅰ、*Apa* Ⅰ和 *Taq* Ⅰ等酶切位点，而研究最多的主要是 *Fok* Ⅰ和 *Bsm* Ⅰ多态位点。

1. *Fok* Ⅰ酶切多态性对钙代谢的影响

Fok Ⅰ变异可产生不同长度的 VDR 蛋白质，因此 VDR *Fok* Ⅰ多态性位点一直被认为是一个功能性多态位点，是近年来研究的热点。从一些学者已经发表的文章来看，VDR 基因 *Fok* Ⅰ酶切多态性与膳食钙的吸收可能存在关联。位于 VDR 转录起始位点的 *Fok* Ⅰ酶切多态性与钙吸收有显著的相关性。

Cross 等(1998)研究发现由于 F 型 VDR 基因 5′端的 ATG 突变为 ACG，当 f 型 VDR 基因从第一位起始密码子 ATG 开始转录时，F 型 VDR 基因却从下游 6 个核苷酸后存在的 ATG 起始密码子开始转录，因此，F 位点的 VDR 蛋白质较 f 点短 3 个氨基酸长度。而 Arai 等(1997)研究发现在转染细胞中，短的 VDR 蛋白质与配体亲和力更高，从而增加肠道对钙的吸收而增加 BMD。Ames 等(1999)报道了对 72 名年龄在 7～12 岁健康青少年的研究结果，他们发现 FF 基因型者比 ff 基因型者膳食钙平均吸收率高 41.5%，比 Ff 基因型者高 17%，由此得出，FF 型个体比 Ff 和 ff 型个体有更高的钙吸收值及 BMD。Abrams 等(2005)报道的另一项青少年研究给予了佐证，VDR 基因 *Fok* Ⅰ酶切多态性可能直接通过影响膳食钙的吸收而影响骨骼骨量的增长。

关于补钙因素介导 VDR 基因型对 BMD 的影响，Ferrari 等(1998)研究了 177 例 18.7～56 岁健康绝经期前女性及 155 例 6.6～11.4 岁青春期前女孩，检测 *Fok* Ⅰ、*Bsm* Ⅰ、*Apa* Ⅰ多态性位点，发现在全体女性中 *Fok* Ⅰ位点基因多态性与 BMD 无显著相关，但 *Fok* Ⅰ位点基因型与 BMD 的相关趋势在高钙补充组较低钙补充组更明显。黄振武等(2006)在分析受试者 VDR 基因 *Fok* Ⅰ酶切多态性分布的基础上，发现 VDR 基因 *Fok* Ⅰ酶切不同型青年女性膳食钙的吸收率不同，呈现 ff ＜ Ff ＜ FF。经统计学分析，仅 FF 型别与 Ff 型别间差异有统计学意义，可能与观察的 ff 型别人数偏少有关。此研究结果显示青年女性群体人类 VDR 基因 *Fok* Ⅰ酶切多态性与机体膳食钙的吸收存在一定的关联。

从这些学者已经发表的文章来看，VDR 基因 *Fok* Ⅰ 酶切多态性与膳食钙的吸收可能存在关联。FF 纯合子基因型钙的吸收比 Ff 杂合子基因型高，而 Ff 杂合子基因型又高于 ff 纯合子基因型。而对于钙的排泄，王少刚等(2003)对 VDR 等位基因多态性与特发性高钙尿症的关系进行了分析，结果表明，无论是特发性高钙尿症组，还是健康组，启动子 *Fok* Ⅰ 等位基因各基因型频率均存在显著性差异，不同的 VDR 基因型所对应的 24 h 尿钙含量有相同的趋势，即基因型为 ff 型者 24 h 尿钙含量显著高于同组的 FF 和 Ff 基因型，表明 ff 基因型与尿钙排泄有明显的相关性。

2. *Bsm* Ⅰ 酶切多态性对钙代谢的影响

VDR 基因 *Bsm* Ⅰ 多态位点由于碱基突变，形成 3 种基因型，即 bb 基因型、BB 基因型和 Bb 基因型。通过研究证实这 3 种基因型可以影响钙的代谢。

Dawson-Hughes 等(1995)在测量了 60 名妇女(26 BB,34 bb)2 周的高钙摄入(1 500 mg/d)和 2 周的低钙摄入(<300 mg/d)后的钙吸收值以后得出，BB 型妇女在低钙摄入时降低了钙吸收效率，这与小肠 VDR 的功能性缺陷有关，而高钙摄入则会掩盖遗传因素的影响。当钙摄入量在 300 mg/d(低)至 1 500 mg/d(高)之间变化时，bb 基因型个体始终比 BB 基因型个体的钙吸收率高。因此认为 bb 基因型是钙吸收率高基因型，而 BB 基因型是钙吸收率低基因型，这种基因型不能适应低钙膳食摄入的情况。

Ferrari 等(1998)在研究补钙饮食及年龄是否能解释 VDR 与 BMD 关联性的矛盾结论时，检测了 369 例 7～56 岁健康白种女性，在青春期前及青春期女孩中，腰椎 BMD 与 VDR 基因型相关，而成年女性中，各 VDR 基因型间 BMD 差异不明显。另外 101 例青春期前女孩中，补钙显著增加大多数骨的 BMD 值(腰椎除外)。补钙效果在 Bb 型组明显，在 bb 型女孩不明显。BB 型女孩中，补钙效果有正性但非显著性趋势。BMD 只在青春期前女孩中显著与 VDR 相关，BB 型女孩较其他 BMD 显著低。补钙后 BMD 在 Bb 型增加，在 BB 型组可能增加，而 bb 个体不受补钙影响。黄振武等(2006)在分析受试者 VDR 基因 *Bsm* Ⅰ 酶切多态性分布的基础上，发现 VDR 基因 *Bsm* Ⅰ 酶切 Bb 型育龄妇女膳食钙的吸收率低于 bb 型妇女，差异有统计学意义，进一步验证了人类 VDR 基因 *Bsm* Ⅰ 酶切多态性与机体膳食钙的吸收可能存在一定的关联。

VDR 基因 *Bsm* Ⅰ 多态位点形成的 3 种不同基因型在不同国家甚至同一国家的不同种族之间的基因频率分布是不同的。例如日本人群中 bb 基因型约占 75%，而 BB 基因型所占比例较低；白人中 bb 基因型约占 33%，而 Bb 基因型约占 50%。VDR 3 种基因型在不同种族人群中的不同分布可说明不同种族人群钙吸收不同的原因；同时即使在同一个种族，VDR 3 种基因型在人群中也有不同的分布，这可说明个体之间钙吸收存在差异的原因。目前钙的推荐供给量(RDA)为 800～1 200 mg/d，当 RDA 为 800 mg/d 时，BB 基因型人群将有相当部分的个体不能摄入足够的钙并将出现钙缺乏现象，因此针对 BB 基因型人群，钙的供给量要适当高一些。

4.2.2.4 维生素 D 受体基因研究在动物上的应用价值

维生素 D 与体内钙、磷代谢有紧密的联系，从而直接影响机体骨生长情况。在人类医学上，随着人类基因组计划、人类疾病基因组学的深入研究和发展，和维生素 D 相关的经典骨代谢疾病如骨质疏松症、骨关节炎、佝偻病等，无论从其发现、预防等方面，还是在控制、治疗方面都发生了深刻的变化。但在动物疾病和营养方面，人们的关注还是很少的。当动物发生某些骨异常性疾病时，人们往往认为是钙、维生素D等物质的绝对摄入量过少所致。然而在正常营养标准的水平下饲喂，动物完全能够得到所需量的钙与维生素D，仍有不少动物会表现出骨异常。这说明摄入的钙、维生素D没有得到充分合理的利用。

随着一些动物VDR cDNA的成功克隆以及分子生物学技术的应用，人们对VDR的分子结构已较清楚，并对结构与功能的关系、VDR介导的转录激活及机制、VDR的磷酸化与转录活性及VDR异常等方面有了较深入的认识。现在不少研究证明，钙、维生素D被机体吸收利用的关键在于VDR基因。VDR基因不同位点的突变会导致VDR的异常表达或不表达。迄今已发现多种不同的点突变，如编码锌指的第2、3外显子和编码配体结合区的外显子突变，改变了VDR与配体或DNA结合能力而产生靶细胞组织维生素D的抵抗。

从动物营养角度来讲，阐明VDR的特性及其与钙代谢的关系，找出影响VDR与钙代谢过程的因素，便于人为地增强或减弱VDR发挥作用。另外，对VDR进行深入广泛的研究对应用维生素D及其类似物治疗免疫机能障碍、内分泌失调、繁殖系统紊乱等疾病也有很好的实用价值。

4.3 基因多态性对微量元素代谢的影响

4.3.1 基因多态性对铁代谢的影响

铁是哺乳动物的必需微量元素，在动物新陈代谢过程中具有重要作用。对铁的吸收、转运和贮藏进行一系列研究，了解铁代谢和作用机制，维持铁稳态具有重要意义。

4.3.1.1 铁的吸收、转运和贮藏

1. 铁的吸收

动物体的近端小肠尤其是十二指肠和空肠是外源铁吸收的主要部位。当前铁的吸收主要有两大理论：非受体介导的铁吸收系统和运铁蛋白受体(TfR)介导的内吞作用。其中非受体介导的铁吸收系统是目前较多数人接受的观点。这一理论认为铁在小肠中被吸收进入血液的过程要穿过3个屏障：①穿过小肠微绒毛细胞顶端；②在绒毛细胞内转移；③穿过基膜进入血液。TfR介导的内吞作用是目前公认的非小肠机体内细胞摄铁的主要生理途径。

2. 铁的转运

铁的转运除需要铜蓝蛋白、运铁蛋白的参与外，还需要许多与铁吸收有关的生物大分子的作用，其中最主要的有Nramp(nature resistance-associated macrophage protein)家族、二价金属离子转运体1(divalent metal transporter 1，DMT1)及金属转运蛋白(metal transport protein，MTP)等。

(1) 铜蓝蛋白(ceruloplasmin)　铜蓝蛋白存在于血浆中，为含铜铁氧化酶。铜蓝蛋白主要在肝脏中合成并分泌到血液中。其功能主要有抗氧化、促进铁从贮存部位的释放和一价铁的氧化等。小肠黏膜细胞中的铁是以二价铁离子的形式存在的，必须氧化成为三价铁离子才能与运铁蛋白相结合并完成铁的转运。

(2) 运铁蛋白(transferrin，Tf)　运铁蛋白属糖蛋白，是相对分子质量为80 000的一条多肽链，由2个球状的功能区组成，每个功能区有1个与铁结合的部位。运铁蛋白主要在肝脏合

成，也可以在脑、睾丸、乳腺以及发育胎儿的某些组织中合成。主要以不含有铁的运铁蛋白、含1个铁的单铁运铁蛋白、含2个铁的二铁运铁蛋白3种形式存在。血浆中多数铁与运铁蛋白结合成铁-运铁蛋白复合物，经运铁蛋白介导的内吞途径进入细胞。运铁蛋白与铁的亲和力取决于pH的大小，当pH<6.5时，运铁蛋白释放铁（刘璐等，2002）。

运铁蛋白受体以运铁蛋白受体1（TfR1）和运铁蛋白受体2（TfR2）两种形式存在。二者属同系物，在细胞外功能区有66%相似。主要区别在于：①运铁蛋白受体2主要在肝脏中表达，而运铁蛋白受体1在肝脏中表达量很低；②运铁蛋白受体1 mRNA的表达存在铁应答成分，而运铁蛋白受体2 mRNA缺乏铁应答成分；③运铁蛋白与运铁蛋白受体2的亲和力比运铁蛋白受体1要强。

细胞对铁的摄取是通过运铁蛋白受体介导的内化过程实现的。运铁蛋白受体-运铁蛋白-铁复合物与网格蛋白被覆的膜小凹处的连接物蛋白相互作用，然后经过受体介导的内吞途径被细胞内化。在核内，一种未知ATP酶质子泵降低了核内的pH，引起铁的释放。无铁的运铁蛋白仍然附在运铁蛋白受体上，回到细胞表面，在中性pH下，脱铁运铁蛋白与脱铁运铁蛋白受体解离，产生配体和受体，可用于铁吸收的又一次循环。因此，血清中的运铁蛋白水平往往可反映机体的铁营养状况。在机体发生感染或有慢性疾病时，可将血清中的运铁蛋白水平作为一个有效评价铁代谢的指标。

（3）Nramp家族　Nramp是1991年在小鼠中首先被发现的，而后1997年第一个被确定为哺乳动物细胞的跨膜铁蛋白（戚金亮等，2003），在多型核中性粒细胞中特异表达，其作用是通过转运Fe^{2+}、Mn^{2+}等金属离子使动物免受病菌的侵染，其高效表达可引起急性的胞浆铁内流。Nramp2能在绝大多数组织和细胞中表达，其在类肠道细胞腹面对铁的吸收、转运和重新利用起到决定性的作用。目前已知，Nramp1主要位于细胞后期内吞小体上，而Nramp2的亚细胞定位还不清楚。DCT1是一个一价阳离子载体，是Nramp家族中的一员。DCT1与Nramp有92%的相同序列，二者对金属离子的转运功能相似。Nramp2/DCT1转运底物很广，包括Fe^{2+}、Zn^{2+}、Co^{2+}、Mn^{2+}、Cu^{2+}、Ni^{2+}、Pb^{2+}及Cd^{2+}等二价阳离子，其转运过程与质子相偶联且与膜电位有关。

（4）DMT1　DMT1是二价金属离子的转运蛋白，其结构与Nramp1相似，由12个跨膜区组成。DMT1在近端小肠表达最高，在肾脏、脑中度表达，而在其他组织（如肝脏、心脏、脾脏等）中表达量较低。DMT1具有两个生理功能：一是介导小肠铁吸收的重要转运蛋白；二是可介导二价铁穿越内吞小体膜进入胞浆，有力地证明了Tf-TfR介导的细胞铁摄取。

3. 铁的贮藏

铁蛋白是铁贮存的主要形式，每个铁蛋白可贮存高达4 500个铁原子。铁主要贮存在肝脏和脾脏中，也可贮存在肌肉、骨髓中。可通过测定肝脏铁的含量来衡量动物该元素供应情况，可通过测定血清中铁蛋白的浓度反映组织铁贮存状态。铁的贮藏对于防止铁的过量吸收和铁的缺乏具有重要意义，在一定程度上也可以调节铁的吸收。例如“黏膜阻塞”现象，即被吸收的二价铁离子被氧化成三价后可和脱铁蛋白结合形成铁蛋白贮存在小肠黏膜内，当其蓄积到一定程度时使黏膜细胞被铁蛋白形式的铁所饱和时，吸收即会停止。

4.3.1.2　铁吸收的调节机制

1. 铁效应元件结合蛋白调控体系

该体系由铁、铁效应元件（iron responsive element，IRE）和铁效应元件结合蛋白（iron

responsive element binding protein，IRP）三者构成，通过影响运铁蛋白受体 mRNA 和铁蛋白（Fn）mRNA 翻译来调节铁的吸收与贮存。

IRE 是 mRNA 非编码区的茎环结构，在哺乳类动物中具有高度保守性。六元环中的前 5 个碱基几乎都是 CAGUG，上茎为 5 对碱基对。IRP 是相对分子质量为 90 000 的蛋白质，又称 P90、铁调节因子或 Fn 抑制蛋白。IRP 氨基酸残基 480～623 片段有 IRE 特异结合位点。IRP 结合 5′端的 IRE 后对翻译产生抑制或增强作用，而 3′端的 IRE 可稳定该 mRNA（李津婴，1997）。

IRP 具有双重功能，即顺乌头酸酶催化活性和调控基因表达的功能，而细胞中的铁对 IRP 的结构和功能起着决定作用。当细胞内铁含量减少时，IRP 结合的[Fe-S]变为[3Fe-4S]，使其分子变构为无酶活性而具翻译调控功能，此时 IRP 具有较高的与 RNA 特异结合的亲和力，能与 Fn mRNA 3′端和 TfR mRNA 5′非编码区内铁反应区段的茎环结构相结合，并影响其侧翼核苷酸链结构状态，从而阻断 Fn mRNA 的翻译，减少 Fn 的产生，同时维持 TfR mRNA 的稳定性，延长其半衰期，促进铁向细胞内转运，使细胞内铁含量增加。当细胞内铁含量增多时，IRP 所结合的[Fe-S]为[4Fe-4S]，这时 IRP 具有酶活性而无翻译调控功能，IRP 与 RNA 的亲和力消失，具体表现为 IRP 的失活（李昕权，1997）。这样便可通过增加铁的利用、降低铁的吸收，维持细胞内铁的含量。

2. Frataxin 对细胞铁代谢的影响

Frataxin 是由核染色体编码的线粒体蛋白质，可摄取非复合铁并在机体需要时释放出来（Campuzano 等，1997）。Frataxin 具有调节线粒体内铁代谢的功能，控制铁的外流。胞质中铁缺乏，最终导致线粒体内铁聚积和自由基的生成，进而损伤线粒体 DNA 和呼吸链（姜宏，2003）。Frataxin 缺陷会引起铁硫蛋白的缺乏，从而引起铁的聚积和细胞的氧化损伤。铁硫蛋白缺乏与线粒体内铁积聚引起的病理变化相似。Frataxin 可以控制细胞内铁的流通和正常代谢，从而维持细胞正常生理结构和功能。

3. 血色素沉着症（HFE）基因对铁代谢的影响

血色素沉着症（HFE）基因编码一个人类白细胞抗原（human leukocyte antigen，HLA）Ⅰ类蛋白，该蛋白表达于人体整个消化道某种上皮细胞并以极化形式分布于胃和结肠上皮细胞基底侧表面，以非极化形式存在于食道上皮细胞和黏膜下白细胞整个细胞膜表面及胞浆中，在十二指肠腺窝细胞中分布最多。HFE 可通过 3 种方式来调节铁代谢：

（1）HFE 分子通过运铁蛋白受体调节体内铁水平。HFE 蛋白可与 β2 微球蛋白结合，TfR 又与 HFE 蛋白-β2 微球蛋白复合物结合。HFE 过度表达可降低 TfR 与运铁蛋白亲和力，HEF 蛋白-β2 微球蛋白异二聚体也降低培养细胞 TfR 与运铁蛋白亲和力。

（2）HFE 分子可降低 TfR 再循环率。HFE 分子与 TfR 结合可减少运铁蛋白位点数，影响 TfR 内化，从而降低铁结合的运铁蛋白进入细胞内。

（3）HFE 分子可活化细胞内铁平衡的关键性调节因子——铁调节蛋白（IRPs），使细胞内铁缺乏。IRPs 活性增加伴随铁蛋白水平下降和 TfR 水平上升，运铁蛋白摄铁能力和 IRPs 活性增加最终导致细胞内铁缺乏。所以，HFE 分子过度表达可降低运铁蛋白摄铁能力。

4. 铁调素（hepcidin）对铁代谢的影响

铁调素也称为肝脏抗菌多肽（liver-expressed antimicrobial peptide，LEAP-1），是 2000 年、2001 年由 2 个独立的实验室分别从人血清、尿中提纯出的新型抗菌多肽。最近研究表明，铁调素可能是机体铁状态的关键负性调节激素，可通过影响铁转运相关蛋白的表达水平调节机体铁稳态。

(1) Hepcidin 的结构、功能、组织分布及抗菌活性　人类 Hepcidin 基因定位于 19 号染色体(19q13.1)，有 3 个外显子和 2 个内含子，其中第 3 个外显子编码铁调素的氨基酸序列，基因和转录后 mRNA 长度分别为 2.5 kb、0.4 kb，3′或 5′端非翻译区均无铁效应元件。Hepcidin 基因 5′端上游具有转录因子 CAAT 增强子结合蛋白、核因子 κB 和肝细胞核因子的结合位点。3 种成熟铁调素分子的编码序列均位于 3 号外显子上。铁调素蛋白结构在不同物种间高度保守，均富含精氨酸、赖氨酸等带正电的氨基酸残基和 8 个半胱氨酸残基(Cys)，属防御素(defensin)蛋白家族。质谱和化学分析方法研究证实，8 个 Cys 残基间形成 4 个链内二硫键，呈发夹状分子结构。人类铁调素前体蛋白由 84 个氨基酸残基组成，在 Ser 24 和 Gly 25 间存在一个切割位点，产生 24 个氨基酸残基的引导肽。从人尿液中分离出来的铁调素存在由 20、22、25 个氨基酸残基组成的 3 种多肽形式，相对分子质量分别为 2 192、2 436、2 789，可能是同一前体肽在 N 端不同位点被前肽转化酶切割所致。

小鼠基因组中存在两个铁调素的基因：hepc1 和 hepc2。它们位于 7 号染色体同一基因位点，cDNA 长分别为 1 654 bp 和 1 793 bp，均包含 3 个外显子和 2 个内含子，同源性高达 94%。各自在肝脏中合成前体，并分别被剪接生成成熟的含 25 个氨基酸残基的 HEPC1、HEPC2 小肽(同源性达 68%)。其中，HEPC1 肽与人 Hepc25 的氨基酸序列有 76%的同源性，而 HEPC2 肽与人 Hepc25 的氨基酸序列的同源性仅为 58%。成熟 HEPC1 和 HEPC2 的分布以肝脏为主。

各种铁调素小肽中均有 8 个半胱氨酸。半胱氨酸形成 4 对二硫键，使铁调素分子高度紧缩，该分子含有一个 β 片层，且与一个发夹结构转角处的二硫键毗邻，这可能是其调控机体铁吸收的关键结构。

(2) Hepcidin 在体内的表达分布　Hepcidin 基因在肝脏特异表达，心脏、脊髓、肺表达很少，前列腺、睾丸、卵巢、小肠、结肠、肾脏和膀胱几乎没有表达。肝脏是铁调素蛋白合成的主要场所，其在肝脏中的表达主要见于门静脉周围，并由汇管区向中央静脉表达量逐渐降低，枯否氏细胞、内皮细胞、胆管和血管系统完全缺乏铁调素免疫组化反应活性。

(3) Hepcidin 调节铁代谢的分子机理　铁调素是机体铁吸收部位小肠和铁贮存部位肝脏、单核巨噬细胞系统之间铁代谢调节信号的传递者，是机体铁平衡的中心调节者。目前已经明确 Hepcidin 可控制十二指肠的铁吸收、巨噬细胞的铁释放，调节脑细胞、心肌细胞等组织细胞内的铁稳态。现认为 Hepcidin 是主要的铁调节激素、炎症性贫血的重要调节剂、铁代谢与固有免疫之间联系的桥梁。Hepcidin 表达增加可导致循环铁降低、十二指肠黏膜细胞对铁的吸收和转运减少、网状内皮系统巨噬细胞内贮存铁增加，故推测 Hepcidin 可通过对铁的吸收、贮存和利用 3 个重要途径产生影响而调节铁代谢。其具体机制可能是 Hepcidin 通过调节铁转运相关蛋白(Dcytb、DMT1、HP、FPN1 等)的表达水平，从而调节肠道对铁的吸收、抑制网状内皮系统内铁的释放以及影响铁的再循环利用。但 Hepcidin 调节铁转运相关蛋白表达的分子机制，尤其是它作用的受体或靶物质，以及它对其他组织细胞是否也有相同的调节作用尚不清楚。

5. 骨形态发生蛋白 6(BMP6)对机体铁代谢的影响

BMP6 为 TGF-β 超家族中的一员，BMP6 由骨髓间充质干细胞和造血干细胞产生，存在于哺乳动物神经系统的各种细胞、软骨细胞的生长板及表皮，主要在成熟的软骨组织表达，可诱导软骨组织的生长和软骨内成骨。最新的研究发现它对机体的铁代谢也具有重要的调控作用，通过调节 Hepcidin 的表达，在调节机体铁稳态过程中扮演着重要角色。

(1) BMP6 基因结构与组织分布　BMP6 是最初从鼠胎盘 cDNA 文库中分离得到的一种与爪蟾 Vg-1 基因相关的 TGF-β 超家族分子，又称 Vgr-1。目前已将小鼠 BMP6 基因定位于 13 号染色体上，人 BMP6 基因定位于 6p24-p23。人 BMP6 cDNA 全长为 2 943 bp，开放读码框为 1 539 bp，编码 513 个氨基酸残基组成的多肽，其中包括一个由 23 个氨基酸残基组成的 N 端信号肽和一个 490 个氨基酸残基组成的前肽。前肽中有 4 个保守的双碱性氨基酸残基的酶切位点(RTTR)，在蛋白水解酶的作用下产生一个 139 个氨基酸的有活性的成熟肽，从胞内释放到胞外。该成熟肽相对分子质量大约为 15 600，pI 为 8.6，含有 7 个绝对保守的半胱氨酸残基和 3 个潜在的 N2 连接的糖基化位点。

(2) BMP6 对铁调素的调节　最新的研究揭示 BMP6 作为关键的铁调素的内源调节因子，可以调节铁调素的表达和机体铁代谢。在该调控途径中，BMP6 首先与两分子 BMP Ⅱ型受体(BMPR-Ⅱ)结合，引起 BMP Ⅰ型受体(BMPR-Ⅰ)磷酸化，然后 BMPR-Ⅰ(BMPR-ⅠA 和 BMPR-ⅠB)与两分子 BMPR-Ⅱ结合成高亲和力的异四聚体，成为丝氨酸/酪氨酸激酶的受体，激活的受体复合物可进一步磷酸化 Smad1、Smad5 及 Smad8 蛋白，形成 Smad1/5 /8 复合物。该复合物在 Smad4 介导下移位到细胞核，与铁调素基因的调控序列结合，促进铁调素转录。BMP6 通过与其受体结合，激活 Smad 信号途径，最终上调铁调素的表达。在此途径中，Smad 为炎症反应调控铁调素基因表达所必需。腹腔注射 Smad 磷酸化的抑制剂(dorsomorphin)后，小鼠出现铁调素表达降低和严重的铁过载，即使在给予炎症和铁刺激后，也没有观察到铁调素上调，进一步表明完整的 BMP/Smad 信号途径，在铁稳态的维持过程中具有极其重要的作用。

研究还发现，铁调素调节蛋白(hemojuvelin，HJV)可以上调铁调素的表达。HJV 为 RGMs(repulsive guidance molecules)家族的蛋白，也被称作 RGMc。RGMs 是 BMPs 信号分子的共受体，它与 BMP6 结合后，可以促进 BMPR-Ⅰ/Ⅱ复合体的活化，增强 BMP6 调节铁调素转录的进程。膜结合 HJV (m-HJV)和可溶性的 HJV(s-HJV)对铁调素均有调节作用，但功能却完全相反。m-HJV 可以促进铁调素 mRNA 的表达，而 s-HJV 则可通过竞争方式干扰 BMP6 调控铁调素信号转导过程中的强度，从而下调铁调素 mRNA 水平。

(3) BMP6 对机体铁代谢的调控　现有的研究结果显示 BMP6 可感受铁的变化，通过铁调素调节铁代谢。Kautz 等(2008)用高铁和低铁饲料喂养基因敲除小鼠，发现 Smad4-/-基因敲除小鼠和 Hamp1-/-基因敲除小鼠与高铁饲料喂养的小鼠相似，组织(特别是肝脏)出现严重铁过载，而且这些小鼠的 BMP6 mRNA 表达明显升高。即当循环铁增加时，BMP6 表达升高，与 BMPR、HJV、Smad 形成复合体，通过 BMP/Smad 途径上调铁调素，最终使循环铁降低。当循环铁降低时，BMP6 表达降低，BMP/Smad 途径受到抑制，铁调素分泌减少，循环铁恢复到正常。此后，Meynard(2009)和 Andriopoulos(2009)两个独立实验室进一步研究发现，Bmp6-/-小鼠肝脏中迅速出现大量的铁沉积，而且在胰腺腺泡细胞、心脏、肾小管中均有铁沉积，具有明显的血色素沉着症的特征。Bmp6-/-小鼠阻断了 BMP/Smad 途径，几乎检测不到铁调素的合成。尽管铁沉积严重，肝脏中 Smad1、Smad5、Smad8 的磷酸化水平却很低，也没发现 Smad 移位到细胞核。给小鼠腹腔注射 BMP6 后，通过 BMP/Smad 途径使肝脏中铁调素表达升高，血清铁和运铁蛋白饱和度呈剂量依赖性降低。相反，注射 BMP6 的抗体抑制了小鼠内源 BMP6，抑制 BMP/Smad 途径，则铁调素表达降低，血清铁升高。

4.3.1.3　**基因多态性对铁代谢的影响**

虽然机体对铁有着严格的调控机制，使体内和细胞内的铁维持在一个稳态水平，但铁稳态的失衡仍然是人类常见的遗传性疾病之一，可以发生在铁吸收、转运、贮存或利用的任一环节上。有关基因多态性对铁代谢的影响研究多集中在人医上。到目前为止已经发现了许多可以导致机体铁代谢紊乱的遗传性基因突变疾病，如遗传性血色素沉着症（hereditary hemochromatosis，HFE 基因突变）（HH 病）、无铜蓝蛋白血症（aceruloplasmnemia，铜蓝蛋白基因突变）、无运铁蛋白血症（atransferrinemia，运铁蛋白基因突变）、神经铁蛋白病（neuroferritinopathy，铁蛋白 *L*-亚基突变）、X 连锁遗传性铁粒幼细胞贫血（X-linked sideroblastic anemia，XLSA）、红细胞 γ-氨基-δ-酮戊酸合成酶基因突变等。其中以对遗传性血色素沉着症的研究最为广泛和深入。

HFE 基因内有两个错义突变，发生在两个不同位点，分别使 HFE 蛋白分子的 282 位的半胱氨酸被酪氨酸取代（简写作 Cys282Tyr 或 C282Y）和 63 位的组氨酸被天冬氨酸取代（简写作 His63Asp 或 H63D）。因此，HFE 基因出现 3 种等位基因，使人群中有 6 种基因型，即野生型（-/-）、C282Y 纯合子（C282Y/C282Y）、H63D 纯合子（H63D/H63D）、C282Y 杂合子（C282Y/-）、H63D 杂合子（H63D/-）和 C282Y 与 H63D 的双杂合子（C282Y/H63D）。其中 C282Y 与 HH 病关系密切，60%～100%的 HH 病患者都是 C282Y 纯合子，铁负荷较重。H63D 纯合子的临床症状比 C282Y 纯合子要轻。此外，H63D 与 C282Y 双杂合子在 HH 病患者中频率也较高。有人推论，H63D 虽然也是本病的缺陷基因，但它的表现、发展及致病可能还需要其他因素或环境因素的参与。

HFE 基因编码一个 HLA Ⅰ类蛋白，表达于人体整个消化道上皮细胞，在十二指肠腺窝细胞中分布最多。HFE 蛋白虽既不结合也不转运铁，但可以和运铁蛋白受体作用，调节细胞内铁水平。尽管有大量的证据支持 HFE 突变导致血红蛋白 H 病（HbH disease），以及 HFE 可与 β2 微球蛋白（β2-microglobulin，β2M）及运铁蛋白受体（TfR）相互作用，影响细胞运铁蛋白铁的摄取，但是 C282Y 突变通过什么机制导致小肠铁吸收增加仍然是个谜。对此有不同的假说。Waheed 等（2002）利用同时表达 HFE 和 β2M 或仅单独表达 HFE 的稳定转染的中国仓鼠细胞系研究了 β2M 对 HFE 蛋白稳定性和突变以及对 HFE 在运铁蛋白受体介导的铁摄取中的作用的影响，对以往研究中相互矛盾的现象进行了很好的解释，提出了 HFE 突变可能导致小肠细胞过度吸收铁的机制。正常情况下，十二指肠细胞中 HFE 蛋白成熟后，被转运到细胞表面与含量丰富的 β2M 相结合，然后再与 TfR 形成三合体，对运铁蛋白结合铁的转运过程起正向调控作用，即增加铁的摄取。如果 β2M 缺陷，即使 HFE 蛋白正常表达也不起正向调控作用，反而下调运铁蛋白铁的吸收。

HFE 突变发生在 a3 结构域形成二硫键的部位，破坏应有的套锁结构，C282Y 突变蛋白存留于内质网和高尔基体中，生成后很快降解，不能完成从高尔基体向细胞膜表面的转运过程，不能与 β2M 及 TfR 形成复合体，从而失去对运铁蛋白铁吸收的正向调控能力，使运铁蛋白结合铁的摄取下降，使 HH 病患者十二指肠细胞即使在体内铁水平较高的情况下也表现为铁缺乏。同时铁调节蛋白结合力增加，铁蛋白水平下降，这种铁缺乏的信息促使小肠表皮细胞在分化为成熟的绒毛细胞后过量吸收食物中的铁，细胞顶端铁转运子 DMT1 和细胞基底部铁转运子 Fp1（ferroportin 1，膜钳转运蛋白 1）的表达增加。结果，即使在体内铁充足情况下，HH 病患者小肠细胞也增加对食物中铁的吸收，导致血色素沉着症。但是关于 HFE-β2M 复合体是如何增加运铁蛋白结合铁的摄取的机制还不清楚。β2M 缺陷情况下，HFE 蛋白无法成熟，变得不稳定，不但不能增加铁的摄取，反而抑制铁摄取的机制也不清楚。最近一项研究又表明肝脏也表达高水平的 HFE mRNA。通过对 HFE mRNA 结构分析认为肝 HFE 可能在铁稳态和协同调节红细胞生成中发挥一定作用。

4.3.1.4 畜禽铁代谢相关基因研究

目前，对铁代谢相关基因的研究主要集中在人类和啮齿类动物上，在畜禽上较少。武宇晓(2009)利用 RT-PCR 和半定量 RT-PCR 技术首次克隆了仔猪 DMT1、FRRS1、IREB2、CYBRD1 基因编码区，并进行了组织表达及生物信息学分析，表明猪 DMT1、FRRS1、IREB2、CYBRD1 均与牛、人的同源性较高，猪 DMT1、FRRS1、IREB2 和 CYBRD1 均在空肠中有高度的表达，可能提示这 4 个基因在空肠中共同进行铁的转运，与其他 3 个基因不同的是 DMT1 在结肠、肾脏中的表达提示此基因在铁的重吸收过程中起着非常重要的作用。该研究为下一步研究仔猪 DMT1、FRRS1、IREB2、CYBRD1 基因全长序列、表达调控、生物学功能、铁的代谢吸收以及开发新的治疗仔猪缺铁性贫血药物奠定了理论基础。

4.3.2 基因多态性对铜代谢的影响

早在 19 世纪初，铜与动物营养的关系就已引起人们注意。研究表明铜是动物体内一系列酶的重要成分，以辅酶的形式广泛参与氧化磷酸化、自由基解毒、黑色素形成、儿茶酚胺代谢、结缔组织交联铁、胺类氧化、尿酸代谢、血液凝固和毛发形成等过程。此外，铜还是葡萄糖代谢、胆固醇代谢、骨骼矿化作用、免疫功能、红细胞生成和心脏功能等机能代谢所必需的微量元素之一。畜禽铜缺乏主要表现为贫血、骨和关节变形、运动障碍、被毛褪色、神经机能紊乱及繁殖力下降。而添加过量的铜，随粪便排出的铜易对环境造成污染。对畜禽铜转运、吸收等有关机制及影响铜吸收利用的因素进行研究，可为畜禽健康生长和铜的适量添加提供依据。

4.3.2.1 铜的吸收与利用

1. 铜的吸收和贮存

动物体内的铜主要通过采食饲料和饮水获得，随饲料摄入的铜，在胃和小肠的各部位都可以被吸收，以小肠上段吸收量最多。放射性同位素研究表明，铜进入反刍动物消化道后主要以一个或多个配位体结合成可吸收螯合物，通过胃壁和小肠刷状缘表面被吸收，主要的吸收部位在十二指肠和小肠前端，部分铜的吸收也可发生在小肠远端，绵羊的大肠也可吸收相当一部分的铜。吸收后的铜大部分进入肝脏，并渗入到线粒体、微粒体和胞核中而贮存起来，需要时被释放入血。动物体内其他各种组织均有分布，除肝脏外，脑、肾、心和被毛含量也高；胰腺、皮肤、肌肉、脾和骨骼各含量次之；垂体、甲状腺、卵巢和睾丸等器官含量最低。血液中的铜主要以结合状态存在，其绝大部分(约 90%)与 α2-球蛋白结合形成血浆铜蓝蛋白，小部分与白蛋白及 γ-球蛋白结合，还有极小部分与白蛋白呈松弛结合以离子状态存在。

2. 铜的排泄

进入消化道的铜只有 20%～30% 被吸收，大部分随粪排出。铜的排泄是主动过程，先分泌释放到胆汁，与胆汁中的氨基酸结合后经粪排出，尿也可排泄少量的铜，有极小部分铜是由汗腺排泄的。内源性铜主要是通过消化道损失。

3. 影响铜吸收利用的因素

铜的吸收率与铜的数量、化学组成和金属离子的量有关,特别是与铁、锌、硫、镉、钼等元素的数量有关。影响铜吸收利用的因素主要有以下3个方面。

(1) 铜的存在形式　不同形式铜的利用率不同,其中螯合铜的吸收效果最高,且化学性质稳定、吸收速度快、生物学利用率高。研究证明,氨基酸螯合铜在瘤胃内有较强的抗分解作用,具有过瘤胃的功能,该功能既较好地保护必需氨基酸过瘤胃,而且避免了铜对瘤胃微生物的毒性作用。

(2) 动物自身　研究表明,绵羊体内铜代谢具有显著的品种间遗传差异:断奶前的羔羊对食入铜的利用率可达40%～65%,而初生犊牛对铜的吸收率则达70%,成年牛对饲料中铜的吸收率仅1%～5%,成年绵羊为10%左右。另外缺铜牛羊比不缺铜牛羊对铜的吸收率更高。

不同品种的奶牛,对铜的利用率不同。娟珊牛对铜的利用率要高于荷斯坦奶牛。据报道,在给娟珊牛和荷斯坦牛补饲相同浓度的铜时,娟珊牛肝脏中铜的水平要高于荷斯坦奶牛。安格斯牛吸收和沉积铜的能力高于夏洛来牛和西门塔尔牛。

(3) 饲粮组成　我国饲料中饼粕类饲料含铜量较高,动物性饲料、草粉、叶粉、糠麸类饲料次之,谷实类饲料含量最低,其中以玉米含铜量最低。新鲜青绿牧草加工或自然干燥过程中,牧草中铜的化学形式发生改变,也会导致铜利用率的变化。此外,在饲粮中蛋白质来源和水平不同也可导致铜有效性的差异,部分原因在于,饲料中氨基酸作为配位体和铜结合形成络合物,氨基酸的类型、空间构型和络合物稳定性决定了动物对它的吸收利用率。

此外,饲料中的钼、硫、铁、锌、钙、锰、镉、汞、铅、银等都显著影响铜的吸收利用。这些元素对铜的拮抗作用,原因可能在于它们在肠道内能够竞争性地与小肠蛋白结合。一般牧草中含钼量低于3 mg/kg(以干物质计)是无害的。如果铜、钼比保持在(6～10)∶1则为安全,若低于5∶1时可诱发铜缺乏,低于2∶1时引起钼中毒的继发性铜缺乏症。王俊东(1989)研究表明,氟摄入过量也影响体内铜的含量,随着动物摄氟增加,在100 d宰杀动物后,肝、肾、脾及骨质中的铜均明显下降。高锌饲料可诱导肠道产生金属硫蛋白(MT),铜与MT的结合常数高于锌,故铜可以置换出与MT结合的锌,从而MT与铜结合将铜限制在肠黏膜细胞内,最后随上皮细胞的死亡、脱落被排到粪便中,从而减少了铜的吸收。奶牛对铜的需要量很大程度上取决于日粮中钼和硫的含量,硫化物和铜在瘤胃中形成铜的沉淀从而阻止铜的吸收。日粮中的钼在瘤胃中和铜形成一种高度不溶解的复合物,这种复合物的形成,改变了铜在肝脏中的分布,同时增加了粪便对铜的排泄,从而降低了铜的利用率。抗坏血酸降低了铜与肠道中金属硫蛋白的结合率,从而降低铜的肠道吸收来影响铜的代谢过程。饲料中植酸盐能与铜生成极稳定的络合物,从而降低铜的吸收和利用。

4.3.2.2 铜转运相关基因及多态性

铜是大多数动物的必需营养素,各类含铜蛋白和铜酶在体内起着重要生理作用。机体内铜的平衡受众多因子的调节,由于某些基因失调导致铜代谢过程异常,表现为遗传性铜缺乏或者铜中毒。有时动物采食的铜已能满足需要,但由于某些原因影响了铜的吸收利用(如钼、硫和锌等元素对铜的拮抗作用),也会导致铜的缺乏症。高铜可以促进动物生长,但过量添加会对环境带来不利影响,目前普遍存在的超量添加铜所带来的环境污染等问题已不容忽视。从分子基因水平上对铜在动物体内的转化及吸收利用的相关因素进行研究十分必要。以下对铜和铜转运相关基因做一简单介绍。

1. CTR1基因

CTR1(copper transporter 1)基因最先在酵母转铁体系缺陷型菌株中被发现,是具有铜离子特异性及高亲和性的铜离子转运体。CTR1表达受细胞内铜离子有效浓度的影响,高浓度铜离子抑制CTR1的表达,低浓度则促进CTR1的表达。将CTR1基因敲除后发现,CTR1在肠吸收铜或者协助铜通过细胞表面的隔膜进入细胞内部发生中断。CTR1-/-表型的小鼠原肠胚形成受损,神经外胚层和中胚层缺陷,间叶细胞形成和转运降低,另外这些胚胎较之正常胚胎体积小,而且器官及细胞发育中还存在重大缺陷,小鼠可在胚胎形成早期死亡。hCTR1被认为是人体内具有高亲和力的铜摄入蛋白,含190个氨基酸,具有3个跨膜区,N端富含甲硫氨酸和丝氨酸。这种跨膜转运铜离子的蛋白,协助铜离子进入人体细胞。CTR1也作为其他金属离子的转运蛋白,如元素周期表上与铜临近的锌。

2. ATOX1基因

铜离子进入细胞以后,再与细胞内的可溶性伴侣蛋白结合,参与细胞内的铜离子转运。ATOX1(anti-oxidant 1)蛋白是一种铜伴侣蛋白。ATOX1蛋白由ATOX1基因编码,含68个氨基酸,形成2个α螺旋、2个β折叠和1个结合金属离子模序,是一种在缺乏Cu/Zn超氧化物歧化酶(SOD1)时可以抑制氧毒性的多铜抑制剂。人的ATOX1基因定位于5q32-q33之间,全长502 bp。ATOX1蛋白存在于细胞质和细胞核内,可利用ATP水解提供的能量,将铜转运到P型ATP酶(位于高尔基体成熟面的WD和MNK蛋白)的氨基末端,最多可转运6个铜原子至P型铜转运ATP酶。这样,铜离子就可以在铜伴侣蛋白与靶蛋白之间可逆地转移。ATOX1蛋白结构改变、基因突变和多态性,可能与铜转运失调有关。Hamza(2001)等报道,通过内含子插入药物选择性基因标记,使ATOX1失活,中断转录、终止ATOX1蛋白表达,纯合子表型表现为皮肤松弛,低色素沉着,组织铜缺乏,但是严重程度低,说明在ATOX1基因缺失时,可能有另外的通路将铜转运至P型ATP酶。基因敲除小鼠就会表现不良状态,但不至于死亡,提示ATOX1基因缺陷对机体的影响较CTR1小。ATOX1-/-表型使铜依赖的酶活性降低,并且一般有严重的出血,推测可能是小鼠的含铜凝血因子Ⅴ和Ⅷ活性降低,导致出血。此时铜缺乏并不是细胞吸收减少导致的,而由细胞转运减少引起。

3. ATP7A和ATP7B基因

ATP7A基因和ATP7B基因都编码一种铜转运P型ATP酶,分别称为MNK和WD蛋白,二者的氨基酸有54%~65%的同源性,执行类似的铜转运功能。这两种蛋白均具有3个高度保守的功能区,即铜离子结合区(copper-binding domain)、跨膜区(membrane-spanning domain)和P型ATP酶功能区。

(1) ATP7A基因　ATP7A基因是Menkes氏稔毛综合征的致病基因,与ATP7B基因具有高度同源性。ATP7A基因定位于X染色体q13.3,包括23个外显子,编码一个包括1 500个氨基酸、相对分子质量178 000的单链多肽。除肝脏外,机体大部分组织内存在表达,尤其是脑、肾、肺和肌肉组织。ATP7A的突变导致功能蛋白合成受阻,患者对饮食中铜的吸收和代谢障碍,铜转运能力减弱以及细胞内定位改变,大量铜沉积在消化道,而血、肝和脑处于缺铜状态,表现出全身性铜缺乏的症状。

(2) ATP7B基因　ATP7B(WD)基因定位于染色体13q14.3,包括21个外显子和20个内含子,是肝豆状核变性(hepatolenticular degeneration,HLD,又称Wilson病)的致病基因。ATP7B全长7.5 kb,含1 444个氨基酸,主要在肝脏内表达,在脑、肾、胚盘等组织内有少量表达,心、肺、肌肉等组织少见。ATP7B 由 3 部分组成:①N 端铜离子结合区。共有 6 个重复的金属铜离子结合区,每个约含 30 个氨基酸。每个 ATP7B 分子可结合 6 个铜离子。此结合区与铜伴侣蛋白相互作用,接受从细胞质转运来的铜,并把铜释放到跨膜区。②跨膜区。含 8 个跨膜结构区,是金属离子转运区域的标记。③P型 ATP 功能区。a. 磷酸化区,含有 5 个氨基酸残基组成的 DKTGT(天冬-赖-苏-甘-苏)序列,是 P 型 ATP 酶的标记。另外,磷酸化区所含有的天冬氨酸残基能在铜转运时短暂的发生磷酸化形成磷酸酯酰的中间产物,转运铜离子到细胞膜的表面。b. 磷酸酶活性区,使磷酸化的天冬氨酸残基去磷酸化,ATP 酶的结构还原。c. ATP 结合区,是 ATP 的结合点。ATP7B 主要的生物学功能是在高尔基体内接受铜伴侣蛋白传递的铜,与铜蓝蛋白前体合成铜蓝蛋白,或者在高尔基体完成铜酶的合成,并在高铜环境下携带所结合的铜促之从胆道排出。这时 ATP7B 再回到高尔基体。

ATP7B 基因突变可能导致 ATP7B 蛋白的相应结构及功能发生改变,不能引导铜与铜蓝蛋白结合以及引导肝内过多的铜进入高尔基体形成的大泡腔,铜蓝蛋白合成降低,铜经肝细胞膜分泌出胞外发生障碍,导致过量的铜沉积在肝细胞、豆状核、角膜等全身各处,造成细胞损害,即肝豆状核变性,是一种较常见的常染色体隐性遗传疾病,其病理生理学基础以铜代谢障碍为特征。

4. 铜蓝蛋白(ceruloplasmin,CP)基因

铜蓝蛋白是一种含铜的 α2-糖蛋白,是由肝脏合成的具有氧化酶活性的蛋白质,属于多铜氧化酶,相对分子质量为 132 000,由 1 046 个氨基酸组成。铜蓝蛋白可使二价铁氧化为三价铁,促进运铁蛋白合成,可催化肾上腺素、5-羟色胺和多巴胺等生物胺的氧化反应,还可以防止组织中脂质过氧化物和自由基的生成。铜蓝蛋白前体在肝脏合成以后,必须在 ATP7B 的作用下与铜结合形成铜蓝蛋白才能完成其功能,每个铜蓝蛋白前体可携载 6～7 个铜原子。同位素研究结果表明,摄入血循环的铜在数小时内即有 60%～90%被肝脏吸收,进入肝脏供肝细胞合成铜蓝蛋白,摄入 8 h 后,由肝脏合成的铜蓝蛋白逐渐重新返回血循环,细胞可以利用铜蓝蛋白分子中的铜来合成含铜的酶蛋白,例如,单胺氧化酶、抗坏血酸氧化酶等。在血循环中铜蓝蛋白可视为铜的没有毒性的代谢库。CP 基因定位于染色体 3q23-3q25 之间。新近研究发现人的血浆铜蓝蛋白缺乏症会发生铜蓝蛋白基因变异。该病是一种常染色体隐性遗传病,血浆铜蓝蛋白完全缺乏,临床表现与 Wilson 病表现不一致,包括糖尿病、皮质下痴呆、视网膜变性、肝脏实质结构正常、肝铜浓度正常、血清铁蛋白浓度明显增高、铜蓝蛋白浓度极低等。基因分析显示 CP 基因突变使铜蓝蛋白中氨基酸置换、羧基端氨基酸功能丧失,铜蓝蛋白无法与铜结合,铜蓝蛋白铁氧化酶的作用下降,二价铁负荷、三价铁缺乏导致组织损伤。

5. MURR1 基因

MURR1(mouse U2alf-rsl region 1)基因编码一种多功能蛋白,参与铜代谢、钠运输、对核因子 κB(NF-κB)及低氧诱导因子 1(HIF-1)的调节等。

贝得灵顿厚毛犬表达为肝脏排铜障碍,具有常染色体隐性遗传方式,其铜中毒动物模型具有类似 Wilson 病患者铜聚集和铜毒性,但其血浆铜蓝蛋白水平却正常。Sluis 等(2002)通过定点克隆技术发现该模型动物存在 MURR1 基因异常,MURR1 基因第 2 外显子缺失,但无 ATP7B 基因异常,因此致病基因很可能就是 MURR1 基因。

人类 MURR1 基因位于 2 号染色体,定位于 2p13-p16 之间,包括 3 个外显子。其编码产物可以和 ATP7B 的 N 端结合而传递铜离子,影响人体内的铜排泄过程。Stuehler 等(2004)

对 63 例 Wilson 病患者 MURR1 基因的外显子和内含子-外显子结合区序列进行研究，发现 30%的患者有 MURR1 基因单核苷酸变异，说明 MURR1 可能也是一种维持铜代谢动态平衡的重要蛋白质。

6. 其他基因

CCS 蛋白(copper chaperones for superoxide dismutase)是一个含有 249 个氨基酸，将铜特异性地传递到胞液中抗氧化酶 SOD1 (superoxide dismutase 1)上的专一蛋白，为含铜和锌的同源二聚酶，功能是消除氧自由基对细胞的毒害作用。CCS2P 是 P 型 ATP 酶家族成员，是一种与 ATP7B 和 ATP7A 同源的 P 型铜转运酶，定位于高尔基体上，具有相同的转运细胞质中的铜与铜蓝蛋白结合并运至内室的功能。COX17 (cytochrome c oxidase 17)是一种由 COX17 编码的含有 69 个氨基酸的酸性蛋白，相对分子质量为 8 200。它接受 CTR1 转运的铜离子后，把铜离子运送到线粒体，经过线粒体膜蛋白把铜离子装入细胞色素 c 氧化酶中。诸多参与铜转运的伴侣蛋白相互协调，在铜代谢过程和维持细胞内铜稳态中起着重要作用。一方面铜伴侣蛋白结合铜离子并协助运输至靶蛋白，另一方面通过完成细胞内铜的转运而维持胞质中铜离子的生理浓度。铜伴侣蛋白的突变和损伤也必定会引起铜代谢异常，导致疾病。

4.3.3 基因多态性对锌代谢的影响

锌是动物必需的微量元素之一，可作为体内 300 多种酶的必需组分或激活因子而广泛参与体内的多种代谢活动，由于其广泛的生物学功能而被称为“生命的元素”。动物锌缺乏会出现生长受阻、厌食、皮肤损坏、骨骼畸形、免疫力及繁殖力下降等症状，而过多的锌具有毒性。要维持动物的正常生长，就必须保持机体锌代谢的稳衡调节。在人、大鼠、猪、鸡等动物上的研究表明，机体存在复杂的锌离子稳态体系维持锌离子的吸收、贮存和丢失的平衡过程。

4.3.3.1 体内锌平衡的调控

动物体内锌的平衡主要是通过对其在肠中摄取、粪排泄、肾重吸收以及锌在细胞内分布的控制来实现的。Kirchgessner(1993)研究表明，当断乳大鼠饲喂含锌量为 10～100 mg/kg 的饲粮时，其整个机体的锌贮存量保持在 30 mg/kg 左右恒定，说明动物体内存在一个锌稳态调控机制。August(1989)研究发现，成年人食用锌含量为 2.8～5 mg/d 的日粮，其锌吸收为 64%±5%，而食用锌含量为 12.8～15 mg/d 的日粮，其锌吸收仅为 39%±3%。Poulsen (1997)的试验表明，在含锌 41.6 mg/kg 的生长猪日粮中添加 0～200 mg/kg 锌(氧化锌)，从粪中排出的锌量随饲粮含锌量增加而增加，但并不影响尿中锌的排出量(少于 1 mg/d)；饲粮锌水平达到 120 mg/kg 时，锌体内净沉积量达到最高，超过 120 mg/kg，净增量不再增加。综合当前的试验结果可证明，胃肠道，尤其是小肠、肝、胰腺是调控机体锌稳态的主要部位，而外源锌在小肠吸收、内源锌经粪排泄、肾的重吸收及锌在各器官细胞内的分布是调节锌稳态的主要环节(Krebs，2000)，其中锌的吸收及其内源分泌是调控锌稳态的关键环节(King，2000)。现已证实，锌的主动吸收是通过镶嵌在肠黏膜吸收细胞刷状缘上的锌转运蛋白实现的。锌离子作为亲水性带电离子，在机体内不能以单纯的被动扩散方式跨膜转运，动物小肠的锌吸收是一个跨细胞的过程，只有在特殊的膜蛋白帮助下才能完成。

4.3.3.2 锌转运蛋白家族及其功能

与锌转运有关的蛋白通常称为锌转运体。在哺乳动物，锌转运体涉及两个大的 SLC

(solute-linked carrier)基因家族:SLC30A(又称 ZnT 家族)和 SLC39A(又称 ZIP 家族)。它们分别编码相应的助阳离子扩散体(CDF)和锌铁调控转运蛋白(ZIP)。根据基因序列同源性分析,人类和小鼠均存在 14 个 ZIP 家族成员,即 ZIP1～ZIP14,其中人类 ZIP (human ZIP)基因简称 hZIP,小鼠 ZIP(mouse ZIP)基因简称 mZIP。根据蛋白结构特点,哺乳动物 ZIP 蛋白被分成 4 个亚家族,即亚家族Ⅰ、Ⅱ、LⅣ-1 和 gufA。大多数 ZIP 蛋白存在 8 个跨膜域,其氨基和羧基末端均位于细胞外或囊泡内,第 3 和 4 跨膜域间存在富含组氨酸的结构域,该区域可能具有结合锌离子的功能。ZnT 家族有 10 个成员,根据结构和功能的不同,可被分成Ⅰ、Ⅱ、Ⅲ 3 个亚家族。亚家族Ⅰ成员主要存在于原核细胞中,Ⅱ和Ⅲ成员广泛存在于原核细胞及真核生物中。大多数 ZnT 蛋白有 6 个跨膜域,氨基与羧基末端位于细胞质内,在跨膜域Ⅳ和Ⅴ之间存在一富含组氨酸的长环,为锌离子的结合位点。ZIP 家族的主要功能是摄取细胞外液的锌进入细胞质或使锌从囊泡进入细胞质(Palmiter,2004;Eide,2004;Liuzzi,2004)。ZnT 主要通过调节细胞内锌的外排或调节锌进入细胞内囊泡(锌在细胞内的区室化),以达到降低细胞内锌浓度并贮存锌到细胞器中的目的。ZIP 和 ZnT 系统的相互作用是维持细胞内锌浓度恒定的重要因素。

4.3.3.3 畜禽小肠锌吸收及转运的分子机制

锌在小肠内的跨细胞吸收按 Evan (1975)提出的吸收模式可以概括为肠腔中的锌穿过小肠黏膜细胞顶膜(刷状缘)进入细胞的吸收过程、锌从小肠黏膜细胞顶膜到基膜的细胞内转运过程和锌穿过小肠黏膜细胞基膜进入血液的转运过程三步。目前,已知多种锌转运蛋白在调节锌细胞水平的跨膜运输过程中起重要作用。其中 ZnT5 与锌在小肠黏膜细胞顶膜的吸收有关,ZnT1 可调节锌在基膜的转出,ZnT2 及金属硫蛋白与锌在细胞内的贮存或转运有关。

1. 锌从肠腔穿过小肠黏膜细胞顶膜进入细胞的转运

锌从肠腔穿过小肠黏膜细胞顶膜进入细胞的过程,主要受 ZIP4 调控(Cragg,2005)。常染色体隐性遗传性疾病肠病性肢端皮炎(AE)的根本原因就是 ZIP4 基因发生突变,导致锌吸收障碍。利用 RT-PCR 方法对小鼠各组织中 ZIP4 mRNA 的表达进行检测,结果显示只在小肠、肝、睾丸等组织中检测到了 ZIP4 mRNA 的表达,其中小肠表达量最高,表明 ZIP4 在小肠锌吸收中具有重要作用(Jodi,2004;沈慧,2006)。在哺乳动物,直接参与外源性锌吸收的主要是 ZIP4,ZIP4 mRNA 主要在小肠表达,其蛋白主要存在于小肠黏膜细胞顶膜表面,这种组织分布与其生理功能是一致的。

2. 锌从小肠黏膜细胞顶膜到基膜的细胞内转运

目前研究认为参与锌细胞内转运的转运载体有 ZnT2、ZnT7 两种蛋白。对 ZnT2 蛋白和 Zn^{2+} 的胞内定位发现,ZnT2 蛋白与 Zn^{2+} 在细胞内分布具一致性,均位于胞内囊泡,ZnT2 是囊泡摄取锌的重要组分。ZnT2 的主要功能是转运锌到细胞内囊泡中,便于贮存。ZnT2 mRNA 多在小肠、肾、睾丸、胎盘、乳腺等处表达,其蛋白多集中于靠近小肠微绒毛顶膜侧及乳腺组织边缘处的微粒上。另外,ZnT2 的基因表达受锌水平的调节。Liuzzi 等(2003)研究表明,大鼠小肠和肾中 ZnT2 的表达对锌具有高的反应性,锌缺乏时,ZnT2 mRNA 降低到几乎检测不到的水平。与之相反,添加锌(饲粮或口服添加 2 周)后, ZnT2 mRNA 的水平显著增加,而且小肠中 ZnT2 的表达与金属硫蛋白表达密切相关。Kirschke 等(2003)研究表明 ZnT7 可能在锌吸收中起作用,同时研究发现,ZnT7 蛋白过表达的中国仓鼠卵巢细胞,其囊泡前核区积累大量锌,说明 ZnT7 可将细胞质锌转运到囊泡中。另外,ZnT7 的基因表达受锌水平的调控。Devergnas 等(2004)研究报道,给 Hela 细胞补充 0～100 μmol/L 不同浓度的锌,对 ZnT7 mRNA 含量无影响,而当细胞缺锌时,可显著增加 ZnT7 mRNA 表达。

此外,有研究认为,Zn 的吸收和金属硫蛋白(MT)有关。MT 是一类富含半胱氨酸的金属结合蛋白(相对分子质量小,6 000～7 000),可以以高亲和力与重金属结合,其与金属结合能力的顺序为 Cu>Cd>Zn。关于 MT 对锌吸收的影响,目前主要存在以下观点:MT 与锌吸收呈相反的关系。即当外界环境锌浓度较高时,MT 表达增加,可结合并贮存锌,或增加锌从小肠向肠腔的分泌,从而使锌吸收降低;缺锌时,MT 表达减少,使锌吸收增加。MT 基因表达受锌水平调节,而且对锌变化反应非常迅速,这种变化具有一定的组织特异性。但也有学者认为金属硫蛋白的主要作用是防止细胞浆中存在游离的金属离子(游离的金属离子对细胞有毒性作用),它和锌的吸收没有直接关系。

3. 锌穿过小肠黏膜细胞基膜入血的转运机制

锌从基膜入血与锌转运载体 ZnT1 有关。ZnT1 是哺乳动物中第一个被发现的锌转运载体,是 ZnT 家族中唯一的位于基膜上且在各组织中广泛分布的成员,ZnT1 mRNA 表达无所不在,但以肠道、肾脏和胚胎表达为多。在小肠中,ZnT1 蛋白在十二指肠、空肠的肠黏膜细胞基膜处含量最丰富,并且主要集中在肠细胞内层绒毛的基底外侧,其主要作用为将锌从细胞内穿过基膜转运到门静脉血液中。因此,ZnT1 蛋白可使细胞能够抵挡外周环境中高锌的毒性作用。研究证明,ZnT1 的表达受饲粮锌的调节并具有一定的组织特异性。细胞膜上的 ZnT1 在细胞处于高锌环境时,可促使胞内锌外排,从而可维持细胞内适宜的锌水平。另外,培养基中除 Zn^{2+} 以外的其他离子成分的改变,如 Cd^{2+}、Cu^{2+}、Mg^{2+}、Na^{+}、K^{+}、Cl^{-} 等,对 ZnT1 的锌外排作用几乎无影响,说明 ZnT1 对锌的外排不受这些离子的干扰,是专一性的锌转运体。锌对 ZnT1 的影响在一定程度上依赖于锌的添加方式,并且其他因素可能参与对 ZnT1 转运蛋白稳定状态水平的调节。

锌对 ZnT1 基因表达的调节是通过 MTF-1 与 ZnT1 基因启动子上的 MRE 的相互作用来实现的。而且 ZnT1 蛋白有糖基化、磷酸化等翻译后修饰位点。因此,锌也有可能通过翻译后修饰途径调节 ZnT1 蛋白水平。ZnT1 也发现于肾小管细胞的底外侧面。在肾脏的定位涉及 ZnT1 的另一功能:从肾小球滤液中摄取锌输入到血流中,从而回收锌。

ZIP5 主要分布在消化道、肾脏、肝、胰(Fudi,2004)。锌充足时，ZIP5 蛋白位于细胞基膜;锌缺乏时，该蛋白位于细胞内，说明 ZIP5 在锌的跨细胞转运过程中起作用。由于细胞亚定位不同，ZIP5 主要作为小肠上皮细胞基膜上由浆膜层到黏膜层转运锌并感知机体锌营养状态的传感器而发挥作用，ZIP5-ZIP4 共同构成肠道锌吸收的重要体系。

综上所述,有关锌吸收的分子机制目前研究可归总为 ZIP4 和 ZnT5 负责锌从肠腔穿过小肠黏膜细胞顶膜进入细胞;ZnT2、ZnT7 负责锌从小肠黏膜细胞顶膜到基膜的细胞内转运;ZnT1、ZIP5 负责锌穿过小肠黏膜细胞基膜进入血液。

4.3.3.4 糖尿病基因(SLC30A8)多态性

人的 SLC30A8 基因位于 8q24.11,全长为 41.62 kb,编码一种含有 369 个氨基酸的胰岛 β 细胞特异性锌转运子(ZnT8),它通过把 Zn 转运到胰岛 β 细胞的胰岛素分泌囊泡,来调节胰岛素的生物合成、稳定和贮存。SLC30A8 的多态性位点 rs13266634 的非同义突变会引起这种蛋白质的羧基末端发生精氨酸至色氨酸(Arg325Trp, CGG→TGG)的改变,这种变异会使蛋白质发生功能性的变化,并影响转录后的修饰机制,最终会导致 Zn^{2+} 在胰岛 β 细胞中的聚集异常,从而影响胰岛素的分泌。Chimienti 等(2004)研究表明,SLC30A8 基因在胰岛细胞瘤中高表达可增加高糖刺激的胰岛素分泌,ZnT8 与Ⅰ型和Ⅱ型糖尿病(T1DM 和 T2DM)关系密切。几个重要人群的基因组 SNP 关联研究均表明,SLC30A8 基因也是中国人Ⅱ型糖尿病的一个易感基因,其中 SNP rs13266634、rs3802178 和 rs2466293 与糖代谢异常相关。臧猛等(2009)利用同源序列克隆原理结合 RT-PCR 技术从猪组织中克隆出了 slc30A1、slc30A2、slc30A3、slc30A4、slc30A5、slc30A6、slc30A7、slc30A8、slc30A9(即 ZnT1～ZnT9)等 9 个基因(包含完整的开放阅读框),其中,克隆出的 ZnT8(slc30A8)序列是一个基因突变体,该基因开放阅读框(open reading frame,ORF)中间有一段长度为 71 bp 的序列在其他物种中没有发现,跟电子克隆相比,slc30A8 的 ORF 也缩短了 462 个碱基。对该基因在猪的空肠、回肠、盲肠、结肠、直肠、心脏、肝脏、脾脏、肺脏、肾脏、胰腺和肌肉等 18 种组织中的分布进行分析发现,slc30A8 基因的分布具有严格的组织特异性,仅在回肠中分布,但因突变而产生的生物学功能还有待于进一步研究。

4.3.3.5 ZnT4 基因突变对乳汁的影响

ZnT4 在人各组织中均有表达,但在乳腺及乳腺来源的细胞系和小肠上皮细胞中表达最为丰富。在猪上,ZnT4 仅在卵巢、乳腺、食道、十二指肠、盲肠、心脏和肺脏中有分布。ZnT4 最早是作为突变可引发致死乳(lethal milk,lm)的基因被发现的,故又被命名为 lm 基因,其突变可导致乳中锌含量缺乏,从而使哺乳幼鼠在断奶前死亡。在纯合 lm/lm 母鼠乳中锌含量比野生型鼠乳少 34%,给 lm/lm 母鼠或其幼鼠补锌,母乳缺锌或幼鼠致死症状会减轻。lm 突变是 ZnT4 密码子第 297 位精氨酸碱基突变导致其翻译提前终止,即产生一个缩短的 ZnT4 蛋白。饲粮补锌不影响小肠、肝脏及肾脏中 ZnT4 mRNA 表达,用锌处理乳腺上皮细胞对 ZnT4 mRNA 表达也无影响,但泌乳期间饲喂轻微缺锌饲粮(10 mg Zn/kg)可增加乳腺中 ZnT4 mRNA 和蛋白的表达。研究表明,在大鼠肾细胞(NRK 细胞)中增加胞外锌浓度可使 ZnT4 从高尔基体转移至胞浆囊泡中,说明虽然 ZnT4 mRNA 和蛋白表达不受锌调节,但蛋白在细胞中的亚细胞定位(或转运)受到锌离子的调控。

4.3.3.6 SLC39A4(ZIP4)突变与肠病性肢端皮炎

肠病性肢端皮炎(acrodermatitis enteropathica, AE)是一种常染色体隐性遗传性疾病。目前研究表明,AE 是一种锌代谢异常的遗传性皮肤病,致病基因为 SLC39A4,该基因突变导致肠道锌吸收功能障碍。早在 1974 年,Moynahan 发现 AE 的临床表现与血锌水平的降低有关,口服补锌疗效显著。对 AE 患者十二指肠和空肠进行放射性^{65}Zn 或^{69}Zn 检测发现,这些部位锌主动转运存在缺陷,即使在补锌治疗后这些部位锌的聚集仅达正常水平的 77%。人的 SLC39A4 基因(hZIP4)含 12 个外显子,长度约 4.7 kb。其编码的 hZIP4 蛋白属于金属离子运输蛋白 ZIP 家族的成员,hZIP4 蛋白包括 8 个跨膜区域,其中前 3 个和后 5 个分别组成两个部分,中间为一富含组氨酸的锌结合位点。ZIP4 被认为是人类肠道上皮细胞中存在的锌运输器,负责对食物中锌的摄取。hZIP4 和 mZIP4 蛋白有 76%的序列同源性。hZIP4 属于 LⅣ-1 亚家族,有两种异构体,hZIP4 mRNA 主要在十二指肠、空肠、结肠、胃和肾脏中表达,其蛋白主要存在于小肠黏膜细胞顶膜表面。mZIP4 的存在部位与 hZIP4 类似,并与锌离子具有高亲和力,其基因表达受锌含量调节。最近的研究表明,库派转录因子 4 (Krüppel-like factor 4, KLF4)参与锌缺乏导致 ZIP4 转录表达增加的调控过程。而且,饲粮锌缺乏可影响蛋白的剪切过程,导致胞外的氨基末端被剪切,形成 ZIP4 初始蛋白形式。患有肠病性肢端皮炎的病人,该剪切过程被抑制，可见，蛋白剪切对调节 ZIP4 蛋白表达很重要。

此外，ZnT1 是 ZnT 家族中最先被发现的锌转运体，在细胞处于高锌环境时可促进胞内锌外排，从而维持细胞内适宜的锌水平，且 ZnT1 对锌的外排不受其他离子的干扰，是专一性的锌转运体。

杨茂伟等(2009)研究发现 ZnT1 在小鼠骺板内含量丰富，对骺板中的锌离子转运、代谢起重要作用。推测，如果 ZnT1 蛋白合成或代谢发生障碍，则无法促进胞内锌离子外排，进而造成胞内锌水平失调，最终会影响骨骼的生长发育。

4.4 基因多态性对维生素 A 吸收代谢的影响

4.4.1 类胡萝卜素及维生素 A 的代谢

4.4.1.1 类胡萝卜素的吸收

类胡萝卜素的微胶粒溶液在小肠内吸收。在油溶液中吸收最好，磷脂有助于其形成微胶粒溶液而利于吸收。胆盐不但促进类胡萝卜素运输到肠细胞，帮助其与细胞表面相结合，而且还促进类胡萝卜素的分解。维生素 E 及其他抗氧化剂可保护类胡萝卜素的侧链共轭双键系统免于氧化。类胡萝卜素进入到小肠细胞内，在胞浆内类胡萝卜素双氧化酶作用下，氧加入到中间位置的双键上，将其分解为视黄醛，但也可从一端将其分解生成与维生素 A 具有相同环的化合物。所生成的醛又经脱氢酶的作用还原为醇，最后再酯化成酯。小肠及肝都有胡萝卜素双氧化酶，但其活力以小肠较高，若以器官计，小肠为肝的 2 倍，以重量计则小肠为肝的 4～7 倍。类胡萝卜素的吸收是扩散性的，其吸收量与剂量大小呈相反关系。类胡萝卜素可存在于肝、脂肪、肾、皮肤及血管粥样硬化的斑块中。

4.4.1.2 维生素 A 的吸收及贮存

维生素 A 的吸收为主动吸收，需要能量，速率比类胡萝卜素要快 7～30 倍。食物中的维生素 A 多为酯式，经肠道中胰液或绒毛刷状缘中的视黄酯水解酶分解为游离式的视黄醇进入到小肠壁内，然后再被肠内细胞微粒体中的酯酶所酯化，最终合成维生素 A 棕榈酸酯。一般摄取维生素 A 3～5 h 后，吸收达到高峰。维生素 A 的吸收需要胆盐，维生素 E 可防止维生素 A 的氧化破坏。维生素 A 与乳糜微粒相结合由淋巴系统输送到肝，酯式水解后进入肝，然后再酯化为棕榈酸酯。肝实质细胞负责摄取维生素 A，一部分维生素 A 由实质细胞转入类脂细胞贮存，类脂细胞中有许多类脂滴，85％的维生素 A 在类脂滴中，还有一部分在高尔基体中。维生素 A 在肝中的贮存量可能与性别有关。雌鼠比雄鼠贮存多，饲喂维生素 A 缺乏的饲料，雄鼠肝贮存空竭比雌鼠要快。男性的血清维生素 A 水平比女性稍高。夜盲的发生亦以男性较多。另外，肾脏内也能贮存维生素 A，但其量仅为肝的 1％。而眼色素上皮组织内的维生素 A 是以酯式存在的，专为视网膜使用而贮备，其空竭速率比肝中的要慢一些。

4.4.1.3 维生素 A 分解代谢及排出

视黄醇通过氧化转变为维生素 A 酸，其中一部分异构为 β-顺式，β-顺式维生素 A 酸有维持上皮组织分化的活性，但体内不能贮存，很快消失。注射维生素 A 酸 4 h 后，肝中只剩下 10％，24 h 后肝中已无。大鼠摄入维生素 A 后，大便及尿中都有其代谢物的排出。大鼠给以

20 μg 维生素 A 后，大便排出中以葡糖视苷酸为主，大便排出量变化较大，第 2、3 天达到高峰，约为剂量的 9%，然后下降到较小数量。尿中排出 24 h 内为剂量的 8.7%，其中一半为水溶性的，一半为脂溶性的，尿排出量逐渐下降至第 8 天达到稳定，约为 0.55%。尿中代谢产物 β-紫罗兰酮环部分可氧化，甲基可脱去，侧链中的双键可饱和，链也可缩短。对水溶性代谢物目前了解很少。

4.4.2 视黄醇结合蛋白基因多态性对维生素 A 代谢的影响

视黄醇结合蛋白(retinol-binding proteins，RBPs)是体内一类将维生素 A 从肝中转运至靶组织以及实现维生素 A 的细胞内转运代谢的特异运载蛋白，在协助维生素 A 发挥生理功能中起着不可替代的作用。自从 Kanai 等 1968 年首次分离发现 RBPs 后，已在人、小鼠、大鼠及猪、牛、绵羊等各种家畜中对其进行了广泛研究。

4.4.2.1 RBPs 的分类

根据序列同源性可将介导维生素 A 转运及行使功能的蛋白分成分泌型视黄醇结合蛋白、细胞内视黄醇结合蛋白、视黄酸的核受体、视觉组织特异性的细胞外视黄醇结合蛋白、视觉组织特异性的细胞内视黄醇结合蛋白 5 类(梁学颖等，2000)。目前对分泌型视黄醇结合蛋白中血清视黄醇结合蛋白(SRBP)、附睾视黄酸结合蛋白(E-RABP) 和细胞内视黄醇结合蛋白(CRBP)的 X 线衍射结构已经研究清楚。血清视黄醇结合蛋白和细胞内视黄醇结合蛋白分别是细胞外和细胞内主要的视黄醇结合蛋白。其中，血清视黄醇结合蛋白(SRBP)为相对分子质量 21 000 的多肽，可与所有视黄醇结合，是将维生素 A 及其衍生物从肝脏中转运至靶组织的细胞外转运特异蛋白；CRBP 属于低相对分子质量(15 000)RBP 家族，分为 CRBP1 和 CRBP2 两种，大量存在于哺乳动物组织细胞质中，与所有视黄醇结合，参与细胞内视黄醇的转运和代谢。

4.4.2.2 RBPs 的生物学作用

维生素 A 的贮存、代谢必须依靠 RBP 的协助，否则体内维生素的吸收、贮存、转运等环节将会明显改变，引起组织中维生素 A 的分布不均，影响上皮组织和骨组织的生长、分化与动物的繁殖及胚胎发育，进而引发各种疾病，如夜盲症、结膜干燥症等。视黄醇结合蛋白的作用主要表现在 3 方面：①提供转运视黄醇从肝脏到周围组织的运转工具；②在血浆转运视黄醇过程中防止醇羟基被氧化，从而增加其在转运过程中的稳定性；③对视黄醇的释放起调节作用。在猪的子宫内膜和孕体，尤其在滋养外胚层中都存在着 RBP，表明在孕体中，RBP 能转运视黄醇或保护孕体不受高浓度视黄醇的侵害。

4.4.2.3 RBPs 的作用机理

一般情况下，维生素 A 必须与蛋白质结合，形成复合体，具有水溶性后才比较稳定，而且还可减少维生素 A 对细胞的毒性。另外，细胞膜只对复合体有识别能力，对未形成复合体的维生素 A 无识别能力，可以防止对维生素 A 的摄取失去控制，过多维生素 A 进入细胞会产生毒性。RBP 在机体内担任着转运视黄醇(维生素 A)的任务，其作用机理大致如下：①当靶组织需要维生素 A 时，维生素 A 从肝中释放出来，运输到靶组织。该过程首先将在肝内贮存的维生素 A 酯经酯酶水解为醇式，与视黄醇结合蛋白 RBP 结合，再与前白蛋白(prealbumin，PA)结合，形成维生素 A-RBP-PA 复合体后，才离开肝脏，经血液循环进入靶组织。②维生素

A-RBP-PA复合体随血液流到肠黏膜、膀胱、角膜及上皮组织等靶细胞后，细胞膜上RBP特殊受体可与RBP结合，并将维生素A释放出来，进入细胞内。③RBP与维生素A分开后已变性，丧失与维生素A、PA或细胞膜上受体结合的能力。这种游离的RBP在肾小球中可以滤过，而在肾小管重吸收，被肾皮层细胞所摄取，在溶酶体的作用下分解为氨基酸。④维生素A进入靶细胞后，先结合到膜受体，这时CRBP在细胞内与受体作用，接受视黄醇分子，之后发生构象变化，形成维生素A-CRBP复合物并从膜上分离，进入细胞内。维生素A酸在运输过程中不需要与RBP相结合，但进入细胞内必须与CRBP相结合。

4.4.2.4 RBPs基因的结构及定位

1. RBP基因

RBP基因约10 kb，含6个外显子和5个内含子，外显子较短，内含子大小变化很大。基因的旁侧序列至少包括3个不同的控制元件，即一个非组织特异性增强子(能够在一些不同的细胞系中激活的启动子)、一个负性顺式激活元件(可能结合阻抑蛋白)、一个启动子元件。这些控制元件如何相互作用，共同调节RBP基因表达目前仍不十分清楚。RBP首先以一个单链多肽前体合成，然后脱去前导肽变为成熟的分泌性蛋白，该蛋白是单一肽链蛋白质，含有184个氨基酸残基和3个二硫键，有一个结合一分子全反式视黄醇的位点。

Colantuoni等(1983)对人类肝脏RBP的cDNA进行分离测序，结果表明RBP的cDNA序列含有一段51个碱基的短5′非翻译区(5′UTR)和一个负责编码200个氨基酸的从51～651核苷酸的开放阅读框(包括RBP信号肽序列)，从核苷酸序列推导的氨基酸序列显示RBP含有一条16个氨基酸的信号肽，它具有所有信号肽前期结构的共同特征：①在N末端存在1个或2个带电残基(赖氨酸残基)，对磷脂膜的极性头部具有重要的离子互作；②第10氨基酸周围存在高疏水区；③在疏水区与剪切点之间存在由3个丙氨酸残基组成的开放区。另外发现在132位和148位分别是苏氨酸和谷氨酸盐脂类而非天冬氨酸和谷氨酸，在终止密码子之前有一个亮氨酸残基，3′非翻译区为231 bp，结尾是polyA尾。Southern和Northern杂交分析表明该基因在单倍体基因组中存在一个或几个拷贝，并由特定的mRNA翻译。Dore等(1994)利用限制性内切酶对基因组DNA的分析结果也表明RBP由单倍体基因组中的单一基因编码，但尽管只是单基因编码，该蛋白在特异组织中的表达却存在差异。

2. 细胞内视黄醇结合蛋白(CRBP)基因

Levin等(1987)从λgtll大鼠肝脏cDNA文库中分离得到CRBP1的cDNA，对所克隆的DNA的674 bp的核苷酸序列分析表明，CRBP mRNA的5′端非翻译区有24个碱基，编码区有405个碱基，3′端非翻译区有194个碱基，还有51个碱基的polyA尾。Ellen等(1986)从大鼠肝脏中分离到CRBP2的cDNA并进行了克隆，分析表明起始密码子在56位，随后是开放阅读框，终止于458位的终止密码子，全长共570多个碱基，共编码相对分子质量为15 580 000的134个氨基酸。对CRBP1和CRBP2的比较测序分析结果表明，两种CRBPs都是单链多肽，都有3个Cys残基。CRBP的保守Cys在95位和126位，形成二硫键，CRBP1和CRBP2第3个Cys位点不同，前者在82位，后者在122位。CRBP2中9、89、107和110 4个位点上的Try残基在CRBP1中极端保守，596个比较定位的核苷酸中有317个完全相同(相同率53%)。

3. RBPs基因的组织定位和发育性表达

RBP虽然被证明是肝脏合成的，但是许多肝外组织也有分泌，比如大鼠的卵黄囊，猪、绵羊和奶牛的孕体、子宫及胎盘组织。RBP 基因 mRNA 在哺乳动物的多种组织（如子宫内膜、卵巢、输卵管、孕体、胎盘上皮细胞、肝脏、小肠、卵泡、黄体、睾丸、附睾等）中表达，但在不同动物、同种动物的不同器官和不同发育时期都有所不同。

（1）猪 RBPs 基因的组织定位和发育性表达　Haney 等（1993）研究表明，在猪间情期第 1 天、第 5 天、第 10 天及妊娠期第 10 天时，因 RBP 基因的表达水平过低而难以检测；间情期和妊娠期 RBP mRNA 水平从第 10～12 天一直到第 15 天逐渐增强，间情期第 18 天开始下降，但在妊娠母猪子宫内膜中仍保持上升趋势。Stallings-Mann 等（1993）研究发现，母猪在妊娠第 13 天时 RBP1 和 RBP3 占优势，在第 45 天时 RBP2 和 RBP4 的量最多。杨国伟等（2009）研究了大白猪 RBP 基因在 1、90、180、270、360 日龄的心、肝、胃、脾、肾、肺、大肠、小肠、肌肉、子宫、卵巢共 11 个组织的表达情况，结果表明 RBP mRNA 在肝脏、子宫和卵巢内持续表达，而且在肝脏中是持续高表达，子宫中 RBP mRNA 的表达在不同日龄间存在显著差异，且在 90 日龄时最低，脾脏不表达该基因，在胃里的表达时间较短，仅在 1 日龄时表达，心脏、肾脏、肺、大肠、小肠和肌肉组织中也表达 RBP mRNA，不同日龄不同组织的表达情况不一样，没有明显的规律性，但存在时间和空间的表达差异。公维华等（2007）分别将猪 RBP1、RBP2、RBP4 和 CRBP2 定位在 13 号、13 号、14 号和 4 号染色体上。研究显示猪 RBP1 基因的表达模式不同于小鼠 RBP1 基因的表达模式，RBP1 基因在成年小鼠的肾脏、肝脏、肺脏、睾丸和睾丸脂肪垫中高表达，在心脏中表达较弱（Vogel 等，2001）；而 RBP1 基因在成年人的 47 种不同组织中广泛表达，且在卵巢、胰腺、垂体和肾上腺中表达特别丰富（Folli 等，2001）。猪 RBP4 基因的表达模式与小鼠 RBP4 基因的表达模式相同，在小鼠中 RBP4 主要在肝脏中合成，但在肾脏、脂肪、泪腺、视网膜色素上皮细胞、睾丸和大脑中也有合成（Quadro 等，2004）。猪 RBP2 仅在小肠和大肠中表达，在小肠中的表达非常丰富，而在大肠中的表达很低。猪 CRBP2 基因的 mRNA 水平在大脑中最高，其次是脂肪组织，而在肺、骨骼肌、肾中较低，在心脏和大肠中非常低，其他组织中未见表达。

（2）绵羊 RBPs 基因的组织定位和发育性表达　Dore 等（1994）用绵羊 RBP 的 cDNA 克隆研究了绵羊孕体及子宫内膜 RBP mRNA 的早期妊娠表达，结果表明早期妊娠和发情第 13 天 RBP 表达不存在差异。在间情期动物中，第 13～16 天间 RBP mRNA 表达双倍下降，可能与这个时期黄体退化而导致孕酮水平下降有关。在妊娠动物中，尽管有功能黄体的存在，但子宫内膜 RBP mRNA 表达水平在妊娠第 13～16 天间同样下降，并保持该水平直到第 30 天。绵羊胚胎 RBP mRNA 表达的起始与第 13 天早期胚泡的延伸相一致，其表达水平随着孕体的发育急剧上升，第 23 天达到峰值，此后开始下降。绵羊输卵管中，在雌二醇存在下孕酮对 RBP 基因的表达是负调控的，而 17β-雌二醇（17β-estradiol，17β-E2）则刺激 RBP 的合成和分泌（Dawn 等，1999）。妊娠早期子宫 RBP 基因表达的调控在猪和绵羊中存在着种的差异，猪胚泡对 RBP 表达可能是正调控的，绵羊胚泡不产生雌激素，对 RBP 的表达是负调控的。

（3）牛 RBPs 基因的组织定位和发育性表达　MacKenzie 等（1997）用原位杂交法将 RBP 基因定位于牛子宫内膜腔和腺体上皮细胞中，并发现 RBP 的 mRNA 在发情第 1 天的表达水平中等，第 5 天开始下降，第 10 天最低，第 15～17 天时有明显回升，第 20 天达到峰值。用 ELISA 法对间情期子宫内膜腔中 RBP 的浓度进行测定，发现第 1～10 天之间持续下降，到第 15 天时急剧上升，第 20 天之后开始下降。奶牛妊娠第 15 天子宫潮红（flushes）时 RBP 的浓度与间情期情况类似，直到第 17 天都保持该相对恒定的水平。奶牛子宫内膜中 RBP 的转录和分泌相互关联，卵巢类固醇可能与子宫中类固醇激素受体的浓度有关，调节子宫 RBP 的表达。

（4）鼠 RBPs 基因的组织定位和发育性表达　CRBP1 和 CRBP2 这两种基因的分布及其 mRNA 在不同性别、不同组织和不同发育阶段的大鼠、小鼠中表达均存在显著差异，表明它们各自的生理功能不同。Levin 等(1987)发现紧密连锁基因 CRBP1 和 CRBP2 mRNA 在成年雄性大鼠中的组织分布具有特异性。在成年雄性大鼠的 10 种组织（小肠、结肠、肾上腺、睾丸、肝、肾、胰、肺、脑、心）中，肾中 CRBP1 mRNA 最多，而 CRBP2 mRNA 则主要存在于小肠中，肾、脑及睾丸中仅有微量存在。妊娠后期雌性大鼠 CRBP1 mRNA 在肝、肾中分布最多，小肠、胎盘膜、胎盘中仅有少量存在，其中肝脏 CRBP1 的量可增加 6 倍，小肠中 CRBP1 的浓度保持妊娠第 16 天首次出现时的低水平，并在整个围产期和产后都将保持该水平不变；分娩后肝脏中 CRBP1 的量迅速下降 10 倍到成年雄性大鼠相似的水平。妊娠后期雌性大鼠 CRBP2 mRNA 主要分布于小肠中，在妊娠第 16 天到出生这段时间可增加 4 倍，整个泌乳期都保持上升趋势。分娩前后雌大鼠与成年雄大鼠肝脏中都不存在 CRBP2 mRNA。在胎儿组织中，Kato 等(1985)的研究表明，CRBP1 主要存在于尿囊绒毛膜胎盘的滋养层和卵黄囊的内胚层，其 mRNA 在出生后期胎儿的肝脏、小肠、肺和肾中存在，但不存在于脑和心脏。CRBP1 mRNA 的水平在出生后 24 h 可上升 4 倍，出生第 2 天则突然又降低 4 倍，在整个断奶早期(14 d)都存在；而 CRBP2 mRNA 的水平则一直保持恒定直到断奶后才消失。Northern 杂交分析表明每种组织中 CRBP1 mRNA 的量都与成年鼠中的量不同，CRBP2 基因在胎儿肝脏及小肠中表达，在肾脏、胎膜及胎盘中均不表达。胎儿肝脏中 CRBPs 在妊娠第 16 天时都表达，哺乳期及早期断奶期肝中 CRBP1 浓度显著提高，而 CRBP2 mRNA 水平在出生后已显著下降。

4.4.2.5　RBPs 基因多态性对维生素 A 代谢及家畜生产性能的影响

维生素 A 的贮存、代谢必须依靠 RBP 的协助，否则体内维生素 A 的吸收、贮存、转运等环节将会改变，导致组织中维生素 A 的分布不均，影响上皮组织和骨组织的生长、分化与繁殖、胚胎发育等。目前研究表明 RBP 基因对于家畜的生产性能，尤其是繁殖性能和胚胎发育影响重大。

1. RBP 基因对家畜繁殖性能的影响

孕体、子宫内膜及肝脏等组织中的 RBP 基因是由组织特异性的复杂机制调节的，这对家畜的繁殖性状至关重要。RBP4 是孕体产生的主要蛋白之一，由于其在妊娠关键期的转运作用和胚胎发育过程中的显著作用，已被作为猪高产仔数的有利候选基因。

Messar 等(1996)对法国 2 个大白猪品系的基因型进行测定，发现 RBP4 在超高产大白猪中可使产仔数增加 0.52 头/窝，在对照大白猪中增加 0.45 头/窝。Olliver 等(1997)分析高产仔系和对照组母猪，估计 RBP4 的效应为 0.4 头/窝，并认为 RBP4 基因是一个较为合理的产仔数候选基因。Rothschild 等(2000)用 6 个商品系 1 300 头母猪的 2 555 头仔猪进行 RBP4 标记基因型检测，表明 RBP4 纯合基因型与缺失基因型间接差异分别为 0.5 头/窝和 0.26 头/窝。罗仍卓么等(2008)以 RBP4 基因为繁殖性状的候选基因研究其对北京黑猪繁殖性能的影响，结果在北京黑猪群体中发现了 AA 型、AB 型和 BB 型 3 种基因型，将不同基因型与总产仔数、产活仔数和初生重进行了关联分析，发现初产母猪 BB 型比 AA 型和 AB 型个体的总产仔数分别多 1.04 头和 0.31 头；BB 型和 AB 型比 AA 型个体的产活仔数分别多 1.47 头和 1.35 头。基因效应分析结果表明，初产母猪该位点的 B 等位基因对总产仔数、产活仔数和初生重都表现为正效应。何远清等(2006)采用 PCR-SSCP 技术分析了 RBP4 基因在高繁殖力绵羊品种(小尾寒羊、湖羊)以及低繁殖力绵羊品种(多赛特羊、萨福克羊)中的单核苷酸多态性及其对小尾寒羊高繁殖力的影响。结果表明:RBP4 基因扩增片段在 4 个绵羊品种中存在 PCR-SSCP 多态性。BB 基因型只出现在高繁殖力绵羊品种中,而低繁殖力绵羊品种则没有 BB 基因型;AB 基因型频率随着绵羊繁殖力的降低而升高;AA 基因型只出现在小尾寒羊、多赛特羊中。BB 基因型小尾寒羊产羔数分别比 AA 和 AB 基因型多 0.52 只和 0.67 只,AA 和 AB 基因型小尾寒羊产羔数没有显著差异。表明绵羊 RBP4 基因与小尾寒羊高繁殖力相关。

2. RBP 基因对胚胎发育的影响

输卵管 RBP 位于输卵管上皮细胞中,其合成、分泌及表达均受到类固醇的调节,而哺乳动物的输卵管是类固醇应答器官,提供运输精子、受精及早期胚胎发育的环境。视黄醇对于雄性和雌性动物的繁殖都很关键。维生素 A 的缺乏将导致输卵管变小、繁殖性能下降、流产及胎儿先天性畸形等。此外,子宫内膜及子宫肌膜中 RBP 基因的充分表达也说明了发育中孕体的视黄醇的转运是子宫生长,胚胎发育,外胚膜分化形成绒毛膜、尿囊和卵黄囊及胎盘形成等必需的。Kato 等(1985)证明 CRBP 广泛存在于胎儿卵黄囊的内胚层及尿囊绒毛膜胎盘的滋养层中,这两种组织均参与母体-胎儿间的营养传输,前者合成大量包括血清 RBP 在内的分泌性蛋白,很可能在发育后期的胎儿肝脏中发挥功能。出生后胎儿肝脏中维生素 A 的贮存受母体维生素 A 的影响非常明显,为满足小鼠维生素 A 的需要,母体很可能动用其肝脏中贮存的维生素 A 并提高小肠吸收视黄醇的能力,在这些过程中 CRBP 基因可能起着重要作用。Bavik 等(1996)通过对小鼠胚胎的卵黄囊注射反义寡脱氧核苷酸产生缺失视黄酸(RA)胚胎,结果卵黄囊 RBP 合成受到抑制,导致发育后期的胚胎卵黄血管、脑神经血管和眼部畸形。当为胚胎又加入 RA 后,胚胎发育恢复正常,这表明 RBP 在胚胎 RA 合成中具有重要作用。

3. RBP 基因对肉品质的影响

RBP 蛋白在视黄醇和视黄酸的吸收、转运、代谢和体内平衡方面起重要的作用,而视黄酸又通过调节许多目标基因的转录来调节细胞的分化和增殖,因此这些蛋白必然影响脂肪细胞和肌纤维细胞的分化和增殖,进而影响肉的品质。

公维华等(2007)利用半定量 RT-PCR 方法,对 RBP1、RBP2、RBP4 和 CRBP2 4 个基因在成年五指山猪 12 种不同组织(肺、骨骼肌、脾、心脏、胃、大肠、淋巴结、小肠、肝、大脑、肾和脂肪)中的组织表达谱进行了分析,结果发现了 5 个多态位点;用 PCR-RFLP 方法,对多态位点在莱芜黑猪、五指山小型猪、贵州小型猪、广西巴马小型猪和通城实验群体中进行了研究。结果发现,在通城实验群体中,RBP4-A/G 不同的基因型与通城实验群体的胴体直长、胴体斜长、血红蛋白浓度、平均血细胞血红蛋白量和上市体重日龄显著相关,RBP2-C117T 多态位点不同基因型与通城实验群体的肌肉大理石纹评分、肌肉嫩度高度相关。猪肉的品质和产量本质上是由猪肌纤维细胞的组成种类、数量和大小决定,而猪肌纤维细胞的组成种类和数量是在胚胎发育过程中形成的,RBP 基因对胚胎发育有一定影响,因此可能和猪肉品质存在相关。

第5章

营养素与基因互作对畜禽的影响

5.1 营养素与基因的互作关系

5.1.1 对营养素与基因互作的认识及其发展过程

人们对营养素与基因之间相互作用的最初认识，始于对先天性代谢缺陷的研究。1908年，Garrod博士在推测尿黑酸尿症(alcaptonuria)的病因时，首先使用了"先天性代谢缺陷"这一名词。此后，又先后发现了隐性高铁血红蛋白血症(recessive methemoglobinemia)、冯吉尔克症(von Gierke disease)、苯丙酮尿症(phenylketonuria，PKU)等。到目前为止，已发现了300多种先天性代谢缺陷病。

先天性代谢缺陷病主要是因为基因突变，导致某种酶缺乏，从而使营养素代谢和利用发生障碍造成的，针对代谢缺陷的具体特征，可以利用营养素来弥补或纠正这种缺陷。例如典型的苯丙酮尿症，是由于苯丙氨酸羧化酶缺乏，使苯丙氨酸不能代谢为酪氨酸，而导致的苯丙氨酸堆积和酪氨酸减少。据此特征，可在膳食配方中限制苯丙氨酸的含量，增加酪氨酸的含量。

由于在先天性代谢缺陷研究与治疗方面积累了丰富的经验，并获得了突出成就，1975年美国实验生物学科学家联合会第59届年会在亚特兰大举行了"营养与遗传因素相互作用"专题讨论会，这是营养学历史上具有里程碑意义的一次盛会。由于当时受分子生物学发展的限制，分子营养学的发展还非常缓慢。1985年，Simopoulos博士在西雅图举行的"海洋食物与健康"会议上，首次使用了分子营养学这个名词。从1988年开始，分子营养学研究进入了黄金时代。人们开始关注有关分子生物学技术在营养学研究中的应用、基因表达的营养调节、基因多态性与营养素之间的相互作用对营养相关疾病的影响、基因多态性对营养素需要量的影响等。

随着基因组学研究的发展以及人类基因组计划的实施和完成，营养学研究开始步入了"基因时代"，即出现了营养基因组学。营养基因组学(nutrigenomics)是2000年提出的一种新的营养学理论，被认为是继药物基因组学之后源于人类基因组计划的个体化治疗的第二次浪潮。营养基因组学以分子生物学技术为基础，应用DNA芯片、蛋白质组学等技术来阐明营养素与基因的相互作用。研究的重点主要包括：营养物质代谢和免疫调节效应的分子机制；基因型对营养的利用及动物健康的影响；营养物质对动物繁殖、组织发育和生长发育等性状相关基因表达调控的分子机制；营养物质对肉品质相关性状基因表达调控的影响；不同营养水平与饲料组成条件下对有关调控饲料摄入、代谢的基因表达水平的影响等几个方面。在未来的一段时间内，营养基因组学结合基因组学、蛋白质组学、基因型鉴定、转录组学和代谢组学领域，必将快速发展，并对动物营养与饲料科学研究乃至对整个畜牧业生产产生深远的影响。

5.1.2 营养素与基因的相互关系

众所周知，DNA 携带着生物体全部的遗传信息，基因的选择性表达决定了生物体个体的发育和分化、性别、生长、健康状况、寿命、外部特征、机体对外部环境的适应能力及细胞周期的调控和细胞的衰老、凋亡等。而营养素是生物进行新陈代谢的物质基础，只有获得平衡充足的营养物质，生物才能正常生长发育，顺利完成繁衍后代的生命过程。日粮营养成分对许多基因的表达有影响，可以通过各种途径来调控基因的表达，从而影响动物机体的代谢过程，最终影响动物的生长和生产。基因与营养间的相互作用非常复杂，动物采食后，营养物质进入体内，会进行不计其数的新陈代谢反应，其中也包括多种方式的基因反应，从而影响着基因的变异和基因表达水平的改变。同时，由于动物基因本身的不同以及基因激活和调控上存在的差异，导致对营养也有不同的要求。

5.1.2.1 基因差异导致对营养的需要量不同，对营养提出个体化要求

不同动物体基因之间存在着差异。就 DNA 的单一性变化而言，人的基因上有 140 万～200 万个单核苷酸多态性，其中约有 6 万个存在于外显子中。这些变异可能会导致人的生化或代谢发生转变，从而影响对营养物质的消化利用。例如多数人在断奶后，其产生乳糖酶的基因会关闭。但有一支北欧人群，由于他们的 DNA 大约在 1 万年前发生了突变，就具有了终生消化牛奶的能力。此外，机体内基因被激活的水平也表现出明显的个体差异性。随着对基因科学了解的深入，人们发现个体基因表达水平呈现多样性，尤其是生物体在遭受到某种刺激或病变时，往往会伴随着某些基因表达量的变化。据了解，至少 150 种基因变异会增加患Ⅱ型糖尿病的概率，300 种甚至更多的基因变异与肥胖有关。由于个体的基因和基因的表达水平存在差异，摄入同样的食物，不同的机体对食物的消化、吸收结果不同，代谢的情况不同，产生的营养效果必然也不同。

5.1.2.2 摄入的营养物质反作用于基因

营养素本身除了参与物质代谢外，还具有独立的生物效应，能直接或间接与核酸发生相互作用，进而影响基因表达。日粮中的营养物质，可以直接或者作为辅助因子催化体内的反应，构成大分子的底物，还可以作为信号分子或者改变大分子的结构，从而引起基因表达各环节和水平上的变化。维生素 A、维生素 D、锌、氨基酸、脂肪酸和葡萄糖等能直接影响基因的表达，其作用方式是通过控制基因构型或代谢状态，从而导致 mRNA 表达水平甚至其功能的改变。而膳食纤维等则可以通过改变激素信号、机械刺激或肠道细菌代谢产物而发挥其间接作用。一种营养素可调节多种基因的表达，不仅可对其本身代谢途径所涉及的基因表达进行调节，还可影响其他营养素代谢途径所涉及的基因表达，营养素不仅可影响细胞增殖、分化及机体生长发育相关基因的表达，而且还可对某些致病基因的表达产生重要的调节作用；反过来，一种基

因的表达又同时受多种营养素的调节。目前利用基因组技术，已经能够测定营养素对细胞或组织基因谱表达的影响。例如，基因组学的方法证实葡萄糖可在转录水平调节肝基因。此外，在一些疾病的发生发展过程中，往往涉及一些与营养物质代谢相关的酶、辅酶、蛋白基因表达的改变。这种基因表达的变化或异常可引起许多代谢紊乱，影响多种基因疾病的发生发展过程。蛋白质组学及代谢组学等方法的出现，为比较研究一些疾病的基因差异表达情况，对阐明发病机理、寻找特异性基因诊断方法及治疗研究提供了大量的实验数据及方向，这些方法必将得到广泛应用并具有良好前景。

5.1.2.3 合理利用营养与基因的互作关系

分子生物学技术的不断发展及其在营养学中的应用，使人们明确地认识到营养物质与基因表达之间存在着广泛的相互调控或调节的关系。营养素与基因之间发生的这种相互作用是持续的，而且非常复杂。基因不同，往往会导致相同的营养对不同的机体产生不同的"好处"或"坏处"。只有合理利用基因和营养的相互作用，才能使其更好地为人类服务。营养基因组学是专门研究营养与基因之间相互作用的科学，深入开展营养基因组学研究，探索营养与基因的互作关系，并进行合理运用，将有可能产生以下 3 方面重要影响。

(1) 揭示营养素的作用机制或毒性作用　通过基因表达的差异和变化能够研究能量限制、微量元素缺乏及糖代谢等问题；应用分子生物学技术，可以测定单一营养素对某种细胞或组织基因表达谱的影响；采用基因组学技术，可以检测营养素对整个细胞、组织或系统及作用通路上所有已知和未知分子的影响。因此，这种高通量、大规模的检测无疑将使得研究者能够真正全面地了解营养素的作用机制。此外，基因组学技术也将为饲料安全性评价、病原菌检测、掺假及防伪甄别等提供强有力的手段。

(2) 阐明动物营养需要量的分子生物标记　除了极少数是依据生化指标外，现有的营养需要量都不是根据基因表达来确定的。借助于功能基因组学技术，可通过 DNA、RNA 到蛋白质等不同层次的研究找寻适宜的分子标记物。而应用含有某种动物全部基因的 cDNA 芯片研究在营养素缺乏、适宜和过剩条件下的基因表达图谱，也将会发现更多的、能用来评价营养状况的分子标记物，作为评价营养素状况的新指标，进而更准确、合理地确定动物对营养素的需要量，彻底改变传统的根据剂量-功能反应确定营养素需要量的研究模式。

(3) 使个性营养成为可能　营养基因组学不仅有助于人们更好地理解个体由于基因差异而对各种食物成分以及饮食方式所产生的不同反应，而且相关的营养基因组数据也会为特定人群研制有效的食疗方案打下扎实的基础。存在于人的基因组外显子中的 6 万多个 SNPs，极有可能为人体对营养素需求及产生反应差异提供重要的分子基础。营养基因组学结合人类遗传学的最新发现和对食物中数百种化合物的深入了解，逐渐梳理出饮食与脱氧核糖核酸(DNA)之间的一些复杂关联，有望根据自己的"基因要求"，有的放矢的调节营养，实现营养个体化，通过饮食来防治疾病。因此，在动物生产中，未来也将有可能应用基因组学技术阐明与营养有关的 SNPs，并用来研究动物对营养素需求的个体差异，通过基因组成以及代谢型的鉴定，确定个体的营养需要量，使个体营养成为可能，即根据动物的遗传潜力进行个体饲养，这就是"基因饲养"。此外，应用基因组技术也将有助于开发出一些针对性强、功效明显的动物源性功能食品。

5.1.3 营养素与基因互作的研究热点及其在动物生产中的作用

5.1.3.1 营养素与基因互作的研究热点

随着基因组时代的到来，科学家们已经将基因组学、转录组学应用于营养学领域，从基因水平上研究营养的作用，研究各类营养素的代谢调控机理。在目前有关营养素与基因互作的研究中，基因的SNPs和基因表达水平的分析成为研究的热点。

1. 单核苷酸多态性方面的研究

SNPs被认为是一种能稳定遗传的早期突变，它们之间存在着连锁不平衡，不仅与疾病有着一定的相关性，而且还影响营养物质的代谢、活性、作用途径、不良反应等，而使其效应呈现多态性。如果与营养有关的基因存在多态性，就会对不同个体营养素的吸收、代谢和利用产生影响，导致对营养素需求和耐受产生差异，进而影响个体的消化、代谢和其他性能。个体基因间的差别很可能导致不同的营养需要量，而引发营养代谢病。探寻SNPs与疾病发生的有关机制，有利于预测个体发病几率，并有可能通过改变膳食结构，减少患病几率。根据SNPs产物结构特点，有助于寻找和确定其可能作用的受体及调控的靶基因，进行生物活性检测，有效地筛选营养素中新的功能成分，在强壮机体、防治慢性疾病和辅助治疗上发挥积极的作用。

2. 基因表达水平的研究

同一细胞在不同的生长时期及生长环境下，其基因表达情况是不完全相同的。当前，基因表达水平的分析，研究细胞在某一功能状态下所含mRNA的类型与拷贝数，即转录组的研究，受到了营养基因组学研究者的青睐。转录组就是转录后的所有mRNA的总称，与基因组不同的是，转录组的定义中包含时间和空间的限定。人类基因组中包含30亿个碱基对，其中大约只有5万个基因转录成mRNA分子。应用荧光定量PCR和cDNA芯片技术等分子生物学技术，把基因表达谱作为一种工具，可以检测营养素对整个细胞、组织或系统及作用通路上所有已知和未知分子的影响。其中cDNA芯片技术是利用供试品中的mRNA逆转录形成荧光标记的cDNA后，将荧光标记的cDNA与基因芯片上的已知序列进行杂交，通过检测荧光信号获得基因表达的特征信息。这种方法可以清楚、直接、快速地检测出mRNA水平，且易于同时监测成千上万的基因。利用该方法，研究者可以更全面地了解营养与基因表达的关系。例如，Rao等(1997)采用cDNA芯片对低硒饮食的C57BL6小鼠小肠的基因表达进行检测，相对高硒饮食组84个基因的表达量增加2倍，48个基因表达减少了75%，其中高表达的主要是有关氧化诱导基因、细胞增殖基因，表达减少的主要有谷胱甘肽过氧化物酶、P4503A1、2B9等。结果表明硒含量可能调节与肿瘤相关途径的基因表达水平。龙建纲等(2004)应用基因芯片技术检测了缺锌仔鼠脑中差异表达基因。初步确认缺锌组仔鼠脑中有8条差异表达基因，其中5条锌上调序列、3条锌下调序列，该研究结果为缺锌致脑功能异常机制的研究提供了重要线索。

5.1.3.2 营养素与基因互作在动物生产中的作用

畜牧业生产的目标是以尽可能少的投入，生产出尽可能多的优质畜产品。动物的一切生命活动受遗传基础即基因的调控，动物的生产性能首先决定于遗传因素，同时受营养环境的影响。作为外部因子的营养物质与基因表达之间存在着广泛的相互调控或调节的关系，这种互作关系是动态的，始终存在于动物机体内，直到生命完结。这种互作主要表现在两个方面：一是养分摄入量和种类影响基因表达及蛋白质的合成;二是基因表达结果影响养分代谢途径和代谢效率,并决定动物营养的需要量。

动物个体的营养代谢受基因的调控,主要通过神经内分泌和消化代谢等途径实现。基因和营养物质之间的互作表现为,基因型控制与饲料营养消化代谢相关的调控物质如激素、酶类的总量和水平,进而对饲料营养的利用效率、动物的生长发育和生产性能起到调控作用;而饲料营养亦调节激素、酶等各种代谢调控物质的活性及水平,从而影响基因的表达效果。基因调控动物对饲料营养的利用效率,饲料营养亦调节动物基因的表达水平。了解营养代谢的调控机理,对于提高饲料利用效率和家畜的生产性能及改善畜产品品质等具有重要意义。就目前来看,从分子水平上弄清养分的代谢规律,一方面,有助于确定动物群体及个体的营养需要量,配制能改变动物生理活动的日粮,有效提高和控制动物的生长和生产性能;另一方面,可以掌握养分摄入过量及缺乏的后果,预防和治疗营养代谢疾病以及解决其他营养问题。随着分子生物学技术的发展进步和多学科的交叉发展,人们对有关营养素与基因互作关系的认识将逐渐深入,对营养素的消化代谢规律的认知也将日益加深。这将为提高畜禽生产性能,以提供质优量多的畜产品和预防及治疗畜禽疾病奠定分子基础。

5.2 营养素与基因互作对畜禽生产性能的影响

动物的表型(生产性能)是遗传和环境因素共同作用的结果,其中遗传即基因所起的作用占50%,环境主要是饲料营养和饲养管理条件,分别占30%和20%。饲料中营养物质可以通过对激素、酶等各种代谢调控物质的活性及其总量水平的调控影响基因表达的效果,而基因亦可调控动物对饲料营养的利用效率,进而影响动物的生长发育和生产性能。研究表明,动物对饲料中营养物质的利用效率存在种属、品种、个体甚至基因型间的差异。也就是说,不同种类的动物对同一饲料中相同营养物质的利用效率存在很大的差异;同种类的动物对同一饲料中相同营养物质的利用效率存在着品种间的差异;甚至同一品种的不同个体对同一饲料中相同营养物质的利用效率也存在着个体或基因型间的差异。可以说,在动物的生命过程中,始终存在着遗传(基因)和营养的相互作用。如果能利用营养与基因的互作关系,从分子水平上了解营养代谢的规律,合理配制日粮,可提高有益基因的表达水平,对提高家畜的生产性能和改善其产品品质具有重要意义。

5.2.1 营养素与基因互作对畜产品品质的影响

目前,随着生活水平的提高,人们对畜产品品质的要求越来越高。研究结果显示,肉的品质受到遗传和营养因素的共同调控。除了日粮营养水平外,脂肪酸结合蛋白(fatty acid binding proteins,FABPs)、肌肉生长抑制素(myostatin,MSTN)、类胰岛素生长因子-Ⅰ(insulin-like growth factor Ⅰ,IGF-Ⅰ)、钙蛋白酶抑制蛋白(calpastatin,CAST)等基因的多态性和肉的品质也存在相关。近年来,在国内也开展了一些有关营养和基因对肉品质影响的研究,以期为基因型与营养互作改善肉质研究提供理论和实践依据。

5.2.1.1 **FABPs与营养互作**

FABPs是一类结构特殊的蛋白质，对脂肪酸具有特别的亲和力。在哺乳动物中有两种脂肪酸结合蛋白基因被作为肌内脂肪(intramuscular fat，IMF)的候选基因，一种是心脏脂肪酸结合蛋白基因(heart fatty acid binding protein gene，H-FABP)，另一种是脂肪细胞型脂肪酸结合蛋白基因(adipocyte fatty acid binding protein gene，A-FABP)。目前，研究较多的是前者。H-FABP是一种低分子质量胞浆蛋白，由H-FABP基因所编码，主要分布在心肌、骨骼肌和脂肪细胞中，在细胞内与脂肪酸结合，使细胞内外保持一定的脂肪酸浓度差，促进细胞摄取脂肪酸。该基因在mRNA表达水平对肌内脂肪含量影响显著，是影响肉质性状的主要候选基因。

目前，已有多种畜禽的H-FABP基因被克隆和定位。其中猪H-FABP基因被定位在6号染色体上。用限制酶*Hae*Ⅲ、*Hinf*Ⅰ和*Msp*Ⅰ酶切猪的H-FABP基因会产生3个限制性长度多态片段。Gerbens等(1998)研究表明H-FABP的多态性与IMF含量、背膘厚(BFT)及体重显著相关，不同基因型猪的IMF含量不同，从而影响猪肉的嫩度、风味和多汁性。

李长龙等(2009)采用136头PIC5系杂交猪，体重65 kg，随机分成4组，各组分别给予不同日粮，在饲养35 d、体重大约90 kg时统一屠宰并进行肉质测定、H-FABP基因分型及其与肉质性状的关联分析。结果表明：所采用的3种日粮对肉色、屠宰后24 h的pH、肌内脂肪和肌肉蛋白含量有极显著的影响；H-FABP基因型对肌内脂肪和肌肉蛋白含量存在极显著的影响；H-FABP基因多态性和营养因素的交互作用对pH和IMF含量均有显著的影响。其中对照组的AA基因型具有最高pH，高维生素E组的AA基因型具有最高肌内脂肪值，低蛋白和低能量的饲料可提高H-FABP基因表达，提高IMF含量，增加肉的嫩度。因此，认为营养物质可以影响DNA的复制或者改变染色体的结构，从而影响基因的表达和相关表型。同时试验表明，铁、铜、锌、硒4种微量元素有可能影响H-FABP基因表达，进一步影响肉质。试验提示，在提高猪肉品质的育种和生产过程中应该同时考虑营养因素和遗传因素。

许云贺等(2010)将18头约60 kg的杜×长×大三元杂交猪随机分为2个处理组，分别饲喂基础日粮和试验日粮，试验日粮为基础日粮中添加吡啶羧酸铬，铬在日粮中的添加浓度为200 μg/kg。在体重大约90 kg时屠宰，并且进行基因表达、肉质测定、H-FABP基因分型及其与肉质性状的关联分析。结果表明，H-FABP的多态性和铬营养因子的交互作用在肌内脂肪上存在显著的差异，试验组DD基因型肌内脂肪含量为2.537%，比对照组DD基因型肌内脂肪含量提高了20.24%。H-FABP基因表达量与肉质脂肪性状之间存在正相关，基因表达量与背膘厚、肌内脂肪含量和大理石花纹相关系数分别为0.144、0.86和0.843，其中H-FABP基因表达量与肌内脂肪含量和大理石花纹呈显著正相关。铬能够显著提高肌肉组织H-FABP基因表达量，提高肌内脂肪含量和大理石花纹，提示在改善肉质的研究中应同时考虑遗传和营养效应。

文立正等(2008)研究不同遗传基础的草原红牛在不同营养水平条件下H-FABP基因与消化代谢、屠宰和肉质性状的关系，发现试验牛的H-FABP基因5′调控区SNP位点序列在142处发生了G/A转换。H-FABP不同基因型在不同遗传基础的草原红牛群体和不同营养条件下，对消化代谢、屠宰和肉质性状的影响分析表明：在高营养水平条件下，营养因素对于性状的表现起到了决定作用，随着营养水平的降低，H-FABP不同基因型对于消化代谢和肉质性状的决定作用和基因效应越来越明显，而在低营养条件下B等位基因对于消化代谢性状具有决定作用。从肉质性状来看，在高营养水平条件下，不同基因型对剪切力影响较大，在低营养水平条件下，不同基因型对大理石花纹和肌纤维直径也具有决定作用，对屠宰性状影响不大。

5.2.1.2 CAST 与营养互作

CAST 可以抑制肌肉内蛋白质的降解，降低肌细胞的生长速度，屠宰后可抑制钙蛋白酶的活性，在猪的遗传育种研究中，CAST 基因被视为猪肉质性状的候选基因。研究发现，猪的 CAST 基因定位于第 2 号染色体上。在多数猪种中存在 RFLP 多态性，并与猪肉质性状和胴体性状之间存在关联性。程丰等(2006)研究发现，在 CAST-*Msp* Ⅰ 酶切位点中，DD 基因型与肌内脂肪含量存在显著正相关；CAST-*Rsa* Ⅰ 酶切位点中 EF 基因型与失水率存在显著负相关。彭英林等(2009)使用杜洛克和大围子 2 个纯种猪群，杜洛克×(长白×大白)和大白×大围子 2 个杂种猪群，利用 *Hin*f Ⅰ、*Msp* Ⅰ 和 *Rsa* Ⅰ 3 种内切酶研究了 CAST 基因的 RFLP 及其与营养水平互作对猪胴体性状的影响。结果 *Hin*f Ⅰ、*Msp* Ⅰ 和 *Rsa* Ⅰ 3 种内切酶在 4 个猪群均获得 RFLP，酶切位点分别存在一对等位基因 A 与 B、C 与 D 及 E 与 F。研究表明，在高营养水平情况下，AA 型显著降低熟肉率和滴水损失，AB 型显著降低胴体长和眼肌面积，提高肌肉的滴水损失，CD 型则对所有性状均表现显著的互作效应，EF 型对多个性状产生显著的效应，其中对屠宰率、背膘厚、胴体长、瘦肉率、熟肉率和滴水损失的效应达到或超过群体均数的 10%。在中等营养水平情况下，AA 型能显著提高滴水损失，AB 型则能显著降低屠宰率、背膘厚和熟肉率，提高腿臀比例和瘦肉率，CC 型仅具有提高滴水损失的作用，EE 型则对背膘厚产生显著的正效应。在低营养水平下，AA 型能显著降低滴水损失，EE 型能降低熟肉率。试验表明，营养水平与 CAST 基因型互作对猪肉胴体品质具有显著的影响。

5.2.2 营养素与基因互作对畜禽繁殖性能的影响

畜禽的繁殖性能受遗传(基因)、营养、环境和饲养管理等因素的综合影响，其中遗传决定生产潜能，而营养可挖掘和限制其繁殖性能。

5.2.2.1 营养对畜禽繁殖性能的影响

营养物质对畜禽正常的生理机能是必需的，所有的营养物质对畜禽繁殖总有着直接或间接的影响。畜禽在不同的生理阶段对营养的需求不尽相同，在生长发育、妊娠、产蛋及泌乳等不同时期都有各自的独特需要，尤其是繁殖功能对营养条件有更严格的要求，营养缺乏时，繁殖首先受到影响。通常营养物质摄入不足或比例失调可以延迟初情期，降低排卵率和受胎率，引起胚胎或胎儿死亡，产后乏情期延长。同时，营养过剩也会使生育力下降，导致营养性不育。营养水平，特别是能量水平对胚胎的成活率有重要影响。例如，通常母猪受精率在 95%左右，牛可达 100%。然而，部分胚胎可因各种不良因素的影响而中途死亡。母体的营养条件，特别是能量摄入水平是引起胚胎死亡的重要因素之一。初产母猪在后备期和发情周期内，给予高水平营养会提高胚胎死亡率。妊娠前期(0～30 d)供给高能水平会降低胚胎成活率。据报道，供给高能(ME 38.12 MJ/d)饲粮时，配种后 25～43 d 胚胎成活率为 67%～74%，而供给低能(ME 20.92 MJ/d)饲粮的成活率为 77%～80%，具体的作用机理尚不清楚。

5.2.2.2 基因对畜禽繁殖性能的影响

家畜高繁殖力受许多基因影响，而该性状的形成是多个基因共同表达与相互作用的一个综合结果。随着现代分子生物学和分子遗传学的发展，寻找影响畜禽繁殖性状的遗传标记和标记辅助选择已经成为当今繁殖领域研究的热点问题之一。目前在猪、绵羊等物种上已经获得了一些有意义的结果，提出了一些有重要作用的主效或候选基因。在绵羊上研究比较深入的有 FecB、FecX 和 BMP15 基因等。

有关高繁殖力研究最早始于 Booroola 羊，研究发现 FecB 基因是其多胎性能的一个主效基因，呈单基因遗传，由常染色体突变所致，该基因对排卵数呈加性效应，对窝产羔数呈部分显性效应，每一个 FecB 基因平均增加排卵数 1.5～1.65 个，增加产羔数 0.9～1.2 个；两个拷贝平均增加排卵数 2.7～3.0 个，增加产羔数 1.1～1.7 个。在表型上 Booroola 母羊(BB)平均排卵 4.65 个，显著高于对照组排卵数(1.62 个)。这一基因被定位于绵羊的 6 号染色体上，后来的研究表明绵羊 FecB 基因实际为骨形态发生蛋白ⅠB 型受体(BMPR-ⅠB)基因，由于该基因 A746G 碱基突变导致第 249 位的谷氨酸突变为精氨酸(Q→R)，并且证明 249R 就是 FecB 等位基因。国内学者的研究发现小尾寒羊、湖羊和中国美利奴羊多胎品系存在 Q249R(A746G)突变，并且小尾寒羊以 BB 型基因为主，湖羊几乎全为 BB 型基因，中国美利奴羊多胎品系以 B+基因型为主，B 基因与这 3 个绵羊品种的产羔数呈正相关，也认为 BMPR-ⅠB 基因是控制这些绵羊高繁殖力的主效基因。此外，与小尾寒羊多胎有关的基因还有雌激素受体(ESR)基因、促乳素受体(PRLR)基因及视黄醇结合蛋白 4(RBP4)基因等。

除 FecB 基因外，在罗姆尼羊多胎品系(Inver-dale)中发现，与 X 染色体连锁的 $FecX^I$ 位点对繁殖性能有重要作用。$FecX^I$ 基因可增加杂合子母羊的排卵数，携带杂合基因的母羊排卵数平均增加 1.0 个，产羔数增加 0.6 个，但该基因的纯合子个体出现条斑卵巢且表现不育。

骨形态发生蛋白 15(bone morphogenetic protein 15，BMP15)是转化生长因子 β 超家族的成员，在卵巢中特异性表达，已定位在人 X 染色体 Xq11.2 上，$FecX^I$ 和 $FecX^H$ 携带者的 BMP15 均发现有突变，但 BMP15 与 FecX 位点之间无重组现象，故 BMP15 可作为 FecX 位点的候选基因。

Hanrahan 等(2004)研究 BMP15 基因对 Belclare 绵羊和 Cambridge 绵羊高繁殖力的影响时，发现 BMP15 基因编码 K718 处碱基突变(C→T)使肽链编码区 239 位氨基酸由谷氨酰胺变成终止子(即 $FecX^G$ 突变，又称 B2 突变)，该突变可能导致 BMP15 功能彻底丧失；Belclare 绵羊的 BMP15 基因编码区 1 100 处的碱基突变(G→T)，导致编码区 367 号氨基酸残基丝氨酸改变为异亮氨酸(即 $FecX^B$ 突变，又称 B4 突变)，对绵羊高繁殖力影响显著；BMP15 基因核苷酸 28～30 位的碱基 CTT 缺失，导致编码 K10 号氨基酸残基亮氨酸缺失，形成 B1 突变体，该突变没有改变 BMP15 的功能；BMP15 基因核苷酸 747 位的碱基 T 突变为 C，未引起 249 号氨基酸残基脯氨酸的改变，形成 B3 突变体，该突变也没有改变 BMP15 的功能。Belclare 绵羊的 B2 突变纯合子和 B4 突变纯合子都是不育的，B2 和 B4 两者同时突变形成的杂合子(B2B4)也是不育的；Cambridge 绵羊的 B2 突变纯合子也是不育的；当 BMP15 基因突变为杂合子时，Belclare 绵羊和 Cambridge 绵羊排卵数都增加。在国内，储明星等(2005)发现在小尾寒羊 BMP15 基因编码序列第 718 位碱基处发生了 B2 突变，同时存在突变杂合基因型(AB)和野生纯合基因型(AA)两种基因型，且 AB 基因型比 AA 基因型平均产羔数多 0.62 只($P<0.01$)，说明 BMP15 B2 突变对小尾寒羊高繁殖力的影响十分显著。

猪高繁殖力分子遗传机制方面的研究也取得了很大进展，目前已证实 ESR 和 FSHβ 是影响产仔数的两个主效基因。除此之外，还受促卵泡素受体(FSHR)基因、促黄体素 β(LHβ)基因(Mellink,1995)、促黄体素受体(LHR)基因(Yerle,1992)、促乳素受体(PRLR)基因(Vincent 等,1997)、视黄醇结合蛋白4(RBP4)基因(Messer 等,1996)、视黄酸受体(RARG)基因(Messer 等,1996)、骨桥蛋白(OPN)基因(Southwood 等,1998)等的影响。

5.2.2.3 营养与基因互作对畜禽繁殖性能的影响

由于以往在研究营养对繁殖性能的影响时,大多未将影响繁殖性能的基因考虑在内,而研究基因多态性对繁殖性能影响的同时又多未考虑营养水平,所以动物的繁殖性能在多大程度上决定于后天的营养水平,又在多大程度上决定于基因型以及基因与营养之间对畜禽繁殖性能的相互作用迄今尚不清楚。吴蓉蓉等(2009)以文昌鸡为试验素材,1日龄母雏在低、中、高能条件下饲养,结合神经肽Y(NPY)基因各基因型研究开产性状和产蛋性状,探讨能量和NPY基因型与文昌鸡繁殖性能的关系,以期为文昌鸡繁殖性状分子营养研究提供理论依据。对开产性状分析发现:AA基因型鸡在高能组开产体重比低能组极显著提高,BB基因型鸡开产日龄高能组比低能组提早6.41 d,AB基因型鸡开产性状各能量组差异不显著。对开产性状效应分析为能量基因型互作>能量>基因型,能量与NPY基因型互作效应对开产体重影响极显著。推测对不同的NPY基因型个体施加不同的能量水平,可以显著影响开产日龄和开产体重。对产蛋性状分析发现能量水平和NPY基因对300日龄产蛋数互作效应显著。能量变化对各基因型300日龄蛋重均无显著差异。随着分子生物学技术的日渐成熟,并向整个生物领域快速渗透,营养学自身的发展需要从细胞分子水平阐明营养物质或生物活性物质调控机体营养分配与代谢的途径及机理。基因组学、蛋白质组学和代谢组学的发展将为揭示营养素影响生物机体代谢的分子机制提供有力手段,为阐明营养素对动物繁殖生理机能的调控机理提供理论依据。

营养素的摄入水平可以控制个体基因的表型表达,不同的营养水平是基因多态性功能实现的重要保证。通过日粮配比来控制和繁殖有关基因的表达,可以有效提高动物生长繁殖性能。有关营养素与基因互作对繁殖性能的影响会逐渐成为研究的热点,将为阐明营养素调控繁殖性能基因表达及对表型的影响的机理提供理论基础和依据,以期最大限度地实现畜禽繁殖遗传潜力。

5.3 营养素与基因互作对营养代谢病和营养需要量的影响

5.3.1 营养素与基因互作对营养代谢病的影响

5.3.1.1 营养代谢病及其病因

物质代谢是指体内外营养物质的交换及其在体内的一系列转变过程,受神经体液系统的调节,营养物质供应不足或过多,或神经、激素及酶等对营养物质代谢的调节异常,均可导致营养代谢病。营养代谢病是营养缺乏病和新陈代谢障碍病的统称。其中,营养缺乏病包括碳水化合物、脂肪、蛋白质、维生素、矿物质等营养物质的不足或缺乏;新陈代谢病包括碳水化合物代谢障碍、脂肪代谢障碍、蛋白质代谢障碍、矿物质代谢障碍及酸碱平衡紊乱。近年来,有人主张将和遗传有关的中间代谢障碍及分子病也列入新陈代谢病的范畴。

营养代谢病的发生原因主要有以下几个方面:

(1) 营养物质摄入不足或过剩 饲料的短缺、单一、质地不良，饲养不当等均可造成营养物质缺乏，而为了提高畜禽生产性能，盲目采用高营养饲喂，常导致营养过剩。如日粮中动物性蛋白饲料过多常引发痛风；高浓度钙日粮造成锌相对缺乏；碘过多引发甲状腺肿等。

(2) 营养物质需要量增加 如妊娠、泌乳、产蛋及生长发育旺期，对各种营养物质的需要量增加；慢性寄生虫病、马立克氏病、结核等慢性疾病对营养物质的消耗增多。

(3) 营养物质吸收不良 一种常见于消化吸收障碍，如慢性胃肠疾病、肝脏疾病及胰腺疾病；另一种是由于饲料中存在干扰营养物质吸收的因素，如磷或植酸过多降低钙的吸收等。

(4) 参与代谢的酶缺乏 分为获得性缺乏和先天性缺乏，获得性缺乏见于重金属中毒、有机磷农药中毒，先天性缺乏见于遗传性代谢病。

(5) 内分泌机能异常 如锌缺乏时血浆胰岛素和生长激素含量下降等。

营养代谢病常影响动物的生长发育、繁殖等生理过程，可表现为营养不良、生产性能低下及繁殖障碍综合征。

5.3.1.2 营养代谢病产生的遗传学基础及可能的发病机制

1. 营养代谢病产生的遗传学基础

畜禽在不同的生理和生产条件下，对日粮中能量和营养成分的需求是不同的。通常只有在日粮提供的能量和营养成分首先满足其维持需要后，才能用于生长发育、泌乳、产蛋等生产性需要。与此同时，机体为适应生理和生产的需要，各器官和系统的机能，尤其是神经和内分泌系统的调节机能，也会发生相应变化，并受其他外界环境因素的影响。营养物质除了直接提供能量、营养等用于维持生物体的生命、生长发育、繁殖外，还作为一种基因表达的调控物，可以直接和独立地调控基因表达，对动物生长发育、繁殖、健康等产生重要的影响。

动物某种疾病的产生往往和其特异的易感基因有关，动物体内特异性疾病基因的存在对于决定个体对某种疾病易感性有重要影响。包括营养因素在内的环境因素则对于特异性疾病基因的表达有重要作用。在动物生产中，随着一些畜禽被驯化、圈养舍饲，集约化规模化养殖，畜禽的营养等环境因素变化快，而遗传因素变化慢，二者之间存在进化上的矛盾。在目前的生产条件下，一些基因可能失活、变异或关闭，大部分适应了环境变化的个体，这些基因不再起作用，而有的个体这些基因没有被关闭，仍在起作用，往往对一些营养代谢病特别易感，表现为易感群。要预防此类疾病，首先要防止致病基因的表达；其次是要通过长期努力，减少畜禽中一些有害的特异性基因。

2. 营养代谢病的可能发病机制

动物个体的营养代谢受基因的调控，主要通过神经内分泌和消化代谢等途径实现，具体的调控机理目前还不十分清楚。比较认可的是基因调控神经内分泌因子的产生及其活性，从而调节神经内分泌活动。研究较多的是 NPY、IGF-Ⅰ及一些相关的消化代谢酶和生长激素等。基因通过调节相关激素的分泌量及其活性，从而影响动物体的整个消化代谢过程。相关调节物质可通过血液或肝脏样品进行检测。在诸多相关报道中，或是从分子遗传角度发现了一些趋势，或是从营养代谢角度检测到了相关的中间调节物质，而没能将营养代谢的调控从遗传到营养的全过程进行系统的研究。

许多营养素通过转录系统选择性改变基因表达，调节不同组织、不同环境条件下特定基因组的活性。营养成分如氨基酸、脂肪酸和糖等都会影响基因的表达，其作用方式可以是通过控制基因构型、通过代谢产物或代谢状态（如激素状况、细胞氧化还原状况等），继而导致 mRNA

水平和(或)蛋白质水平甚至功能的改变。近几年来,基因组学、蛋白质组学、代谢组学等现代科技的诞生为营养代谢病的研究带来了新的前途。

(1) 基因组学　营养调控细胞功能的基础是基因表达的调控。营养基因组学是高通量基因组技术在日粮营养素与基因组相互作用及其与健康关系研究中的应用。通过日粮中营养素对基因表达的调控研究可以筛选和鉴定机体对营养素做出应答反应的基因,明确受日粮营养调控基因的功能。研究营养素对基因表达和基因组结构的影响及其作用机制,一方面可从基因水平深入理解营养素发挥已知生理功能的机制,另一方面有助于发现营养素新的功能。此外,利用营养素修饰基因表达或基因结构,可以促进有益健康基因的表达,而抑制有害健康基因的表达。此外,基因组学技术可以帮助确认一些与疾病发生有关的基因,根据基因型,确定个体的营养需要量,通过调整日粮营养水平使畜禽健康状况达到最佳状态,有效地防止畜禽体内与疾病相关基因的表达。随着一些畜禽基因图谱的绘制成功,将来根据基因型的特点,有望确定哪些营养因素是哪些疾病的危险因素,从而指导人们在实际生产中加以避免。具体到营养代谢病,可研究的内容包括:①鉴定与营养相关代谢疾病有关的基因,并明确在疾病发生发展和疾病严重程度中的作用;②基因多态性对营养代谢疾病发生发展和疾病严重程度的影响;③营养素与基因相互作用导致营养相关疾病和先天代谢性缺陷的过程及机制。

(2) 蛋白质组学　蛋白质组学(proteomics)是继人类基因组计划之后的又一重大研究课题,是后基因组时代的重要组成部分。随着人类基因组测序工作的完成及其他生物基因组测序工作的迅速发展,蛋白质组学研究必将成为后基因组时代的主要研究内容,而比较蛋白质组学(comparative proteomics)研究作为蛋白质组学研究的重要组成部分也必将成为自然科学研究的热点之一。细胞表达的蛋白质在细胞周期的特定时期、分化的不同阶段、不同的生理和病理状态下,组成和含量是有所差异的。比较蛋白质组学就是着眼于这种差异,动态反映生物体系所处的状态,提供细胞、组织或机体在特定状态下精确的分子描述,更有利于揭示生命现象的本质和规律。目前,比较蛋白质组学研究已经广泛应用到诸多领域,如疾病早期诊断、疗效监测、探讨发病机制、肿瘤标志物筛选、药物靶点筛选、菌株筛选、胚胎发育、形态发生、转录调控、细胞的信号调节、能量代谢、增殖分化、生理病理等,筛选出许多重要的相关蛋白,为理解机体生命活动奠定基础。

在营养代谢疾病的发生发展过程中,往往涉及到一些与营养物质代谢相关的酶、辅酶、蛋白基因表达的改变。而这种基因表达的变化或异常可引起许多代谢紊乱,影响疾病的发生发展过程。例如在与硒有关的营养代谢病的发生发展过程中,涉及硒代谢的相关酶、辅酶等的蛋白质表达谱必定会发生改变。因此,比较研究该类疾病的基因差异表达情况,对阐明营养代谢病的发病机理、寻找特异性基因诊断方法及治疗药物具有重要意义。营养代谢病比较蛋白质组学(基因差异表达技术)方面的研究在今后一段时间里将成为该类疾病研究的重要内容,将为该类疾病的研究提供大量的实验数据及方向,必将在营养代谢病研究中得到广泛应用并拥有美好前景。

(3) 代谢组学　代谢组学(metabonomics/metabolomics)是继基因组学和蛋白质组学之后发展起来的一门研究生物系统的组学方法,是英国伦敦帝国理工学院 Jeremy Nichlson 教授及其同事于 1999 年正式提出的。其中,代谢组(metabonomic)指的是"一个细胞、组织或器官中,所有代谢组分的集合,尤其指小分子物质",而代谢组学则是一门"在新陈代谢的动态进程中,系统研究代谢产物的变化规律,揭示机体生命活动代谢本质"的科学,是系统生物学的重要组成部分。其研究对象主要是生物体液，如尿液和血液等。利用高通量、高灵敏度与高精确度的现代分析技术，对细胞、有机体分泌出来的体液中的代谢物的整体组成进行动态跟踪分析，借助多变量统计分析方法，来辨识和解析被研究对象的生理、病理状态及其与环境因子、基因组成等的关系。代谢组学关注的是各种代谢路径底物和产物的小分子代谢物，反映细胞或组织在外界刺激或是遗传修饰下代谢应答的变化，包括糖、脂质、氨基酸、维生素等。所有对机体健康有影响的因素均可反映在代谢组中，它是评价健康和治疗的合适的分子集合。基因、环境、营养、药物（外源物）和时间（年龄）最终通过代谢组对表达施加影响，即代谢组学具有明显的整体反应性的特点。近年来代谢组学技术用于人疾病诊断的研究日趋广泛，通过对机体病理改变引起的代谢物变化进行分析，帮助人们了解疾病的病变过程和体内代谢途径，寻找发现与疾病相关的特征性生物标志物，并应用于疾病的临床诊断。代谢组学经过快速的发展，在临床诊断领域展示出广阔的应用前景。

目前，有关营养因素与基因相互关系的研究已经起步，尽管还没有十分肯定的结果可用于指导实践，但从长远来看，营养基因组学可为控制与营养相关的代谢病提供有效的防治措施。

5.3.2 营养素与基因互作对营养需要量的影响

5.3.2.1 基因及基因多态性与营养需要量

DNA 结构在不同生物体内有很大差异，正是这种差异导致了生物物种多样性和不同生物间形态学特征和生物学特征的差异。尽管同种生物不同个体间 DNA 结构有很大同源性，但仍存在差异，也正是差异使同种生物不同个体的形态学和生物学特征也存在一定差异。DNA 结构差异包括 DNA 序列和长度差异，实质是 DNA 序列某些碱基发生突变。这种差异大部分发生在不编码蛋白质区域及无重要调节功能区域，因而多数突变得不到表达，不会产生任何后果；少数发生在蛋白质编码区及调节基因表达区域，有些是正常突变，有些有益，有些有害，甚至是致死的。就人类而言，当某些碱基突变在人群发生率不足 1%时，称为罕见遗传差异；当某些碱基突变（产生 2 种或 2 种以上变异现象），在人群发生率超过 1%时，就称为基因多态性或遗传多态性。这种基因多态性决定个体间差异。如基因多态性存在于与营养有关的基因中，就会导致不同个体对营养素吸收、代谢和利用存在很大差异，最终导致个体对营养素需要量的不同。例如，5，10-亚甲基四氢叶酸还原为 5-甲基四氢叶酸时需要亚甲基四氢叶酸还原酶（MTHFR），MTHFR 由于碱基突变形成 C/C、C/T、T/T 3 种基因型。MTHFR 的 SNP 突变为 677 位 C 变为 T 时可导致亚甲基四氢叶酸还原酶活性降低，影响叶酸需要量。当机体叶酸不足时，出生时神经管鞘缺陷、Down 氏综合征和生后心血管疾病与癌症发病的危险性增加；叶酸充分时可减少结肠癌的危险性。

5.3.2.2 根据基因制订个体化的营养素需要量和供给量

基因及其多态性决定了个体对营养素的敏感性不同，从而决定了个体之间对营养素需要量存在很大差异。随着关于特异营养素如何影响基因表达，以及特异基因或基因型如何决定营养素的需要量和营养素的利用等方面知识的日益增多，在未来有可能根据基因确定畜禽的营养素需要类型。一方面通过研究饲料中营养素对基因表达和基因组结构的影响，在制订营养素需要和营养标准时，要考虑利于“有益”基因表达和结构稳定，抑制“有害”基因的表达；另一方面通过研究基因多态性对饲料中营养素消化、吸收、代谢和排泄以及生理功能的影响，在制订营养素需要量和营养标准时，要考虑不同基因型的影响，即针对不同的基因型制订不同的营养素需要量。

通过营养调控促进对健康有利基因的表达，而抑制与退行性疾病和死亡有关基因的表达，这也是分子营养学研究的重要意义和最终目的。目前在这一领域还有大量的基础性研究工作要做，具体内容包括：①筛选和鉴定机体对营养素反应存在差异的基因多态性或变异；②基因多态性或变异对营养素消化、吸收、分布、代谢和排泄的影响及其对生理功能的影响；③基因多态性对营养素需要量的影响。

5.3.2.3 营养素与基因互作与营养需要量

营养物质进入机体后，会进行大量的新陈代谢反应，其中包括多种方式的基因反应。营养影响着基因的变异和基因表达水平的改变。同时，由于个体的基因不同以及基因激活和调控上存在的差异，导致对营养需求也有不同。此外，从基因水平上研究营养的需要量，不仅要考虑单个基因的作用，有时还应考虑多个基因的参与及个体间基因的差异。当前营养需要量与基因多态间的关系在医学领域研究较为成熟。下面以两个例子加以说明。

1. 基因与钙摄入量互作对骨骼的影响

钙是组成骨骼和牙齿的主要常量元素。钙还参与凝血过程，在细胞内外液中与其他成分一起调节细胞膜的通透性，维持正常渗透压、酸碱平衡及神经肌肉的兴奋性。钙摄入量长期不足，将导致骨质疏松的发生。除了钙摄入量外，遗传因素（基因）对骨骼也有影响。另有研究表明，遗传因素（基因）和钙摄入量、体力活动等各自对骨量产生影响的同时，可能还存在交互作用。

研究表明体内调节钙代谢的激素主要有 1,25-二羟维生素 D_3、甲状旁腺素和降钙素等。其中 1,25-二羟维生素 D_3 通过与 1,25-二羟维生素 D_3 受体（VDR）结合调节钙的吸收过程。人的 VDR 基因定位于 12 号染色体，含 9 个外显子。限制性片段长度多态性分析显示存在 2 个等位基因，分别称为 B 和 b，由于碱基突变可形成 bb、BB、Bb 3 种基因型。研究显示，VDR 基因型的不同直接影响机体对钙的吸收，进而影响骨密度。Dawson-Hughes（1995）发现，在低钙摄入时，VDR 基因 *Bsm* Ⅰ BB 基因型绝经后妇女的钙吸收率低于 bb 基因型妇女，而在高钙摄入时差异没有统计学意义。BB 基因型者在低钙摄入时极易发生骨质疏松，而 VDR bb 基因型的绝经前妇女一般不易发生骨质疏松，即使钙摄入量明显低于建议供给量的情况下，也不易发病。Ferrari 等（1998）发现，补钙能显著提高 Bb 基因型女童的骨量增长量，钙摄入量与骨量增长量有相关，但在 bb 基因型女童中则无此效应。

甲状旁腺激素（PTH）是调节钙、磷代谢及骨转换的激素之一，它可以调节肾脏及肠道对钙的吸收，促进骨形成，并影响破骨细胞分化。有研究报道，PTH 基因多态性与绝经期后妇女或青春期女孩的骨密度（BMD）相关。李星等（2007）研究发现，PTH 基因 *Bst*BⅠ多态性与钙摄入量对青春期女童股骨粗隆间骨矿含量（ITBMC）和股骨颈骨密度（FNBMD）的增长率有交互作用。在 BB 基因型女童中，高钙摄入组 ITBMC 增长率分别比低钙和中等钙摄入量组高 29.4% 和 35.0%，FNBMD 增长率分别高 66.7% 和 46.2%；而基因型中含 b 等位基因女童的 ITBMC 和 FNBMD 增长率在不同钙摄入量之间没有显著性差异。当钙摄入量 <950 mg/d 时，PTH 基因 *Bst*BⅠ各基因型女童 ITBMC 和 FNBMD 增长率没有显著性差异；当钙摄入量 ≥ 950 mg/d 时，基因型中不含 b 等位基因女童的 ITBMC 和 FNBMD 增长率较含 b 等位基因女童分别高 39.6% 和 36.0%，差异显著。对于基因型中不含 B 等位基因的女童，单纯补钙可能不能促进

骨量增长；而对于基因型中含 B 等位基因的女童，高钙摄入（>950 mg/d）能显著促进骨量增长。推测高钙摄入和 PTH 基因 *Bst*B Ⅰ 位点 B 等位基因可能是骨质疏松的保护因素。

2. 基因与钠摄入量互作对原发性高血压的影响

现在观点认为，原发性高血压是遗传、营养和其他环境因素相互作用的结果，约有一半原发性高血压病人的血压变化与钠摄入量有关，其余则与钠摄入量无关，限制钠摄入量并不适用于所有高血压患者。除了钠摄入量外，遗传因素及二者间的互作对高血压病的形成具有重要影响。

研究表明，肾素-血管紧张素系统在高血压的发生过程中具有重要作用，其中血管紧张素原（angiotensinogen，AGT）基因的突变已被证明与高血压的发生密切相关。研究表明，在 AGT 转录位点上游启动区域内第 6 位上的核苷酸 A 可被 G 替代而发生突变，该突变可引起相应核蛋白的结合力发生变化，导致体内 AGT 转录增加，血管紧张素原水平升高。AGT 除决定血管紧张素原水平外，还可以影响病人血压对于钠摄入量的敏感性。在限制钠摄入量情况下，AA 或 AG 基因型病人血压显著下降，而 GG 基因型病人的血压没有显著下降。AGT 基因型不同，决定了个体血压对钠摄入的敏感性不同。因此，AA 或 AG 基因型个体需要严格限制钠摄入，而 GG 基因型个体不需严格限制钠摄入。

心房利钠肽（atrial natriuretic peptide，ANP）是影响血压的另一重要因素，该多肽由 28 个氨基酸残基组成。通过分子生物学的方法使正常小鼠 ANP 基因发生变异，导致小鼠体内 ANP 水平下降。如同时喂以不同钠含量的饲料，结果随着钠摄入量的增加，动物血压明显升高。由此可见，ANP 基因的多态性也影响个体血压变化对钠摄入量的敏感性。因此，研究钠需要量时，除考虑到个体相关基因的多态性外，还应考虑营养和基因以及基因和基因间的互作效应。

参考文献

卜登攀,王加启,刘仕军,等.2006.奶牛日粮添加豆油抑制乳腺硬脂酰辅酶A去饱和酶(SCD)基因mRNA表达水平.中国畜牧兽医,33(7):3-5.

卜祥斌.2003.鸡降钙素基因重组质粒的构建及其在蛋鸡体内的表达研究:硕士论文.扬州:扬州大学动物科学与技术学院.

曹红鹤,王雅春.1999.探讨微卫星DNA作为皮埃蒙特和南阳杂交牛生长性状的遗传标记.遗传学报,26(6):621-626.

常磊.2010.共轭亚油酸对母鼠乳脂合成及相关基因表达的影响:硕士论文.郑州:河南农业大学牧医工程学院.

常连胜,姜长林.1999.维生素D和维生素K对结石大鼠肾脏骨桥蛋白mRNA表达的影响.北京医科大学学报,31(5):429-431.

陈刚,李甲,朱江波,等.2010.三价铬对体外培养成骨细胞基因表达的影响.毒理学杂志,24(1):62-66.

陈华洁,余日安,贺凌飞,等.2006.硒和镉联合作用对大鼠肝脏TERT mRNA表达的影响.毒理学杂志,20(2):71-74.

陈群,于维,于秀芬,等.2008.不同锌源对猪早期生长及其相关基因表达的影响.吉林畜牧兽医,29(7):6-8.

陈文,陈代文,黄艳群,等.2004.脂蛋白脂酶(LPL)生理功能及特异表达.中国畜牧兽医,31(4):29-30.

陈行杰.2005.日粮能量水平和油脂来源对猪脂肪ob基因转录表达调控的研究:博士论文.北京:中国农业大学动物科技学院.

程丰,扶庆,郁枫,等.2006.猪CAST基因多态性研究.黑龙江畜牧兽医(12):10-12.

储明星,桑林华,王金玉,等.2005.小尾寒羊高繁殖力候选基因BMP15和GDF9的研究.遗传学报,32(1):38-45.

戴丽荷,焦青贞,熊远.2006.猪脂联素基因内含子2的A/G突变检测及关联分析.第十次全国畜禽遗传标记研讨会论文集.

戴茹娟,李宁,吴常信.1997.猪肥胖基因(ob)部分序列的克隆与多态性分析.遗传,19(增刊)：29-31.

代新兰，冉雪琴，王嘉福．2008．贵州竹乡乌骨鸡 Ghrelin 基因的克隆及原核表达．中国家禽，30(7)：25-28.

丁明，许春阳，张劲松，等．2009．维生素 A 缺乏对大鼠胎肺 TGF-β3 表达的影响．江苏医药，35(6)：694-696.

董飚，龚道清，孟和，等．2007．鸭脂联素基因单核苷酸多态性检测及群体遗传分析．遗传，29(8)：995-1000.

董凌燕，刘超，张梅．2004．不同浓度葡萄糖对大鼠胰岛 B 细胞胰岛素基因表达的影响．中华糖尿病杂志，12(1)：61-62.

董美英．2005．重组钙调节激素基因质粒对蛋鸡骨钙代谢的研究：硕士论文．扬州：扬州大学动物科学与技术学院.

杜海涛，王春阳，王雪鹏．2011．日粮 α-亚麻酸水平对断奶至 2 月龄肉兔生长性能、脂肪酸构成及肝脏相关基因 mRNA 表达的影响．畜牧兽医学报，42(5)：671-678.

段铭．2003．脂肪源与吡啶羧酸铬对肉仔鸡脂肪代谢影响的研究：硕士论文．长春：中国人民解放军军需大学动物科技系.

樊建设，朱清华．1999．维生素 A 缺乏对小鼠胚胎 Hox 基因表达的影响．营养学报，21(4)：384-387.

方热军，贺佳，曹满湖，等．2011．日粮磷水平对肉鸡磷代谢及 Na/ Pi-Ⅱb 基因 mRNA 表达的影响．畜牧兽医学报，42(2)：289-296.

方显锋，刘德敏，孙颖．2005．葡萄糖和木糖醇对葡萄糖-6-磷酸酶基因表达的调节作用．天津医药，33(1)：30-32.

房定珠，鲍一笑，刘芳，等．2009．铁剥夺对 K562 细胞凋亡及相关基因表达的影响．华中科技大学学报，38(3)：405-408.

房辉，阎玉芹．2001．不同碘摄入量大鼠甲状腺功能及其 TG、TPO mRNA 的表达．中华内分泌代谢杂志，17(2)：83-85.

甘璐，刘琼，徐辉碧．2003．硒对大鼠肝脏抗氧化酶活性及基因表达的影响．中国公共卫生，19(2)：159-160.

葛学美，童本德．2000．营养因素对小鼠肌肉胰岛素受体及其底物基因表达的影响．第二军医大学学报，21(2)：182-185.

公维华，唐中林，崔文涛．2007．猪 RBP1 和 RBP4 基因的定位、组织表达谱和多态性．农业生物技术学报，15(5)：729-734.

公维华，唐中林，杨述林．2007．猪 RBP2 和 CRABP2 基因的定位、组织表达谱分析、单核苷酸多态性研究及其关联分析．畜牧兽医学报，38(9)：881-887.

勾凌燕，庄甲举．2001．高铁负荷对化学性肝损伤大鼠 Bcl-2/Bax 基因表达的影响．临床军医杂志，29(3)：4-6.

谷卫，胡海英，俞利红．2005．葡萄糖和胰岛素浓度对 3T3-L1 脂肪细胞脂联素 mRNA 表达的影响．中华内科杂志，44(5)：385-386.

顾海燕，李婵娟，王全，等．2009．1,25-二羟维生素 D_3 对小鼠成骨细胞增殖分化及维生素 D 受体表达的影响．实用儿科临床杂志，24(19)：1484-1486.

郭晓宇,闫素梅,史彬林. 2010. 维生素 A、D 对肉鸡血清钙结合蛋白浓度与胫骨和十二指肠组织中钙结合蛋白 mRNA 表达的影响. 动物营养学报,22(3):571-578.

何宝霞,傅业全,李金龙,等. 2008. 镉对鸡垂体 Fas 和 caspase-3 mRNA 表达的影响. 环境科学学报,28(7):1419-1424.

何丹林,方梅霞,聂庆华. 2007. 鸡 Ghrelin 基因 C2100T 位点与生长和脂肪性状的相关性. 广东农业科学(4):73-75.

何玲. 2005. 葡萄糖对内皮细胞醛糖还原酶基因表达及活性的影响. 中国医师杂志(1):67-69.

何庆,王保平,刘铭,等. 2004. 高浓度游离脂肪酸对胰岛细胞凋亡及相关基因表达的影响. 天津医药,32(5):293-295.

何远清,郭晓红,储明星. 2006. 小尾寒羊高繁殖力候选基因 RBP4 的研究. 畜牧兽医学报,37(7),646-649.

贺喜,戴求仲,张石蕊. 2007. 日粮共轭亚油酸对两个品种肉仔鸡生长性能及脂类代谢的影响. 动物营养学报,19(5):581-587.

侯晓晖,杨雪锋,孙秀发. 2005. 硒对高碘仔鼠脑 MBP 基因表达的影响. 卫生研究,34(4):428-430.

黄艳玲,吕林,罗绪刚,等. 2008. 饲粮锌水平对肉仔鸡组织锌转运蛋白基因表达的影响. 营养学报,30(5):475-479.

黄振武,董杰,朴建华,等. 2006. 青年女性膳食钙的吸收与 VDR 基因 *Fok* Ⅰ 酶切多态性间关系的探讨. 中华预防医学杂志,40(2):75-78.

黄振武,董杰,朴建华. 2006. 育龄妇女钙吸收与维生素 D 受体基因多态性. 中国公共卫生,22(9):1058-1059.

季爱玲,张文斌,曹子鹏. 2007. 共轭亚油酸对肥胖大鼠肝脏脂质代谢酶及 PPARY 基因表达的影响. 军事医学科学院院刊,31(1):42-45.

贾斌,赵茹茜,剡根强. 2005. 半胱胺对羊毛生长及皮肤中 GH 受体、IGF-1 和 IGF-1 型受体基因表达的影响. 南京农业大学学报,28(1):80-84.

姜宏,钱忠明. 2003. Frataxin、线粒体铁代谢与 Friedreich 遗传性共济失调. 中华神经科杂志,36(2):149-151.

姜宏宇,孔俭. 2001. 联麦氧钒对糖尿病大鼠心肌 GluT4 mRNA 含量的影响. 中国糖尿病杂志,9(5):313-315.

江瑛,王梅. 2007. 高血磷对慢性肾衰竭大鼠血管钙化的影响. 中华肾脏病杂志,10(23):663-667.

康晓龙,张英杰,刘月琴,等. 2007. 不同能量水平对母羊繁殖性能的影响. 中国畜牧杂志,43(21):37-39.

康永刚,孙超. 2010. Vc 对 Cd 中毒小鼠骨骼肌中 Musclin 基因及生脂基因表达的影响. 西北农业学报,19(1):34-37.

雷治海. 2005. Ghrelin 研究进展. 畜牧与兽医,37(5):54-57.

李长龙,萨晓婴,孟和,等. 2009. H-FABP 基因的多态性和营养因素对猪肉质的影响. 遗传,31(7):713-718.

李春霖,龚燕平,田慧,等. 2005. 脂联素受体在正常 Wistar 大鼠各组织的分布和表达. 解放军医学杂志,30(8):718-719.
李国君,赵秋去,郑伟. 2010.锰对大鼠血-脑脊液屏障模型转铁蛋白受体的分子毒性机制. 毒理学杂志,24(4):257-262.
李慧芳,朱文奇,徐文娟,等. 2009. 鸭生长素基因单核苷酸多态性分析. 江苏农业学报,25(3):576-582.
李建升,程胜利,韩向敏,等. 2009. 赖氨酸对绵羊 GHR 基因表达的影响. 安徽农业科学,37(14):6381-6382.
李津婴,魏尧梅. 1997. 铁对造血系统基因表达的调控作用. 临床血液学杂志,10(2):81-83.
李俊营,詹凯,许月英,等. 2010. 巢湖鸭 Ghrelin 基因外显子 3 的单核苷酸多态性及其对屠体性状的影响. 安徽农业科学,38(14):7379-7381.
李俊营,詹凯,许月英,等. 2009. 巢湖鸭 Ghrelin 基因外显子 3 的 SNP 检测及其与体尺性状的关联分析. 安徽农业科学,37(10):4443-4445.
李丽立,刘云华,侯德兴. 2006. 金属硫蛋白对仔猪抗氧化功能及 SOD 基因表达的影响. 第四军医大学学报,27(19):1733-1736.
李齐发,强巴央宗. 2002. 西藏牦牛血液酶活性与生产性能的相关性研究. 发育与生殖生物学报(英文版),11(1):9-12.
李启富,Bernadette B. 1999. 营养不良新生大鼠胰岛素与胰高血糖素及 IGF-Ⅱ基因表达的变化. 中华预防医学杂志,33(4):203-205.
李荣文,李绍魏. 1996. 硒与大鼠甲状腺激素代谢的关系及其对心肌肌球蛋白重链基因表达的影响. 中国兽医学报,16(5):442-446.
李素芬,罗绪刚,刘彬. 2003. 肉鸡对不同形态锰源的生物利用率研究. 营养学报,25(2):85-90.
李相运,黄汉军,张水欧. 2001. 我国及周边国家地方猪群体的淀粉酶多态性. 西北农林科技大学学报(自然科学版),29(5):19-22.
李晓轩. 2009. 共轭亚油酸对固始鸡蛋黄胆固醇及其相关基因表达的影响:硕士论文. 郑州:河南农业大学牧医工程学院.
李昕权,李丰益,廖清奎,等. 1997. 缺铁性贫血大鼠铁效应元件结合蛋白 mRNA 表达及顺乌头酸酶活性测定. 中华血液学杂志,18(11):563-565.
李学礼,李永渝,杨翠香,等. 2003. 二硫代氨基吡咯烷和维生素 C 对急性胰腺炎模型大鼠胰肝细胞粘附分子及超氧化物歧化酶表达的影响. 中国病理生理杂志,19(10):1331-1336.
李燕舞. 2004. D28k 钙结合蛋白基因真核表达质粒的构建及其表达效果的研究:硕士论文. 扬州:扬州大学动物科学与技术学院.
李益明,方京冲,杨秀芳. 2000. 血糖变化对糖尿病大鼠骨骼肌 GLUT4 基因表达的影响. 中国糖尿病杂志,8(3):164-167.
李益明,周丽诺. 1997. 钒酸盐对糖尿病大鼠骨骼肌 GLUT4 基因表达的影响. 中国糖尿病杂志,5(3):153-155.
李毅,张嘉保,赵志辉,等. 2007. Ob 基因对松辽黑猪肉质和胴体性状的影响. 中国兽医学,27(6):919-921.
李央哲,黄连珍. 2001. 维生素 A 缺乏对大鼠脂质过氧化和抗氧化系统的影响. 营养学报,23(1):1-5.

李玉谷,罗明. 1995. 六个江西地方猪种的血清淀粉酶类型与繁殖性能关系的初析. 江西畜牧兽医杂志(1):1-4.

李毓雯,万小华,宁琴,等. 2008. 铜过量负荷导致肝细胞凋亡及其对 Bax Bcl-2 基因表达的影响. 中国当代儿科杂志,10(1):42-46.

连林生,鲁绍雄. 1999. 撒坝猪血清淀粉酶多态性与生长速度关系的研究. 中国畜牧杂志,35(1):5-7.

梁东春,吴伊丽,郭刚. 2003. 碘缺乏对大鼠胰岛素样生长因子 1 基因表达的影响. 中国地方病学杂志,22(1):9-11.

梁江,肖荣,赵海峰,等. 2004. 大豆异黄酮配伍叶酸对神经管畸形胎鼠神经细胞中凋亡基因表达的影响. 现代预防医学,31(5):671-673.

梁旭方,白俊杰,劳海华,等. 2003. 真鲷脂蛋白脂肪酶基因表达与内脏脂肪蓄积营养调控定量研究. 海洋与湖沼,34(6):625-631.

刘波,谢骏,苏永腾,等. 2008. 高碳水化合物日粮对翘嘴红鲌生长、GK 及 GK mRNA 表达的影响. 水生生物学报,32(1):47-53.

刘大林,俞亚波. 2009. 脂联素基因对京海黄鸡体重及屠体性状的遗传效应. 扬州大学学报(农业与生命科学版),30(1):31-34.

刘恭平,朱清华. 2000. 维生素 A 对小鼠胚胎 Hox3. 5 基因表达的影响. 卫生研究,29(3):164-165.

刘好朋,唐兆新,苏荣胜,等. 2011. 高铜日粮对肉鸡肝脏 TrxR2 基因 mRNA 表达和还原活性的影响. 畜牧兽医学报,42(3):423-428.

刘洪凤,韩智学,聂影. 2011. 南瓜多糖对 2 型糖尿病大鼠胰岛素抵抗及脂联素基因表达的影响. 中国食物与营养,17(3):63-65.

刘景云,张英杰,刘月琴. 2009. 日粮不同蛋白水平对绵羊脂肪和肌肉中 IGF-Ⅰ基因表达的影响. 畜牧兽医学报,40(2):75-80.

刘静波,姚英,余冰,等. 2010. 叶酸对初产母猪繁殖性能和宫内发育迟缓仔猪肾脏功能基因表达的影响. 动物营养学报,22(2):278-284.

刘克明,王春花,张明月. 2005. *D*-半乳糖致氧化损伤小鼠 SOD 活力及基因表达. 中国公共卫生,21(4):449-450.

刘璐,严玉仙. 2002. 运铁蛋白受体. 国外医学:医学地理分册,23(3):135-138.

刘蒙,宋代军,齐珂珂. 2009. 日粮代谢能水平对北京油鸡脂肪沉积和 LPL 基因表达的影响. 中国畜牧兽医,36(5):9-13.

刘铭,苏京,孙津红,等. 2003. 长期高浓度葡萄糖对胰岛细胞凋亡和功能相关基因表达的影响. 中华内分泌代谢杂志,19(4):301-304.

刘向阳,计成. 1998. 日粮硒、铜水平对大鼠体内有关的抗氧化物酶活性及脂质过氧化产物的影响. 中国农业大学学报,3(3):107-112.

刘小林,常洪. 2002. 成都麻羊遗传多态性研究. 西北农林科技大学学报,309(2):63-67.

刘新武,昝林森,张佳兰. 2008. 中国荷斯坦奶牛 Leptin 基因第 3 外显子多态性及其与产奶性状的相关性. 西北农林科技大学学报(自然科学版),36(11):6-10.

刘众,王小龙,马蕊霞. 2008. 绵羊 Leptin 基因第三外显子多态性研究. 中国畜牧兽医学会家畜生态学分会第七届全国代表大会暨学术研讨会论文集．
刘作华，陈代文，龙定彪，等. 2009. 日粮能量水平对猪脂肪酸合成酶和激素敏感酯酶的影响. 中国畜牧杂志，45(5)：31-33.
刘作华，杨飞云，孔路军. 2007. 日粮能量水平对生长育肥猪肌内脂肪含量以及脂肪合成酶和激素敏感脂酶 mRNA 表达的影响. 畜牧兽医学报，38(9)：934-941.
柳淑芳，闫艳春，杜立新. 2003. 莱芜黑猪肥胖基因的多态性分析. 中国畜牧杂志，39(5)：14-15.
龙建纲，张燕琴，沈慧，等. 2004. 基因芯片技术筛选孕期缺锌仔鼠脑中差异表达基因. 营养学报，26(2)：89-93.
芦志红，刘凯，高英茂，等. 2005. 过量维生素 A 酸对金黄地鼠胚胎神经管维生素 A 酸受体 α、β 基因表达的影响. 解剖学杂志，28(2)：157-160.
鲁绍雄，连林生. 1999. 撒坝猪血清淀粉酶与繁殖性能关系的研究. 畜牧与兽医，31(2)：4-6.
陆文惠，屈秋民. 2010. 锂对慢性铝暴露大鼠脑内 CDK5 和 PP2A 表达的影响. 西安交通大学学报，31(4)：463-466.
吕东媛，曹贵方，李淑凤. 2008. 绵羊生殖道中 ghrelin 基因的克隆及其表达. 中国兽医科学，38(3)：244-248.
吕林. 2004. 锰对肉仔鸡胴体性能和肌肉品质的影响及其机理研究：博士论文．北京：中国农业大学动物科技学院.
吕林，计成，罗绪刚，等. 2007. 不同锰源对肉鸡胴体性能和肌肉品质的影响. 中国农业科学，40(7)：1504-1514.
罗楠. 2007. 膳食钙防治大鼠肥胖的作用及机理探讨：硕士论文．南京：南京医科大学第一临床科学院．
罗仍卓么，王立贤，孙世铎. 2008. 北京黑猪 RBP4 基因与繁殖性状的关联分析. 畜牧兽医学报，39(5)：536-539.
马海明，门正明，黄生强，等. 2004. 兰州大尾羊血液蛋白多态性研究. 湖南农业大学学报，30(4)：351-354.
马文霞，潘晓亮，乔爱君，等. 2007. 铁对鼠肝脏铁含量和 TfR mRNA 基因表达的影响. 动物营养学报，19(2)：188-192.
马现永，蒋宗勇，林映才，等. 2009. 钙和维生素 D_3 对黄羽肉鸡肌肉嫩度的影响及机理. 动物营养学报，21(3)：356-562.
马铁群，王传富，王青. 2003. 维生素 A 缺乏干眼症兔泪腺凋亡及相关基因的表达. 眼科新进展，23(6)：406-408.
牛淑玲，张才，张国才，等. 2007. 不同能量摄入水平对围产期奶牛脂肪组织 Leptin mRNA 和 HSL mRNA 表达的影响. 中国兽医学报，27(6)：870-873.
欧德渊，高铭宇，田兴贵，等. 2007. 黄芪多糖对细菌脂多糖诱导仔猪腹腔巨噬细胞分泌 TNF-α、NO 及 IL-1 的影响. 贵州畜牧兽医，31(5)：1-3.
潘志雄. 2009. 油酸诱导鹅肝细胞脂肪变性对细胞内脂质代谢平衡相关基因表达的影响：硕士论文. 雅安：四川农业大学动物科技学院.
彭英林，柳小春，施启顺. 2009. 钙蛋白酶抑制蛋白(CAST)基因型与营养水平互作对猪胴体性状的影响. 农业生物技术学报,17(5):767-772.
戚金亮,韩振海,印莉萍. 2003. Nramp 基因家族及其功能. 微生物学报,43(2):293-297.
钱剑,刘国文,王哲. 2005. 微量元素铜对软骨细胞胰岛素样生长因子 mRNA 基因表达的影响. 中国兽医科技,35(7):565-569.
乔永,黄治国,李齐发,等. 2007. 绵羊肌肉中 FAS 基因和 HSL 基因的发育性变化及其对肌内脂肪含量的影响(英文). 遗传学报,34(10):909-917.
秦海宏. 2004. 原代培养海马神经元锌内稳态研究:博士论文. 上海:第二军医大学海军医学系.
全丽萍. 2010. 鸡降钙素真核表达质粒在老龄蛋鸡中应用效果研究:硕士论文. 扬州:扬州大学动物科学与技术学院.
任道平,耿忠诚,刘胜军. 2009. 半胱胺和大豆黄酮对东北细毛羊部分组织 IGF-I mRNA 表达量的影响. 动物营养学报,21(6):967-973.
任香梅,蔡云清,吴小丽. 2006. 镉诱导 LLC-PK1 细胞凋亡对基因表达的影响. 中国公共卫生,22(6):682-683.
沈慧,秦海宏,龙建纲,等. 2006. 锌对 Caco2 细胞 ZIP4 mRNA 表达的影响. 卫生研究,35(4):426-427.
沈自尹,郭为民,陈瑜. 2002. 枸杞多糖调控老年大鼠 T 细胞凋亡及相关基因表达的研究. 中国免疫学杂志,18(9):628-630.
石冰,孙晋虎. 2003. 地塞米松和维生素 B_{12} 对 A 系小鼠胚胎腭突细胞生长因子基因表达的影响. 四川大学学报,34(1):27-30.
石常友,王文策,耿梅梅. 2008. 不同蛋白质水平日粮对肥育猪肠道氨基酸转运载体 CAT1 mRNA 表达量的影响. 动物营养学报,20(6):692-698.
石亮,林向阳,陈晓东,等. 2007. 维生素 K_3 诱导肝癌细胞 SMMC-7721 凋亡及其 survivin 基因表达的变化. 临床检验杂志,25(3):189-191.
孙长颢,张薇,王舒然,等. 2001. 铬对大鼠肥胖基因表达及血糖血脂的影响. 营养学报,23(4):346-349.
孙长颢,孙文广,付荣霞,等. 2003. 铁对肥胖大鼠骨骼肌解偶联蛋白基因表达的影响. 营养学报,25(4):348-352.
孙超,王力,田亮,等. 2009. 脂肪酸对小鼠前体脂肪细胞分化中脂代谢基因 mRNA 表达的影响. 西北农业学报,18(4):1-4.
孙文广,孙长颢. 2002. 铁对肥胖大鼠解偶联蛋白(UCP2 和 UCP3)基因表达的影响. 卫生研究,31(3):174-177.
孙秀发,朱清华,刘恭平,等. 2001. 维生素 A 和锌营养水平与小鼠胚胎 HOX 基因表达的相关性. 中华预防医学杂志,35(6):378-380.
孙永欣,徐永平,汪婷婷,等. 2009. 黄芪多糖对仿刺参体腔细胞中溶菌酶基因表达量的影响. 水产科学,28(10):572-574.
孙忠,吴蕴棠,车素萍,等. 2005. 铬对糖尿病大鼠骨骼肌 GLUT4 基因表达的影响. 营养学报,27(3):196-199.
谭现义. 2008. 能量水平和来源对后备母猪不同组织器官 ATP 合酶,UCP2,Na^{+}-K^{+}-ATP 酶基因表达的影响:硕士论文.雅安:四川农业大学动物科技学院.

谈寅飞.2000.β-酪啡肽-7对仔猪胃泌素分泌、垂体细胞和T细胞功能影响的机理研究:硕士论文.南京:南京农业大学动物科技学院.

汤菊芬,吴灶和,简纪常,等.2011.注射黄芪多糖对吉富罗非鱼C型溶菌酶基因表达量的影响.广东海洋大学学报,31(1):58-61.

陶天遵,杨小清.2005.维生素K与骨代谢.国外医学:内分泌学分册,25(5):298-301.

田克立,王明运,于雪艳,等.1997.维生素C对培养人胚成纤维细胞LDL受体活性的影响.基础医学与临床,17(3):217-220.

田庆显,黄公怡.2004.1,25-二羟维生素D_3对小鼠成骨细胞OPG和RANKL基因表达的影响.中国医学科学院学报,26(4):418-422.

汪以真,王静华,林文学,等.2005.不同锌源对断奶仔猪抗菌肽PR-39 mRNA表达的影响.中国兽医学报,25(5):523-526.

王爱民,韩光明,韦信键,等.2010.吉富罗非鱼FAS基因的克隆及再投喂和饲料脂肪水平对其表达的影响.水产学报,34(7):1113-1120.

王方年,马春姑,张乃娴,等.1999.葡萄糖与胰岛素对3T3-F442A脂肪细胞中Leptin表达调节.生物化学与生物学报,31(3):350-352.

王刚,曾勇庆,武英,等.2007.猪肌肉组织LPL基因表达的发育性变化及其与肌内脂肪沉积关系的研究.畜牧兽医学报,38(3):253-257.

王继文,韩春春,李亮,等.2008.填饲对鹅肝脂质沉积及相关基因表达的影响.中国家禽,30(20):14-17.

王建枫,孙建义,翁晓燕,等.2008.日粮锌对大鼠肝脏脂肪酸代谢的影响.动物营养学报,20(5):586-591.

王镜岩,朱圣庚,许长法.2002.生物化学.3版.北京:高等教育出版社.

王俊东,李敬玺,迮文琳.1989.氟化钠对家兔体内某些元素的影响.中国兽医科技(7):30-32.

王琨,孙毅娜,刘嘉玉,等.2008.不同碘摄入水平对小鼠甲状腺组织Ⅰ型脱碘酶基因表达及酶活性的影响.生物化学与生物物理进展,35(3):320-326.

王敏,占秀安.2007.铁代谢的研究进展.中国饲料(10):6-8.

王敏奇,雷剑,玉丹,等.2009.三价铬对肥育猪生长激素分泌及垂体mRNA表达的影响.中国兽医学报,29(7):939-943.

王秋菊,杨建省.2010.黄芪对雏鸭IL-2基因表达的影响.水禽世界(2):38-40.

王少刚,刘继红,胡少群.2003.特发性高钙尿症患者维生素D受体基因多态性研究及其临床意义.中国现代医学杂志,13(4):4-6.

王希春,徐雪松,李莹.2008.半胱胺对仔猪血清促生长类激素水平及组织中GHR基因表达的影响.中国农业大学学报,13(4):71-76.

王小龙.2010.80~200日龄绵羊羔羊消化器官及淀粉酶基因多态性研究:硕士论文.杨凌:西北农林科技大学动物科技学院.

王秀娜,耿忠诚,王燕,等.2010.饲粮硒来源及添加水平对仔猪组织中细胞内谷胱甘肽过氧化物酶基因mRNA表达的影响.动物营养学报,22(6):1630-1635.

王选年,冯春花.2002.日粮维生素A对雏鸡免疫应答的影响.畜牧兽医学报,33(3):254-257.

王雅凡,李奇芬. 2001.维生素E对肝纤维化大鼠金属蛋白酶组织抑制因子-2(TIMP-2)、Ⅲ型胶原及纤维连接蛋白表达的影响. 肝脏,6(2):94-95.

王彦芳,刘丑生. 2002.甘肃黑猪血浆蛋白多态性与初生重:早期日增重关系的研究.畜牧与兽医,34(7):3-5.

王延峰,齐龙,文风云. 2005.陕北鸡血清酯酶多态现象的初步研究.延安大学学报,24(1):80-81.

王艳林,余斌杰. 1997. POV对糖尿病鼠PEPCK基因表达及血脂代谢的影响. 中华内分泌代谢杂志,13(4):233-235.

魏均强,田学忠,张伯勋,等. 2010.硫酸钙对人骨髓基质干细胞向成骨细胞转化时基因表达的影响. 中华实验外科杂志,27(11):1589-1591.

卫子然,游超,余上斌,等. 2001.铬对膳食诱导的肥胖大鼠血清中瘦素的影响. 中华预防医学杂志,35(4):237-239.

温济民,钟宇华,孙云,等. 2006. pcDPG基因治疗甲状旁腺功能减退症的实验研究.中华医学杂志,86(4):260-265.

文立正,赵玉民,张国梁,等. 2008.草原红牛 H-FABP基因单核苷酸多态性及其对肉质的影响.中国农学通报,24(5):17-21.

吴蓉蓉. 2009.不同能量水平与NPY基因多态性对文昌鸡繁殖性能的影响:硕士论文.扬州:扬州大学动物科学与技术学院.

吴蓉蓉,肖小珺,朱文奇,等. 2009.日粮能量水平对文昌鸡生产性能的影响.中国家禽,31(6):23-25.

吴译夫,夏祖灼,李齐贤. 1988.猪血清蛋白质多态性及其遗传学研究.南京农业大学学报,11(3):79-84.

吴蕴棠,孙忠. 2003.铬对糖尿病大鼠糖、脂代谢及骨骼肌组织基因表达的影响. 营养学报,25(3):256-259.

吴蕴棠,孙忠,张万起,等.2006.硒对糖尿病大鼠肝脏蛋白磷酸酶基因表达影响. 中国公共卫生,22(7):799-800.

武宇晓. 2009.猪铁代谢相关基因的克隆、生物信息学分析及表达分布:硕士论文 . 郑州:河南农业大学牧医工程学院.

昔奋攻,戴茹娟,李宁. 2000.猪肥胖基因(ob)位点的RFLP多态性分析. 农业生物技术学报,8(2):123-124.

夏兆刚,呙于明. 2003.日粮不同ω-3/ω-6 PUFA对产蛋鸡脾脏组织白介素2水平及γ干扰素基因表达的影响.中国农业大学学报,8(5):93-97.

肖朝武,吴显华.1989.石歧杂鸡血液淀粉酶多态性及其与鸡胚死亡率、孵化率的关系.中国畜牧杂志,25(4):3-5.

肖朝武,吴显华. 1989.家鸡血浆淀粉酶的多态现象.遗传,11(6):18-20.

谢文杰,李林,楚晋. 2005. *D*-半乳糖导致小鼠海马基因表达谱变化.基础医学与临床,25(1):16-19.

徐凯勇. 2007.中国荷斯坦牛 leptin 基因多态性及其与产奶性能的关系:硕士论文.泰安:山东农业大学动物科技学院.

许静,张云芬,张雅中,等. 2010.缺碘致甲状腺功能减退大鼠肾脏抗氧化能力降低. 基础医学与临床,30(4):374-377.
许云贺,苏玉虹,刘显军,等. 2010.微量元素铬对猪肉质性状的影响.食品工业科技,8(31):92-94.
许梓荣,邹晓庭,孙庆宇. 2008.谷氨酰胺对断奶仔猪肝脏SOD、GSH-Px基因表达的影响.中国兽医学报,28(4):461-464.
杨长春,尹桂山,崔灵光,等. 2000.高碘对豚鼠脑和甲状腺细胞凋亡及调节基因表达的影响.中华预防医学杂志,34(2):95-97.
杨国伟,张冬杰,汪晓鸿. 2009.不同日龄大白猪视黄醇结合蛋白基因的表达研究.生命科学研究,13(1):60-64.
杨恺,李晓林,许建中,等. 2006.人降钙素基因在成肌细胞中表达的实验研究初步报告.中原医刊,33(7):1-3.
杨莉,李廷玉,王亚平,等. 1999.视黄酸诱导小鼠骨髓基质细胞c-fos,c-jun和GM-CSF mRNA表达.中国实验血液学杂志,7(4):257-259.
杨茂伟,李亚伦,初立伟. 2009. ZnT1及游离锌离子在小鼠骺板软骨细胞的定位研究.解剖科学进展,15(2):209-211.
杨彦杰,昝林森,王洪宝. 2009.秦川牛脂联素基因SNPs检测及其与胴体、肉质性状的相关性. HEREDITAS(Beijing),31(10):1006-1012.
羊明智,吴叶,章亚东,等. 2005.钙离子及其阻滞剂对脊髓灰质c-fos基因表达的影响.中华创伤骨科杂志,7(2):137-140.
殷宗俊,李义刚. 2000.母猪血清淀粉酶型与其产仔行为及头胎繁殖力关系初探.中国畜牧杂志,36(4):26-27.
尹海萍,徐建平,周显青. 2008.维生素E对2,3,7,8-四氯二苯并二噁英急性染毒小鼠卵巢内分泌及其结构的影响.动物学研究,29(3):265-269.
于会民,蔡辉益,马书宇,等. 2006.生物素对肉仔鸡脾脏细胞PCNA基因的mRNA表达的影响.畜牧兽医学报,37(11):1232-1235.
俞菊华,戈贤平,唐永凯,等. 2007.碳水化合物、脂肪对翘嘴红鲌PEPCK基因表达的影响.水产学报,31(3):369-373.
俞路. 2009.肌注CaBP-D28k真核表达载体对老龄蛋鸡钙代谢和蛋壳质量的调控效应研究:硕士论文.扬州:扬州大学动物科学与技术学院.
余晓丹,颜崇淮,沈晓明. 2005.缺锌对大鼠小肠粘膜维生素D受体及钙结合蛋白基因表达的影响.营养学报,27(3):203-206.
余晓丹,颜崇淮,余晓刚,等. 2010.生长期缺锌对大鼠海马Egr家族基因表达影响.中国公共卫生,26(1):57-59.
臧猛. 2009.猪锌转运蛋白基因的克隆与组织分布:硕士论文.郑州:河南农业大学牧医工程学院.
查龙应,罗海吉,卢晓翠,等. 2008.三价铬纳米微粒对大鼠胴体组成及肌细胞胰岛素受体基因表达的影响.营养学报,30(5):480-483.
张彬,薛立群,李丽立,等. 2007.外源金属硫蛋白对奶牛抗热应激调控及SOD基因表达的影响.应用生态学报,18(1):193-198.
张彬,谭琼,李丽立. 2010.金属硫蛋白对奶牛血液抗氧化酶GSH-Px和CAT基因表达的影响.草业学报,19(3):132-138.

张斌,高鑫,李欣.2004.高糖对大鼠微血管内皮细胞基因表达谱的影响.上海医学,27(12):913-917.

张才骏.2002.青海绵羊血清淀粉酶同工酶多态性的研究.青海大学学报,20(2):1-4.

张春雷.2007.黄牛能量平衡调控候选基因遗传变异及其与生长性状相关分析:博士论文.杨凌:西北农林科技大学动物科技学院.

张金龙,封家旺,王奔,等.2008.维生素E缺乏对雏鸡脾脏淋巴细胞p53和bcl-2 mRNA表达的影响.中国兽医杂志,44(7):31-32.

张敬,张军.2001.β-胡萝卜素和维生素C对白血病细胞c-myc基因表达的影响.卫生研究,30(3):160-162.

张军,张敬,孟宪莹,等.2003.维生素C对染镍肺泡巨噬细胞iNOS的影响.中国公共卫生,19(7):790-792.

张连生,孙秀发.2001.大剂量维生素A对HOX C4基因表达的影响.中华预防医学杂志,35(6):377.

张民,朱彩平,施春雷.2003.枸杞多糖-4的提取、分离及其对雌性下丘脑损伤性肥胖小鼠的减肥作用.食品科学,24(3):114-117.

张敏,杜智恒,白秀娟.2009.瘦素及受体基因多态性与北极狐生产性能相关性分析.东北农业大学学报,40(9):75-81.

张明,袁慧.2007.镉对小鼠生精细胞凋亡及bax和bcl-2基因表达的影响.中国兽医科学,37(3):251-254.

张平,梁自文,王海慧,等.2004.钒酸钠对STZ-糖尿病大鼠心肌细胞膜GLUT4易位的影响.第三军医大学学报,26(12):1094-1097.

张瑞,戈海泽,赵秀娟,等.2009.低碘膳食对大鼠脑组织中同源盒基因NKX-2.2表达的影响.中国生物工程杂志,29(2):92-96.

张舒,潘孝青,丁家桐.2011.小梅山猪Ghrelin基因的克隆及其在生殖轴的表达.生物技术通报(2):110-114.

张汤杰,卢立志.1999.绍兴蛋鸭血清淀粉酶同功酶与生产性能关系的研究.中国家禽,21(6):4-5.

张涛.2007.不同能量水平日粮对绵羊脂肪酸合成酶基因和肥胖基因表达的影响:硕士论文.兰州:甘肃农业大学动物科技学院.

张弌,李正银,Li Jing,等.2006.高锌对Caco-2细胞铁、锌含量及其调控基因mRNA表达的影响.第二军医大学学报,27(1):41-45.

张伟辉,宋纯,赵松,等.2001.人甲状旁腺激素基因体外表达的研究.中华医学杂志,81(18):1138-1139.

张细权,吴显华,魏彩藩,等.1993.选育过程中的粤黄鸡血液淀粉酶(Amy-1)基因频率的世代变化,遗传学报,20(3):216-221.

张细权,吴显华,周怀平,等.1990.中国地方鸡种血液淀粉酶1(Amy 1)多态性.遗传,18(3).0 11.

张依裕,徐琪,段修军.2010.白羽番鸭脂联素基因内含子多态与肉质的关联分析.河南农业科学(7):97-99.

张依裕,徐琪,段修军,等. 2010. 白羽番鸭脂联素基因外显子 1 与肉质、TC 和 TG 的关联分析. 江西农业大学学报,32(1):115-118.

张英杰,刘月琴,刘景云. 2010. 日粮不同蛋白水平对绵羊脂肪和肌肉中 FAS 基因表达的影响. 畜牧兽医学报,41(7): 829-834.

张勇,李方方,朱宇旌. 2008. 日粮不同蛋白质水平对猪骨骼肌钙蛋白酶抑制蛋白和钙蛋白酶基因表达及嫩度的影响. 动物营养学报,20(3):360-365.

张源淑,邹思湘,朱宇旌. 2004. 乳源活性肽对早期断奶仔猪胃泌素 mRNA 表达的影响. 农业生物技术学报,12(1):61-65.

张忠品,孙超,马佩云,等. 2010. 钙信号对小鼠脂肪组织中 GPR120 基因转录及脂肪生成的影响. 西北农林科技大学学报,38(9):6-11.

张卓,徐超,郭连营,等. 2009. 钙摄入量对大鼠血浆胆固醇水平影响. 中国公共卫生,25(9):1118-1120.

章世元. 2005. 鸡钙代谢调节相关基因的克隆重组与表达研究:博士论文. 南京:南京农业大学动物科技学院.

章世元,俞路,王雅倩. 2008. 鸡甲状旁腺素基因质粒对蛋鸡产蛋性能及钙磷代谢调控的研究. 安徽农业大学学报,35(4): 517-523.

赵锋. 2007. 瘦素在体外对人脂肪细胞脂肪蓄积的影响:硕士论文. 南昌:南昌大学医学院.

赵新华. 1998. 维生素 K 与骨代谢. 国外医学,25(6):363-367.

赵玉蓉,陈清华,贺建华. 2008. 牛膝多糖对断奶仔猪抗菌肽 Protegrin-1 mRNA 表达的影响. 动物营养学报,20(1):80-84.

赵玉蓉,王红权,贺建华. 2009. 谷氨酰胺对断奶仔猪抗菌肽 PR-39 mRNA 的表达调控. 动物营养学报,21(4):567-572.

郑珂珂,朱晓鸣,韩冬. 2010. 饲料脂肪水平对瓦氏黄颡鱼生长及脂蛋白脂酶基因表达的影响. 水生生物学报,34(4):815-821.

郑莉,赵明. 1998. 人降钙素基因在大肠杆菌中的克隆与表达. 军事医学科学院院刊,22(1):23-26.

郑晓锋,郑坚伟,王哲滨,等. 1996. 鸡三种血清酶同工酶及其育种应用的研究进展. 黑龙江畜牧兽医(10):43-44.

周波,王晓红,郭连营. 2005. 老年人维生素 D 受体基因启动子中 Cdx-2 结合位点多态性与骨密度的关系. 中国老年学杂志,25(9):1037-1039.

周勤,娄义洲,苗永旺,等. 2002. 武定鸡农大Ⅰ系血液蛋白多态性与生产性能关系的研究. 云南农业大学学报,17(1): 33-38.

周晓蓉,孙长颢,王舒然,等. 2005. 共轭亚油酸对肥胖大鼠 UCP2 基因表达的影响. 中国公共卫生,21(5):543-544.

周小芸. 2008. 维生素 K_2 干预肝癌的实验研究:硕士论文. 上海:复旦大学中山医院.

周一江,张学成,王玉梅,等. 2007. 人/鲑降钙素嵌合基因在大肠杆菌中的串联表达. 中国海洋大学学报,37(1):103-106.

朱文奇,李慧芳,宋卫涛,等. 2009. 生长素基因 Ghrelin 对高邮鸭产蛋性能的遗传效应. 四川农业大学学报,27(3):354-359.

邹平,张廷钦,谭德勇,等. 1997. 云南省二个地方鸡种血液淀粉酶多态性分析. 遗传,19(6):27-29.

左爱军,梁东春,赵学勤,等. 2006.不同碘营养状态对大鼠肝组织Ⅰ型5′脱碘酶的影响. 中国地方病学杂志,25(3):243-246.

Abrams S A, Griffin I J. 2005. Vitamin D receptor fok Ⅰ polymorphisms affect calcium absorption, kinetics, and bone mineralization rates during puberty. Journal of Bone and Mineral Research,20(6):945-953.

Adams J S,Gacad M A. 1985. Characterization of 1α-hydroxylation of vitamin D_3 sterols by cultured alveolar macrophages from patients with sarcoidosis. The Journal of Experimental Medicine,161(4):755-765.

Adams J S,Gacad M A,Singer F R,et al. 1986. Production of 1,25-dihydroxyvitamin D_3 by pulmonary alveolar macrophages from patients with sarcoidosis. Annals of the New York Academy of Sciences,465:587-594.

Adams J S, Sharma O P, Gacad M A, et al. 1983. Metabolism of 25-hydroxyvitamin D_3 by cultured pulmonary alveolar macrophages in sarcoidosis. Journal of Clinical Investigation, 72(5):1856-1860.

Adams J S,Singer F R,Gacad M A,et al. 1985. Isolation and structural identification of 1, 25-dihydroxyvitamin D_3 produced by cultured alveolar macrophages in sarcoidosis. Journal of Clinical Endocrinology and Metabolism,60(5):960-966.

Adams K A,Davis A J. 2001. Dietary protein concentration regulates the mRNA expression of chicken hepatic malic. The Journal of Nutrition,131(9):2269-2274.

Ajuwon K M, Jacobi S K, Kuske J L, et al. 2004. Interleukin-6 and interleukin-15 are selectively regulated by lipopolysaccharide and interferon-γ in primary pig adipocytes. American Journal of Physiology,286(3):547-553.

Almaden Y,Hernandez A,Torregrosa V,et al. 1998. High phosphate level directly stimulates parathyroid hormone secretion and synthesis by human parathyroid tissue in vitro. Journal of the American Society of Nephrology,9(10):1845-1852.

Ames S K, Ellis K J. 1999. Vitamin D receptor gene fok Ⅰ polymorphism predicts calcium absorption and bone mineral density in children. Journal of Bone and Mineral Research,14 (5):740-746.

Andersson-Eklund L,Rendel J. 1993. Linkage between amylase-1 locus and a major gene for milk fat content in cattle. Animal Genetics,24(2):101-103.

Andress D L. 2006. Vitamin D in chronic kidney disease:a systemic role for selective vitamin D receptor activation. Kidney International,69(1):33-43.

Antoine M, Gaiddon C, Loeffler J P, et al. 1996. Ca^{2+}/calmodulin kinase types II and IV regulate c-fos transcription in the AtT20 corticotroph cell line. Molecular and Cellular Endocrinology 120(1):1-8.

Antras-Ferry J,Robin P,Robin D,et al. 1995. Fatty acids and fibrates are potent inducers of transcription of the phosphenol pyruvate carboxykinase gene in adipocytes. European Journal of Biochemistry,234(2):390-396.

Arai H,Miyamoto K,Taketani Y,et al. 1997. A vitamin D receptor gene polymorphism in the translation, initiation codon: effect on protein activity and relation to bone mineral density in Japanese women. Journal of Bone and Mineral Research, 12(6):915-921.

Armbrecht H J, Boltz M A, Hodam T L, et al. 2001. Differential responsiveness of intestinal epithelial cells to 1, 25-dihydroxyvitamin D_3 role of protein kinase C. Journal of Endocrinology, 169(1):145-151.

Arrigoni O, De Tullio M C. 2002. Ascorbic acid: much more than just an antioxidant. Biochimica et Biophysica Acta, 1569(1-3):1-9.

Ashton G C. 1958. A genetic mechanism for 'thread protein' polymorphism in cattle. Nature, 182(4627):65-66.

August D, Janghorbani M, Young V R, et al. 1989. Determination of zinc and copper absorption at three dietary Zn-Cu ratios by using stable isotope methods in young adult and elderly subjects. The American Journal of Clinic Nutrition, 50(6):1457-1463.

Aulinskas T H, Westhuyzen D R, Cotezee G A. 1983. Ascorbate increases the number of low density lipoprotein receptors in cultured arterial smooth muscle cells. Atherosclerosis, 47(2):159-171.

Avissar S, Schreibert G, Danon A, et al. 1988. Lithium inhibits adrenergic and cholinergic increases in GTP binding in rat cortex. Nature, 331(6155):440-442.

Baumgard L H, Matitashvili E, Corl B A, et al. 2002. Trans-10, cis-12 conjugated linoleic acid decreases lipogenic rates and expression of genes involved in milk lipid synthesis in dairy cows. Journal of Dairy Science, 85(9):2155-2163.

Bavik C, Ward S J, Chambon P. 1996. Developmental abnormalities in cultured mouse embryos deprived of retinoic by inhibition of yolk-sac retinol binding protein synthesis. Proceedings of National Academy of Sciences, 93(7):3110-3114.

Benevenga N J, Gahi M J, Blemings K P. 1993. Role of protein synthesis in amino acid catabolism. The Journal of Nutrition, 123(2 suppl):332-336.

Bermano G, Arthur J R, Hesketh J E. 1996. Role of the 3′ untranslated region in the regulation of cytosolic glutathione peroxidase and phospholipid-hydroperoxide glutathione peroxidase gene expression by selenium supply. The Biochemical Journal, 320(Pt3):891-895.

Bermano G, Nicol F, Sunde R A, et al. 1995. Tissue specific regulation of selenoenzyme gene expression during selenium deficiency in rats. The Biochemical Journal, 311(Pt2):425-430.

Bodkin N L, Nicolson M, Ortmeyer H K, et al. 1996. Hyperleptinemia: relationship to adiposity and insulin resistance in the spontaneously obese rhesus monkey. Hormone Metabolism Research, 28(12):674-678.

Borrello S, Deleo M E, Galeotti T. 1992. Transcriptional regulation of MnSOD by manganese in the liver of manganese-deficient mice and during rat development. Biochemistry International, 28(4):595-601.

Bosch F, Rodriguez-Gil J E, Hatzoglou M, et al. 1992. Lithium inhibits hepatic gluconeogenesis and phosphoenolpyruvate carboxykinase gene expression. The Journal of Biological Chemistry, 267(5):2888-2893.

Brameld J M, Atkinson J L, Saunders J C, et al. 1996. Effects of growth hormone administration and dietary protein intake on insulin-like growth factor I and growth hormone receptor mRNA expression in porcine liver, skeletal muscle, and adipose tissue. Journal of Animal Science, 74(8): 1832-1841.

Brameld J M, Gilmour R S, Buttery P J. 1999. Glucose and amino acids interact with hormones to control expression of insulin-like growth factor-I and growth hormone receptor mRNA in cultured pig hepatocytes. The Journal of Nutrition, 129(7): 1298-1306.

Brannon P M. 1990. Adaptation of the exocrine pancreas to diet. Annual Review Nutrition (10): 85-105.

Brodie A E, Manning V A, Ferguson K R, et al. 1999. Conjugated linoleic acid inhibits differentiation of pre-and post-confluent 3T3-L1 preadipocytes but inhibits cell proliferation only in preconfluent cells. Journal of Nutrition, 129(3): 602-606.

Brown E M. 1991. Extracellular Ca^{2+} sensing, regulation of parathyroid cell function, and role of Ca^{2+} and other ions as extracellular (first) messengers. Physiological Reviews, 71(2): 371-411.

Brown E M, Gamba G, Lombardi M, et al. 1993. Cloning and characterization of an extracellular Ca^{2+}-sensing receptor from bovine parathyroid. Nature, 366(6455): 575-580.

Bruhat A, Jousse C. 1999. Amino acid limitation regulates gene expression. Proceedings of The Nutrition Society, 58(3): 625-632.

Buchanan F C, Fitzsimmons C J, Van Kessel A G, et al. 2002. Association of a missense mutation in the bovine leptin gene with carcass fat content and leptin mRNA levels. Genetics Selection Evolution, 34(1): 105-116.

Buchanan F C, Van Kessel A G, Waldner C, et al. 2003. Hot topic: an association between a leptin single nucleotide polymorphism and milk and protein yield. Journal of Dairy Science, 86(10): 3164-3166.

Bucher M, Sandner P, Wolf K, et al. 1996. Cobalt but not hypoxia stimulates PDGF gene expression in rats. American Journal of Physiology, 27(3): E451-E457.

Bumett S M, Gunawardene S. 2004. The effects of dietary phosphate on the regulation of FGF-23 in humans. Journal of Bone and Mineral Research(19): S252.

Burk R F, Hill K E. 1993. Regulation of selenoproteins. Annual Review of Nutrition(13): 65-81.

Cammisotto P G, Bukowiecki L J. 2004. Role of calcium in the secretion of leptin from white adipocytes. American Physiological Society, 287(6): 1380-1386.

Campuzano V, Koutnikoval H, Foury F, et al. 1997. Studies of human, mouse and yeast homologues indicate a mitochondrial function for frataxin. Nature Genetics, 16 (4): 345-351.

Cao J, Cousins R J. 2000. Metallothionein mRNA in monocytes and peripheral blood mononuclear cells and in cells from dried blood spots increases after zinc supplementation of men. The Journal of Nutrition, 130(9): 2180-2187.

Capuano P, Radanovic T, Wagner C A, et al. 2005. Intestinal and renal adaptation to a low-Pi diet of type II NaPi cotransporters in vitamin D receptor-and 1alphaOHase-deficient mice. American Journal of Physiology, 288(2): 429-434.

Cassy S, Picard M, Derouet M, et al. 2004. Peripheral leptin effect on food intake in young chickens is influenced by age and strain. Domestic Animal Endocrinology, 27(1): 51-61.

Cepica S, Masopust M, Knoll A, et al. 2005. Linkage and RH mapping of the porcine adiponectin gene on chromosome 13. Animal Genetics, 36(3): 276-277.

Chapman C, Morgan L M, Murphy M C. 2000. Maternal and early dietary fatty acid intake: changes in lipid metabolism and liver enzymes in adult rats. Journal of Nutrition, 130(2): 146-151.

Chatelain F, Kohl C. 1996. Cyclic AMP and fatty acids increase carnitine palmitoyltransferase I gene transcription in cultural fetal rat hepatocytes. European Journal of Biochemistry, 235 (3): 789-798.

Chattopadhyay N, Vassilev P M, Brown E M. 1997. Calcium-sensing receptor: roles in and beyond systemic calcium homeostasis. National Center for Biotechnology Information, 378 (8): 759-768.

Chauhan J, Dakshinamurti K. 1991. Transcriptional regulation of the glucokinase gene by biotin in starved rats. The Journal of Biological Chemistry, 266(16): 10035-10038.

Clarke S D, Abraham S. 1992. Gene expression: nutrient control of pre-and post-transcriptional events. The FASEB Journal, 6(13): 3146-3152.

Clarke S D, Armstrong M K, Jump D B. 1990. Nutritional control of rat liver fatty acid synthase and S14 mRNA abundance. The Journal of Nutrition, 120(2): 218-224.

Cohen M M. 2006. Role of leptin in regulating appetite, neuroendocrine function, and bone remodeling. American Journal of Medical Genetics, 140 (5): 515-524.

Colantuoni V, Romano V, G Bensi, et al. 1983. Cloning and sequencing of a full length cDNA coding for human retinol-binding protein. Nucleic Acids Research, 11(22): 7769-7776.

Coleman J E. 1992. Zinc proteins: enzymes, storage proteins, transcription factors, and replication proteins. Annual Review of Biochemistry(61): 897-946.

Collins J C, Paietta E, Green R, et al. 1988. Biotin-dependent expression of the asialoglycoprotein receptor in HepG2. Journal of Biological Chemistry, 263 (23): 11280-11283.

Colmers W F, Bleakman D. 1994. Effect of neuropeptide Y on the electrical properties of neurons. Trends in Neuroscience, 17(9): 373-379.

Corl B A, Mathews-Oliver S A, Lin X, et al. 2008. Conjugated linoleic acid reduces body fat accretion and lipogenic gene expression in neonatal pigs fed low-or high-fat formulas. Journal of Nutrition, 138(3): 449-454.

Coupe C, Perdereau D, Ferre P, et al. 1990. Lipogenic enzyme activities and mRNA in rat adipose tissue at weaning. American Journal of Physiology, 258(1): 126-133.

Cousins R J. 1994. Metal elements and gene expression. Annual Review of Nutrition(14):

449-469.

Craggl R A, Phillips S R, Piper J M, et al. 2005. Homeostatic regulation of zinc transporters in the human small intestine by dietary zinc supplementation. Gut, 54(4): 469-478.

Cui L, Takagi Y, Wasa M, et al. 1998. Zinc deficiency enhances interleukin-1α-induced metallothionein-1 expression in rats. Journal Nutrition, 128(7): 1092-1098.

Czubryt M P, Ramjiawana B, Gilchrist J S C, et al. 1996. The presence and partitioning of calcium binding proteins in hepatic and cardiac nuclei. Journal of Molecular and Cellular Cardiology, 28(3): 455-465.

Davidson J M, LuVall P A, Zoia O, et al. 1997. Ascorbate differentially regulates elastin and collagen biosynthesis in vascular smooth muscle cells and skin fibroblasts by pretranslational mechanisms. The Journal of Biological Chemistry, 272(1): 345-352.

Dawson-Hughes B, Harris S S, Finneran S. 1995. Calcium absorption on high and low calcium intakes in relation to vitamin D receptor genotype. Journal of Clinical Endocrinology & Metabolism, 80(12): 3657-3661.

Denbow D M, Meade S, Robertson A, et al. 2000. Leptin-induced decrease in food intake in chickens. Physiology & Behavior, 69(3): 359-362.

Devergnasa S, Chimientia F, Naud N, et al. 2004. Differential regulation of zinc efflux transporters ZnT-1, ZnT-5 and ZnT-7 gene expression by zinc levels: a real-time RT-PCR study. Biochemical Pharmacology, 68(4): 699-709.

Ding S T, Liu B H, Ko Y H. 2004. Cloning and expression of porcine adiponectin and adiponectin receptor 1 and 2 genes in pigs. Journal of Animal Science, 82 (11): 3162-3174.

Dore B T, Uskokovic M R. 1993. Interaction of retinoic acid and vitamin D_3 analogs on HL-60 myeloid leukemic cells. Leukemia Research, 17(9): 749-757.

Dore J J, Roberts M P, Godkin J D. 1994. Early gestational expression of retinol-binding protein mRNA by the ovine conceptus and endometrium. Molecular Reproduction and Development, 38(1): 24-29.

Dozin B, Rall J E, Nikodem V M. 1986. Tissue-specific control of rat malic enzyme activity and messenger RNA levels by a high carbohydrate diet. Proceedings of the National Academy of Sciences of the United States of America, 83(13): 4705-4709.

Du C, Sato A, Watanabe S, et al. 2003. Cholesterol synthesis in mice is suppressed but lipofuscin formation is not affected by long-term feeding of *n*-3 fatty acid-enriched oils compared with lard and *n*-6 fatty acid-enriched oils. Biological & Pharmaceutical Bulletin, 26(6): 766-770.

Eagon P K, Teepe A G, Elm M S, et al. 1999. Hepatic hyperplasia and cancer in rats: alterations in copper metabolism. Carcinogenesis, 20(6): 1091-1096.

Eberhardt D M, JacobsW G, Godkin J D. 1999. Regulation of retinol-binding protein in the ovine oviduct. Biology of Reproduction, 60(3): 714-720.

Eide D J. 2004. The SLC39 family of metal ion transporters. Pflugers Archiv European Journal of Physiology, 447(5): 796-800.

Elger M, Werner A, Herter P, et al. 1998. Na-P(i) cotransport sites in proximal tubule and collecting tubule of winter flounder (*Pleuronectes americanus*). The American Journal of Physiology, 274(2 pt 2): F374-383.

Erickson R H, Gum J R, Lindstrom M M, et al. 1995. Regional expression and dietary regulation of rat small intestinal peptide and amino acid transporter mRNAs. Biochemical and Biophysical Research Communications, 216(1): 249-257.

Estepa J C, Lopez I, Felsenfeld A J, et al. 2003. Dynamics of secretion and metabolism of PTH during hypo-and hypercalcaemia in the dog as determined by the 'intact' and 'whole' PTH assays. Nephrology Dialysis Transplantation, 18(6): 1101-1107.

Fain J N, Leffler C W, Bahouth S W, et al. 2000. Regulation of leptin release and lipolysis by PGE2 in rat adipose tissue. Prostaglandins & Other Lipid Mediators, 62(4): 343-350.

Farley J R, Wergedal J E, Hall S L, et al. 1991. Calcitonin has direct effects on ^{3}[H]-thymidine incorporation and alkaline phosphatase activity in human osteoblast-line cells. Calcified Tissue International, 48(5): 297-301.

Fasshauer M, Klein J, Neumann S, et al. 2001. Adiponectin gene expression is inhibited by β-adrenergic stimulation via protein kinase A in 3T3-L1 adipocytes. FEBS Letters, 507(2): 142-146.

Fasshauer M, Klein J, Neumann S, et al. 2002. Hormonal regulation of adiponectin gene expression in 3T3-L1 adipocytes. Biochemical and Biophysical Research Communications, 290(3): 1084-1089.

Fatima S, Yaghini F A, Ahmed A, et al. 2003. CaM kinase IIalpha mediates norepinephrine-induced translocation of cytosolic phospholipase A2 to the nuclear envelope. Journal of Cell Science, 116(2): 353-365.

Ferrari S L, Rizzoli R, Slosman D O, et al. 1998. Do dietary calcium and age explain the controversy surrounding the relationship between bone mineral density and vitamin D receptor gene polymorphism. Journal of Bone and Mineral Research, 13(3): 363-370.

Ferrari S, Molinari S, Battini R, et al. 1992. Induction of calbindin-D28K by 1, 25-dihydroxyvitamin D_3 in cultured chicken intestinal cells. Experimental Cell Research, 200(2): 528-531.

Folli C, Calderone V, Ottonello S, et al. 2001. Identification, retinoid binding, and x-ray analysis of a human retinol-binding protein. Proceedings of National Academy of Sciences, 98(7): 3710-3715.

Foote M R, Horst R L, Huff-Lonergan E J, et al. 2004. The use of vitamin D_3 and its metabolites to improve beef tenderness. Journal of Animal Science, 82(1): 242-249.

Foufelle F, Gouhot B, Pegorier J P, et al. 1992. Glucose stimulation of lipogenic enzyme gene expression in cultured white-adipose tissue: a role for glucose-6-phosphate. The Journal of Biology Chemistry, 267(29): 20543-20546.

Friedman J M, Halaas J L. 1998. Leptin and the regulation of body weight in mammals. Nature, 395(6704): 763-770.

Furuse M, Tachibana T, Ohgushi A, et al. 2001. Intracerebroventricular injection of ghrelin and growth hormone releasing factor inhibits food intake in neonatal chicks. Neuroscience Letters, 301(2): 123-126.

Gardella T J, Rubin D, Abou-Samra A B, et al. 1990. Expression of human parathyroid hormone-(1-84) in *Escherichia coli* as a factor X-cleavable fusion protein. The Journal of Biological Chemistry, 265(26): 15854-15859.

Gehlert D R. 1994. Subtypes of receptors for neuropeptide Y: implications for the targeting of therapeutics. Life Sciences, 55(8): 551-562.

Gerbens F, Jansen A, van Erp A J M, et al. 1998. The adipocyte fatty acid-binding protein locus: characterization and association with intramuscular fat content in pigs. Mammalian Genome, 9(12): 1022-1026.

Gerfault V, Louveau I, Mourot J, et al. 2000. Proliferation and differentiation of stromal-vascular cells in primary culture differ between neonatal pigs consuming maternal or formula milk. Journal of Nutrition, 130(5): 1179-1182.

Giachelli C M, Liaw L, Murry C E, et al. 1995. Osteopontin expression in cardiovascular diseases. Annals of the New York Academy of Sciences(760): 109-126.

Girard J, Perdereau D, Foufelle F, et al. 1994. Regulation of lipogenic enzyme gene expression by nutrients and hormones. The FASEB Journal, 8(1): 36-42.

Goettsch M, Pappenheimer A M. 1931. Nutritional muscular dystrophy in the guinea pig and rabbit. The Journal of Experimental Medicine, 54(2): 145-165.

Goodridge A G, Crish J F. 1989. Nutritional and hormonal regulation of the gene for avian malic enzyme. The Journal of Nutrition, 119(2): 299-308.

Graham C, Nalbant P, Scholermann B, et al. 2003. Characterization of a type IIb sodium-phosphate cotransporter from zebrafish (*Danio rerio*) kidney. American Journal of Physiology, 284(4): F727-F736.

Grimaldi P A, Knobel S M, Whitesell R R, et al. 1992. Induction of aP2 gene expression by nonmetabolized long-chain fatty acids. Proceedings of the National Academy of Sciences of the United States of America, 89(22): 10930-10934.

Gruver C L, DeMayo F, Goldstein M A, et al. 1993. Targeted developmental over expression of calmodulin induces proliferative and hypertrophic growth of cardiomyocytes in transgenic mice. Endocriology, 133(1): 376-388.

Guay F, Palin M F, Matte J J, et al. 2001. Effects of breed, parity, and folic acid supplement on the expression of leptin and its receptors' genes in embryonic and endometrial tissues from pigs at day 25 of gestation. Biology of Reproduction, 65(3): 921-927.

Hagve T A, Christensen E, Grenn M, et al. 1988. Regulation of the metabolism of polyunsaturated fatty acids. Scandinavian Journal of Clinical, 48(S191): 33-46.

Hall A K, Norman A W. 1990. Regulation of calbindin-D28k gene expression by 1, 25 $(OH)_2$-D_3 chick kidney. Journal of Bone Mineral Research, 5(4): 325-330.

Halleux C M, Takahashi M, Delporte M L, et al. 2001. Secretion of adiponectin and regulation of apM1 gene expression in human visceral adipose tissue. Biochemical and Biophysical Research Communications,288(5):1102-1107.

Hammond R A,Foster K A,Berchthold M W,et al. 1988. Calcium-dependent calmodulin-binding proteins associated with mammalian DNA polymerase alpha. Biochimica et Biophysica Acta(BBA),951(2-3):315-321.

Hamza I,Faisst A,Prohaska J,et al. 2001. The metallochaperone atox1 plays a critical role in perinatal copper homeostasis. Proceedings of National Academy of Sciences,98(12):6848-6852.

Hanrahan J P,Gregan S M,Mulsant P,et al. 2004. Mutations in the genes for oocyte derived growth factors GDF9 and BMP15 are associated with both increased ovulation rate and sterility in Cambridge and Belclare sheep(*Ovis aries*). Biology of Reproduction,70(4):900-909.

Hansson O,Donsmark M,Ling C,et al. 2005. Transcriptome and proteome analysis of soleus muscle of hormone-sensitive lipase-null mice. The Journal of Lipid Research,46(12):2614-2623.

Harney J P,Ott T L,Geisert R D,et al. 1993. Retinol-binding protein gene expression in cyclic and pregnant endometrium of pigs,sheep,and cattle. Biology of Reproduction,49(5):1066-1073.

Harold C D,Cameron E C,Cheney B A,et al. 1962. Evidence for calcitonin-a new hormone from the parathyroid that lowers blood calcium. Endocrinology,70(5):638-649.

Harwood H J,Greene Y J. 1986. Inhibition of human leukocyte 3-hydroxy-3-methylglutaryl coenzyme A reductase activity by ascorbic acid. An effect mediated by the free radical monodehydroascorbate. The Journal of Biological Chemistry,261(16):7127-7135.

Hasegawa J,Osatomi K,Wu R F,et al. 1999. A novel factor binding to the glucose response elements of liver pyruvate kinase and fatty acid synthase genes. The Journal of Biology Chemistry,274(2):1100-1107.

Hashiguchi T,Yanagida M,Maeda Y,et al. 1970. Genetical studies on serum amylase in domestic fowls. Japan J Gent(45):341-349.

Hata R,Sunada H,Aral K,et al. 1988. Regulation of collagen metabolism and cell growth by epidermal growth factor and ascorbate in cultured human skin fibroblasts. European Journal of Biochemistry,173(2):261-267.

Heijboer A C,Donga E,Havekes L M,et al. 2005. Twenty-four hours fasting differentially affects hepatic and muscle insulin sensitivity. European Journal of Gastroenterology & Hepatology,17(1):11.

Heinemann F S,Korza G,Ozols J. 2003. A plasminogen-like protein selectively degrades stearoyl-CoA desaturase in liver microsomes. Journal of Biological Chemistry,278(44):42966-42975.

Hendy G N,Kronenberg H M,McDevitt B E,et al. 1981. Nucleotide sequence of cloned cDNA encoding human preproparathyroid hormone. Proceedings of the National Academy of Sciences of the United States of America, 78(12): 7365-7369.

Hermier D. 1997. Lipoprotein metabolism and fattening in poultry. Journal of Nutrition, 127(5): 8055-8085.

Hernandez-Frontera E, McMurray D N. 1993. Dietary vitamin D affects cell-mediated hypersensitivity but not resistance to experimental pulmonary tuberculosis in guinea pigs. Infection and Immunity, 61(5): 2116-2121.

Hilfiker H, Hattehauer O, Traebert M, et al. 1998. Characterization of a murine type II sodium-phosphate cotransporter expressed in mammalian small intestine. Proceedings of the National Academy of Sciences of the United States of America, 95(24): 14564-14569.

Holm C, Kirchgessner T G, Svenson K L, et al. 1988. Hormone-sensitive lipase: sequence, expression, and chromosomal localization to 19 cent-q13. 3. Science, 241(4872): 1503-1506.

Hotta K, Funahashi T, Bodkin N L, et al. 2001. Circulating concentrations of the adipocyte protein adiponectin are decreased in parallel with reduced insulin sensitivity during the progression to type 2 diabetes in rhesus monkeys. Diabetes, 50(5): 1126-1133.

Hough S, Avioli L V, Muir H, et al. 1988. Effects of hypervitaminosis on the bone and mineral metabolism of the rat. Endocrinology, 122(6): 62933-62939.

Hsu J M, Wang P H. 2004. The effect of dietary docosahexaenoic acid on the expression of porcine lipid metabolism-related genes. The Journal of Animal Science, 82(3): 683-689.

Hu E, Liang P, Spiegelman B M, et al. 1996. Adipoq is a novel adipose-specific gene dysregulated in obesity. The Journal of Biological Chemistry, 271(18): 10697-10703.

Hunziker W. 1986. The 28-kDa vitamin D-dependent calcium-binding protein has a six-domain structure. Proceedings of the National Academy of Sciences, 83(20): 7578-7582.

Huypens P, Moens K, Heimberg H, et al. 2005. Adiponectin-mediated stimulation of AMP-activated protein kinase (AMPK) in pancreatic beta cells. Life Sciences, 77(11): 1273-1282.

Hyatt S L, Aulak K S, Malandro M, et al. 1997. Adaptive regulation of the cationic amino acid transporter-1 (CAT-1) in fao cells. The Journal of Biological Chemistry, 272(32): 19951-19957.

Ihara T, Tsujikawa T, Fujiyama Y, et al. 2000. Regulation of PepT1 transporter expression in the rat small intestine under malnourished conditions. Digestion, 61(1): 59-67.

Ikeda S, Horio F, Yoshida A, et al. 1996. Ascorbic acid deficiency reduces hepatic apolipoprotein AI mRNA in scurvy-prone ODS rats. Biochemical and Molecular Roles of Nutrients, 126(10): 2505-2511.

Ikeda I, Wakamatsu K, Inayoshi A, et al. 1994. α-linolenic, eicosapentaenoic and docosahexaenoic acids affect lipid metabolism differently in rats. Journal of Nutrition, 124(10): 1898-1906.

Ilian M A, Morton J D. 2001. Intermuscular variation in tenderness: associated with the ubiquitous and muscle specific calpains. Journal of Animal Science, 79(1): 122-132.

Jacobi S K, Ajuwon K M, Weber T E, et al. 2004. Cloning and expression of porcine adiponectin, and its relationship to adiposity, lipogenesis and the acute phase response. Journal of Endocrinology, 182(1): 133-144.

Jiang Z, Gibson J P. 1999. Genetic polymorphisms in the leptin gene and their association with fatness in four pig breeds. Mammalian Genome, 10(2): 191-193.

Jodi D B, Yien M. 2004. The adaptive response to dietary zinc in mice involves the differential cellular localization and zinc regulation of the zinc transporters ZIP4 and ZIP5. The Journal of Biological Chemistry, 279(47): 49082-49090.

Jones B H, Maher M A, Banz W J, et al. 1996. Adipose tissue stearoyl-CoA desaturase mRNA is increased by obesity and decreased by polyunsaturated fatty acids. American Physiological Society, 271(1): 44-49.

Jono S, McKee M D, Murry C E, et al. 2000. Phosphate regulation of vascular smooth muscle cell calcification. Circulation Research, 87(7): E10-E17.

Jonsson K B, Zahradnik R, Larsson T, et al. 2003. Fibroblast growth factor 23 in oncogenic osteomalacia and X-linked hypophosphatemia. The New England Journal of Medicine, 348 (17): 1656-1663.

Jousse C, Bruhat A, Ferrara M, et al. 1998. Physiological concentration of amino acids regulates insulin-like-growth-factor-binding protein 1 expression. Biochemical Journal, 334 (pt1): 147-153.

Jousse C, Bruhat A, Harding H P, et al. 1999. Amino acid limitation regulates CHOP expression through a specific pathway independent to the unfolded protein response. FEBS Letters, 448(2): 211-216.

Jump D B, Clarke S D, Thelen A, et al. 1994. Coordinate regulation of glycolytic and lipogenic gene expression by polyunsaturated fatty acids. The Journal of Lipid Research, 35 (6): 1076-1084.

Kadim I T, Johnson E H, Mahgoub O, et al. 2003. Effect of low levels of dietary cobalt on apparent nutrient digestibility in omani goats. Animal Feed Science and Technology, 109 (1-4): 209-216.

Kalasapudi V D, Sheftel G, Divish M M, et al. 1990. Lithium augmentsfos protoonocogene expression in PC12 pheochromocytoma cells: implications for therapeutic action of lithium. Brain Research, 521(1-2): 47-54.

Kanai M, Raz A. 1968. Retinol-binding protein: the transport protein for vitamin A in human plasma. The Journal of Clinical Investigation, 47(9): 2025-2044.

Kanamoto R, Yokota T, Hayashi S. 1994. Expression of c-myc and insulin-like growth factor-I mRNA in the liver of growing rats vary reciprocally in response to changes in dietary protein. The Journal of Nutrition, 124(12): 2329-2334.

Kato M, Kato K, Goodman D S. 1985. Immunochemical studies on the localization and on the concentration of cellular retinol-binding protein in rat liver during perinatal development. A Technical Methods and Pathology, 52(5): 475-484.

Kifor O, Diaz R. 1997. The calcium-sensing receptor CaR activates phospholipases C, A2 and

Din bovine parathyroid and CaR-transfected, human embryonic kidney (HEK293) cells. Journal of Bone and Mineral Research, 12(5): 715-725.

Kilberg M S, Hutson R G, Laine R O. 1994. Amino acid-regulated gene expression in eukaryotic cells. The FASEB Journal, 8(1): 13-19.

Kim H P, Roe J H, Chock P B, et al. 1999. Transcriptional activation of the human manganese superoxide dismutase gene mediated by tetradecanoylphorbol acetate. The Journal of Biology Chemistry, 274(52): 37455-37460.

Kimball S R, Yancisin M, Horetsky R L, et al. 1996. Translational and pretranslational regulation of protein synthesis by amino acid availability in primary cultures of rat hepatocytes. International Journal of Biochemistry & Cell Biology, 28(3): 285-294.

Kim T S, Freake H C. 1996. High carbohydrate diet and starvation regulate lipogenic mRNA in rats in a tissue-specific manner. The Journal of Nutrition, 126(3): 611-617.

King J C, Shames D M, Woodhouse L R. 2000. Zinc homeostasis in humans. Journal of Nutrition, 130(5): 1360S-1366S.

Kirschke C P, Huang L. 2003. ZnT7, a novel mammalian zinc transporter, accumulates zinc in the golgi apparatus. The Journal of Biological Chemistry, 278: 4096-4102.

Kirsch T, Harrison G, Worch K P, et al. 2000. Regulatory roles of zinc in matrix vesicle-mediated mineralization of growth plate cartilage. Journal of Bone and Mineral Research, 15(2): 261-270.

Klausner R D, Rouault T A, Harford J B. 1993. Regulating the fate of mRNA: the control of cellular iron metabolism. Cell, 72(1): 19-28.

Kobayashi T, Sugimoto T, Saijoh K, et al. 1994. Calcitonin directly acts on mouse osteoblastic MC3T3-E1 cells to stimulate mRNA expression of c-fos, insulin-like growth factor-1 and osteoblastic phenotypes (type1 collagen and osteocalcin). Biochemical and Biophysical Research Communications, 199(2): 876-880.

Koerner A, Kiess W, Kratzsch J, et al. 2005. Adipocytokines: leptin-the classical, resistin-the controversical, adiponectin-the promising, and more to come. Best Practice & Research Clinical Endocrinology & Metabolism, 19(4): 525-546.

Kojima M, Hosoda H, Date Y, et al. 1999. Ghrelin is a growth-hormone-releasing acylated peptide from stomach. Nature, 402(6762): 656-660.

Kolaczynski J W, Considine R V, Ohannesian J, et al. 1996. Responses of leptin to short-term fasting and refeeding in human: a link with ketogenesis but not ketones themselves. Diabetes, 45(11): 1511-1515.

Konfortov B A, Licence V E, Miller J R. 1999. Re-sequencing of DNA from a diverse panel of cattle reveals a high level of polymorphism in both intron and exon. Mammalian Genome, 10(12): 1142-1145.

Kozak M. 1990. Downstream secondary structure facilitates recognition of initiator codons by eukaryotic ribosomes. Proceedings of the National Academy of Sciences of the United States of America, 87(21): 8301-8305.

Krebs Nancy F. 2000. Overview of zinc absorption and excretion in the human gastrointestinal tract. Journal of Nutrition,130(5):1374S-1377S.

Kronenberg H M,McDevitt B E,Majzoub J A,et al. 1979. Cloning and nucleotide sequence of DNA coding for bovine preproparathyroid hormone. Proceedings of the National Academy of Sciences of the United States of America,76(10):4981-4985.

Krumiaui R. 1994. Hox genes in vertebrate development. Cell(78):191-201.

Kus I,Sarsilmaz M,Colakoglu N,et al. 2004. Pinealectomy increases and exogenous melatonin decreases leptin production in rat anterior pituitary cells: an immunohistochemical study. Physiological Research,53(4):403-408.

Langfort J,Ploug T,Ihlemann J,et al. 1993. Expression of hormone-sensitive lipase and its regulation by adrenaline in skeletal muscle. Biochemical,340(2):459-465.

Larsson T,Zahradnik R,Lavigne J,et al. 2003. Immunohistochemical detection of FGF-23 protein in tumors that cause oncogenic osteomalacia. European Journal of Endocrinology, 148(2):269-276.

Latchman D S. 1999. Transcription factors: a practical approach. Great Clarendon Street: Oxford University Press.

Latruffe N,Passilly P,Motojima K,et al. 2000. Relationship between signal transduction and PPARα-regulated genes of lipid metabolism in rat hepatic-derived fao cells. Cell Biochemistry and Biophysics,32:213-220.

Leal-Cerro A, Soto A, Martínez M A, et al. 2001. Influence of cortisol status on leptin secretion. Journal of Molecular Medicine,4(1-2):111-116.

Lee K N,Pariza M W,Ntambi J M. 1998. Conjugated linoleic acid decreases hepatic stearoyl-CoA desaturase mRNA expression. Biochemical and Biophysical Research Communications, 248 (3):817-821.

Lee R C,Feinbaum R L,Ambros V. 1993. The *C. elegans* heterochronic gene lin-4 encodes small RNAs with antisense complementarity to lin-14. Cell,75(5):843-854.

Lee S H, Engle T E, Hossner K L. 2002. Effects of dietary copper on the expression of lipogenic genes and metabolic hormones in steers. Journal of Animal Science,80(7):1999-2005.

Lei X G,Dann H M,Ross D A,et al. 1998. Dietary selenium supplementation is required to support full expression of three selenium-dependent glutathione peroxidases in various tissues of weanling pigs. The Journal of Nutrition,128(1):130-135.

Le Jossic-Corcos C,Duclos S,Ramirez L C,et al. 2004. Effects of peroxisome proliferator-activated receptor α activation on pathways contributing to cholesterol homeostasis in rat hepatocytes. Biochimica et Biophysica Acta,1683(1-3):49-58.

Leopold L,Friedman J M,Zang Y,et al. 1994. Positional cloning of the mouse obese gene and its human homologue. Nature,372(6505):425-432.

Levin B E,Routh V H. 1996. Role of the brain in energy balance and obesity. American Journal of Physiology,271(3):491-500.

Levin M S, Li E, Ong D E, et al. 1987. Comparison of the tissue-specific expression and developmental regulation of two closely linked rodent genes encoding cytosolic retinol-binding proteins. The Journal of Biological Chemistry, 262(15): 7118-7124.

Levine M, Hoey T. 1988. Homeobox proteins as sequence-specific transcription factors. Cell, 55(4): 537-540.

Li C C, Li K, Li J, et al. 2006. Polymorphism of ghrelin gene in twelve Chinese indigenous chicken breeds and its relationship with chicken growth traits. Asian-Australasian Journal of Animal Sciences, 19(2): 153-159.

Li E, Demmer L A, Sweetser D A, et al. 1986. Rat cellular retinol-binding protein II: use of a cloned cDNA to define its primary structure, tissue-specific expression, and developmental regulation. Proceedings of National Academy of Sciences, 83 (16): 5779-5783.

Liefers S C, Te Pas M F W, Veerkamp R F, et al. 2002. Associations between leptin gene polymorphisms and production, live weight, energy balance, feed intake, and fertility in holstein heifers. Journal of Dairy Science, 85(6): 1633-1638.

Lindersson M, Andersson-Eklund L, De Koning D J, et al. 1998. Mapping of serum amylase-1 and quantitative trait loci for milk production traits to cattle chromosome 4. Journal of Dairy Science, 81(5): 1454-1461.

Lis M T, Crampton R F, Matthews D M. 1972. Effect of dietary changes on intestinal absorption of *L*-methionine and *L*-methionyl-*L*-methionine in the rat. British Journal of Nutrition, (27), 159-167.

Liuzzi J P, Bobo J A, Lichten L A, et al. 2004. Responsive transporter genes within the murine intestinal-pancreatic axis form a basis of zinc homeostasis. Proceedings of National Academy of Sciences, 101(40): 14355-14360.

Liuzzi J P, Bobo J A, Cui L, et al. 2003. Zinc transporters 1, 2 and 4 are differentially expressed and localized in rats during pregnancy and lactation. Journal of Nutrition, 133 (2): 342-351.

Lõhmus M, Sundstrom L F. 2003. Leptin depresses food intake in great tits (*Parus major*). General and Comparative Endocrinology, 131(1): 57-61.

MacKenzie S H, Roberts M P, Liu K H, et al. 1997. Bovine endometrial retinol-binding protein secretion, messenger ribonucleic acid expression, and cellular localization during the estrous cycle and early pregnancy. Biology of Reproduction, 57(6): 1445-1450.

Maddineni S, Metzger S, Ocon O, et al. 2005. Adiponectin gene is expressed in multiple tissues in the chicken: food deprivation influences adiponectin messenger ribonucleic acid expression. Endocrinology, 146(10): 4250-4256.

Maeda Y, Kawata S, Inui Y, et al. 1996. Biotin deficiency decreases ornithine transcarbamylase activity and mRNA in rat liver. The Journal of Nutrition, 126(1): 61-66

Maeda K, Okubo K, Shimomura I, et al. 1996. cDNA cloning and expression of a novel adipose specific collagen-like factor, apM1 (adipose most abundant gene transcript 1).

Biochemical and Biophysical Research Communications,221(2):286-289.

Ma K,Cabrero A,Saha P K,et al. 2002. Increased β-oxidation but no insulin resistance or glucose intolerance in mice lacking adiponectin. The Journal of Biological Chemistry,277(38):34658-34661.

Manthey K C, Griffin J B, Zempleni J. 2002. Biotin supply affects expression of biotin transporters,biotinylation of carboxylases,and metabolism of interleukin-2 in jurkat cells. The Journal of Nutrition,132(5):887-892.

Mao S,Leone T C,Kelly D P,et al. 2000. Mitochondrial transcription factor A is increased but expression of ATP synthase beta subunit and medium-chain acyl-CoA dehydrogenase genes are decreased in hearts of copper-deficient rats. The Journal of Nutrition,130(9):2143-2150.

Marshall H, Morrison A, Studer M, et al. 1996. Retinoids and hox genes. The FASEB Journal,10(9):969-978.

Marshall H,Nonchev S,Sham M H,et al. 1992. Retinoic acid alters hindbrain Hox code and induces transformation of rhombomeres 2/3 into a 4/5 identity. Nature, 360(6406):737-741.

Marten N W, Burke E J, Hayden J M, et al. 1994. Effect of amino acid limitation on the expression of 19 genes in rat hepatoma cells. The FASEB Journal,8(8):538-544.

Masuzaki H,Ogawa Y,Sagawa N,et al. 1997. Nonadipose tissue production of leptin:leptin as a novel placenta-derived hormone in humans. Nature Medicine,3(9):1029-1033.

Matarese G, Carrieri P B, La Cava A, et al. 2005. Leptin increase in multiple sclerosis associates with reduced number of CD4+CD25+ regulatory T cells. Proceedings of the National Academy of Sciences of the United States of America,102(14):5150-5155.

Maury J, Issad T, Perdereau D, et al. 1993. Effect of acarbose on glucose homeostasis, lipogenesis and lipogenic enzyme gene expression in adipose tissue of weaned rats. Diabetologia,36(6):503-509.

Mcknight G S,Lee D C,Hemmaplardh D,et al. 1980. Transferrin gene expression. Effects of nutritional iron deficiency. Journal of Biological Chemistry,255(1):148-153.

McNeel R L,Ding S T,Smith E O,et al. 2000. Effect of feed restriction in adipose tissue transcript concentrations in genetically lean and obese pigs. Journal of Animal Science,78(4):934-942.

Mcneill H,Puddefoot J R,Vinson G P. 1998. Map kinase in the rat adrenal gland. Endocrine Research,24(3-4):373-380.

Mellink C, Lahbib-Mansas Y M, Yerle M, et al. 1995. PCR amplification and physical localization of the genes for pig FSHB and LHB. Cytogenetics and Cell Genetics,70(3-4):224-227.

Messer L,Wang L,Yelich J,et al. 1996. Linkage mapping of the retinoic acid receptor-γ gene to porcine chromosome 5. Animal Genetics,27(3):175-177.

Metona I, Caseras A, Fernandez F, et al. 2004. Molecular cloning of hepatic glucose-6-

phosphatase catalytic subunit from gilthead seabream (*Sparus aurata*): response of its mRNA levels and glucokinase expression to refeeding and diet composition. Science Direct, 138(2): 145-153.

Michelsen J W, Schmeichel K L, Winge D R. 1993. The LIM motif defines a specific zinc-binding protein domain. Proceedings of the National Academy of Sciences of the United States of America, 90(10): 4404-4408.

Mildner A M, Clarke S D. 1991. Porcine fatty acid synthase: cloning of a complementary DNA, tissue distribution of its mRNA and suppression of expression by somatotropin and dietary protein. The Journal of Nutrition, 121(6): 900-907.

Miller P M, Burston D, Brueton M J, et al. 1984. Kinetics of uptake of *L*-leucine and glycylsarcosine into normal and protein malnourished young rat jejunum. Pediatric Research. 18(6): 504-508.

Mizuno T M, Bergen H, Funabashi T, et al. 1996. Obese gene expression: reduction by fasting and stimulation by insulin and glucose in mice, and persistent elevation in acquired (diet-induced) and genetic (yellow agouti) obesity. Proceedings of the National Academy of Sciences of the United States of America, 93(8): 3434-3438.

Morikawa N, Nakayama R, Holten D. 1984. Dietary induction of glucose-6-phosphate dehydrogenase synthesis. Biochemical and Biophysical Research Communications, 120(3): 1022-1029.

Morrison N A, Qi J C, Tokita A, et al. 1994. Prediction of bone density from vitamin D receptor alleles. Nature, 367(6460): 284-287.

Morsci N S, Schnabel R D, Taylar J F. 2006. Association analysis of adiponectin and somatostatin polymorphisms on BAT1 with growth and carcass traits in Angus cattle. Animal Genetic, 37(6): 554-562.

Moynahan E J. 1974. Acrodermatitis enteropathica: a lethal inherited human zinc-deficiency disorder. The Lancet, 2(7877): 399-400.

Muaku S M, Beauloye V. 1995. Effects of maternal protein malnutrition on fetal growth, plasma insulin-like growth factors, insulin-like growth factor binding proteins, and liver insulin-like growth factor gene expression in the rat. Pediatric Research, 37(3): 334-342.

Murer H, Biber J A. 1997. Molecular view of proximal tubular inorganic phosphate (Pi) reabsorption and of its regulation. Pflügers Archiv European Journal of Physiology, 433 (4): 379-389.

Nakano Y, Tobe T, Choi-Miura N H, et al. 1996. Isolation and characterization of GBP28, a novel gelatin-binding protein purified from human plasma. The Journal of Biochemistry, 120(4): 803-812.

Nghiem P, Ollick T, Gardner P, et al. 1994. Interleukin-2 transcriptional block by multifunctional CaM kinase. Nature, 371(6495): 347-350.

Nie Q, Fang M, Xie L, et al. 2009. Molecular characterization of the ghrelin and ghrelin receptor genes and effects on fat deposition in chicken and duck. Journal of Biomedicine and Biotechnology,2009:1-12.

Nkrumah J D,Li C,Basarab J B,et al. 2004. Association of a single nucleotide polymorphism in the bovine leptin gene with feed intake, feed efficiency, growth, feeding behaviour, carcass quality and body composition. Canadian Journal of Animal Science,84(2):211-219.

Nowak T S, Ikeda J, Nakajima T, et al. 1990. 70 KDa heat shock protein and c-fos gene expression after transient ischemia. Stroke,21(11supple):107-111.

Ntambi J M. 1992,Dietary regulation of stearoyl-CoA desaturase 1 gene expression in mouse liver. Journal of Biological Chemistry,267(15):10925-10930.

Okada S,Tsukada H,Ohba H. 1984. Enhancement of nucleolar RNA synthesis by chromium (III) in regenerating rat liver. Journal of Inorganic Biochemistry,21(2):113-124.

Ott E S,Shay N F. 2001. Zinc deficiency reduces leptin gene expression and leptin secretion in rat adipocytes. Experimental Biology and Medicine,226(9):841-846.

Palacios I M,St Johnston D. 2001. Getting the message across:the intracellular localization of mRNAs in higher eukaryotes. Annual Review of Cell and Developmental Biology(17): 569-614.

Palanivel R, Fang X, Park M, et al. 2007. Globular and full-length forms of adiponectin mediate specific changes in glucose and fatty acid uptake and metabolism in cardiomyocytes. Cardiovascular Research,75(1):148-157.

Palmiter R D. 1994. Regulation of metallothionein genes by heavy metals appears to be mediated by a zinc-sensitive inhibitor that interacts with a constitutively active transcription factor, MTF-1. Proceedings of the National Academy of Sciences of the United States of America,91(4):1219-1223.

Palmiter R D, Huang L. 2004. Efflux and compartmentalization of zinc by members of the SLC30 family of solute carriers. Pflugers Archiv European Journal of Physiology,447 (5): 744-751.

Panserat S,Blin C,Medale F,et al. 2000. Molecular cloning,tissue distribution and sequence analysis of complete glucokinase cDNAs from gilthead seabream (*Sparus aurata*),rainbow trout (*Oncorhynchus mykiss*) and common carp (*Cyprinus carpio*). Biochimica et Biophysica Acta,1474 (1):61-69.

Panserat S, Medale F, Blin C, et al. 2000. Hepatic glucokinase is induced by dietary carbohydrates in rainbow trout,gilthead seabream,and common carp. American Journal of Physiology,278(5):R1164-R1170.

Panserat S,Perrin A,Kaushik S. 2002. High dietary lipids induce liver glucose-6-phosphatase expression in rainbow trout (*Oncorhynchus mykiss*). The Journal of Nutrition, 132(2): 137-141.

Panserat S, Plagnes-Juan E, Kaushik S. 2002. Gluconeogenic enzyme gene expression is decreased by dietary carbohydrates in common carp (*Cyprinus carpio*) and gilthead seabream (*Sparus aurata*). Biochimica et Biophysica Acta,1579(1):35-42.

Paris I,Dagnino-Subiabre A,Marcelain K,et al. 2001. Copper neurotoxicity is dependent on dopamine-mediated copper uptake and one-electron reduction of aminochrome in a rat substantia nigra neuronal cell line. Journal of Neurochemistry,77(2):519-529.

Park J S,Luethy J D,Wang M G,et al. 1992. Isolation,characterization and chromosomal localization of the human GADD153 gene. Gene,116(2):259-267.

Pell J M,Saunders J C,Gilmour R S. 1993. Differential regulation of transcription initiation from insulin-like growth factor-I (IGF-I) leader exons and of tissue IGF-I expression in response to changed growth hormone and nutritional status in sheep. Endocrinology,132 (4):1797-1807.

Perwad F,Azaxn N,Zhang M Y,et al. 2005. Dietary Phosphorus regulates serum FGF-23 concentrations and 1,25$(OH)_2D_3$ metabolism in mice. Endocrinology,146(12):5358-5364.

Pineiro R,Iglesia M J,Gallego R,et al. 2005. Adiponectin is synthesized and secreted by human and murine cardiomyocytes. FEBS Letters,579(23):5163-5169.

Piperova L S,Teter B B. 2000. Mammary lipogenic enzyme activity,trans fatty acids and conjugated linoleic acids are altered in lactating dairy cows fed a milk fat-depressing diet. The Journal of Nutrition,130(10):2568-2574.

Prip-Buus C,Pegorier J P,Duee P H,et al. 1990. Evidence that the sensitivity of carnitine palmitoyltransferase I to inhibition by malonyl-CoA is an important site of regulation of hepatic fatty acid oxidation in the fetal and newborn rabbit. The Biochemical Journal,269 (2):409-415.

Prostko C R,Fritz R S,Kletzien R F. 1989. Nutritional regulation of hepatic glucose-6-phosphate dehydrogenase. Transient activation of transcription. Biochemical Journal,258 (1):295-299.

Qiao Y,Huang Z,Li Q,et al. 2007. Developmental changes of the FAS and HSL mRNA expression and their effects on the content of intramuscular fat in Kazak and Xinjiang sheep. Journal of Genetics and Genomics,34(10):909-917.

Quadro L,Blaner W S,Hamberger L,et al. 2004. The role of extrahepatic retinol binding protein in the mobilization of retinoid stores. The Journal of Lipid Research,45(11): 1975-1982.

Quarles L D. 1997. Cation-sensing receptors in bone: a novel paradigm for regulating bone remodeling. Journal of Bone and Mineral Research,12(12):1971-1974.

Raclot T,Oudart H. 1999. Selectivity of fatty acids on lipid metabolism and gene expression. Proceedings of the Nutrition Society,58(3):633-646.

Radanovic T,Wagner C A,Murer H,et al. 2005. Regulation of intestinal phosphate transport. I. Segmental expression and adaptation to low-P(i)diet of the type IIb Na(+)-P (i) cotransporter in mouse small intestine. American Journal of Physiology,288(3): 496-500.

Rajasf F,Gaitier A,Bady I,et al. 2002. Polyunsaturated fatty acid coenzyme A suppress the glucose-6-phosphatase promoter activity by modulating the DNA binding of hepatocyte nuclear factor4. The Journal of Biological Chemistry,277(18):15736-15744.

Ramesh G T, Ghosh D. 2002. Activation of early signaling transcription factor, NF-κB following low-level manganese exposure. Toxicology Letters,136(2):151-158.

Rao A,Luo C,Hogan P G. 1997. Transcription factors of the NFAT family:regulation and function. Annual Review of Immunology(15):707-747.

Raymond J P,Blanchard R K,Moore J B,et al. Differential regulation of zinc transporter1,2 and 4 mRNA expression by dietary zinc in rats. Journal of Nutrition,2001,131(1):46-52.

Rees W D,Flint H J. 1990. A molecular biological approach to reducing dietary amino acid needs. Nature Biotechnology,8(7):629-633.

Ricketts J,Brannon P M. 1994. Amount and type of dietary fat regulate pancreatic lipase gene expression in rats. Journal of Nutrition,124(8):1166-1171.

Robinson J L,Foustock S,Chanez M,et al. 1981. Circadian variation of liver metabolites and amino acids in rats adapted to a high protein carbohydrate-free diet. The Journal of Nutrition,111(10):1711-1720.

Rodriguez-Melendez R,Rerez-Andrade M E,Diaz A,et al. 1999. Differential effects of biotin deficiency and replenishment on rat liver pyruvate and propionyl-CoA carboxylases and on their mRNAs. Molecular Genetics and Metabolism,66(1):16-23.

Rodriguez-Melendez R, Cano S, Mendez S T, et al. 2001. Biotin regulates the genetic expression of holocarboxylase synthetase and mitochondrial carboxylases rats. The Journal of Nutrition,131(7):1909-1913.

Rosebrough R W,Steele N C. 1981. Effects of supplemental dietary chromium or nicotinic acid on carbohydrate metabolism during basal, starvation, and refeeding periods in poultrys. Poultry Science,60(2):407-417.

Rosol T J,Steinmeyer C L,McCauley L K,et al. 1995. Sequences of the cDNAs encoding canine parathyroid hormone-related protein and parathyroid hormone. Science Direct,160(2):241-243.

Rothschild M F,Messer L,Day A,et al. 2000. Investigation of the retinol-binding protein 4 (RBP4) gene as a candidate gene for increased litter size in pigs. Mammalian Genome,11(1):75-77.

Roussanne M C, Lieberherr M, Souberbielle J C, et al. 2001. Human parathyroid cell proliferation in response to calcium, NPS R-467, calcitriol and phosphate. European Journal of Clinical Investigation,31(7):610-616.

Ruan E, Teng J O. 2002. Science, medicine, and the future: nutritional genomics. British Medical Journal,324(7351):1438-1442.

Ryan N K, Van der Hoek K H, Robertson S A, et al. 2003. Leptin and leptin receptor expression in the rat ovary. Endocrinology,144 (11):5006.

Sanderson P, Macpherson G G, Jenkins C H, et al. 1997. Dietary fish oil diminishes the antigen presentation activity of rat dendritic cells. Journal of Leukocyte Biology, 62(11):771.

Sato K,Fukao K,Seki Y,et al. 2004. Expression of the chicken peroxisome proliferator-activated receptor gamma gene is influenced by aging, nutrition and agonist administration. Poultry Science, 83(8): 1342-1347.

Schedl H P, Burston D, Taylor E, et al. 1979. Kinetics of uptake of an amino acid and a dipeptide into hamster jejunum and ileum: the effect of semistarvation and starvation. Clinical Science, 56(5): 487-492.

Schenkel F S, Miller S P, Ye X, et al. 2005. Association of single nucleotide polymorphisms in the leptin gene with carcass and meat quality traits of beef cattle 1. Journal of Animal Science, 83(9): 2009-2020.

Scherer P E, Williams S, Fogliano M, et al. 1995. A novel serum protein similar to C1q, produced exclusively in adipocytes. The Journal of Biological Chemistry, 270 (45): 26746-26749.

Schoonjans K, Staels B, Auwerx J. 1996. Role of the peroxisome proliferator-activated receptor (PPAR) in mediating the effects of fibrates and fatty acids on gene expression. Journal of Lipid Research, 37(5): 907-925.

Schutte J, Vialler J, Nau M, et al. 1989. Jun B inhibits and c-fos stimulates the transforming and trans-activating activities of c-jun. Cell, 59(6): 987-997.

Schwartz M W, Sipols A J, Marks J L, et al. 1992. Inhibition of hypothalamic neuropeptide Y gene expression by insulin. Endocrinology, 130(6): 3608-3616.

Segawa H, Kaneko I, Yamanaka S, et al. 2004. Intestinal Na-P(i) cotransporter adaptation to dietary P(i) content in vitamin D receptor null mice. American Journal of Physiology. Renal Physiology, 287(1): 39-47.

Sehrager S. 2005. Dietary calcium intake and obesity. The Journal of the American Board of Family Practice, 18(3): 205-210.

Semenkovich C F, Coleman T, Goforth R. 1993. Physiologic concentrations of glucose regulate fatty acid synthase activity in HepG2 cells by mediating fatty acid synthase mRNA stability. The Journal of Biological Chemistry, 268(10): 6961-6971.

Sessler A, Ntambi J M. 1998. Polyunsaturated fatty acid regulation of gene expression. Journal of Nutrition, 128(6): 923-926.

Shay N F, Cousins R J. 1993. Cloning of rat intestinal mRNAs affected by zinc deficiency. The Journal of Nutrition, 123(1): 35-41.

Shimbara T, Mondal M S, Kawagoe T, et al. 2004. Central administration of ghrelin preferentially enhances fat ingestion. Neuroscience Letters, 369(1): 75-79.

Short N K, Clouthier D E, Schaefer I M, et al. 1992. Tissue-specific, developmental, hormonal, and dietary regulation of rat phosphoenolpyruvate carboxykinase-human growth hormone fusion genes in transgenic mice. Molecular Cell Biology, 12(3): 1007-1020.

Simeone A, Acampora D, Arcioni L, et al. 1990. Sequential activation of Hox2 homeobox genes by retinoic acid in human embryonal carcinoma cells. Nature, 346(6286): 763-766.

Simonet W S, Lacey D L, Dunstan C R, et al. 1997. Osteoprotegerin: a novel secreted protein in the regulation of bone density. Cell, 89(2): 309-319.

Singh K, Hartley D G, McFadden T B, et al. 2004. Dietary fat regulates mammary stearoyl CoA desaturase expression and activity in lactating mice. Journal of Dairy Research, 71 (1): 1-6.

Soderling T R, Chang B, Brickey D. 2001. Cellular signaling through multifunctional Ca^{2+}/ calmodulin-dependent protein kinase II. The Journal of Biological Chemistry, 276(6): 3719-3722.

Spolarics Z. 1999. A carbohydrate-rich diet stimulates glucose-6-phosphate dehydrogenase expression in rat hepatic sinusoidal endothelial cells. Journal of Nutrition, 129 (1): 105-108.

Spurlock M, Frank G E, Cornelius S G, et al. 1998. Obese gene expression in porcine adipose tissue is reduced by food deprivation but not by maintenance or submaintenance intake. The Journal of Nutrition, 128(4): 667-682.

Stallings-Mann M L, Trout W E, Roberts R M. 1993. Porcine uterine retinol-binding proteins are identical gene products to the serum retinol-binding protein. Biology of Reproduction, 48(5): 998-100.

Steitz S A, Speer M Y, Curinga G, et al. 2001. Smooth muscle cell phenotypic transition associated with calcification: upregulation of cbfa1 and downregulation of smooth muscle lineage markers. Circulation Research, 89(12): 1147-1154.

Straus D S, Takemoto C D. 1990. Effect of dietary protein deprivation on insulin-like growth factor (IGF)-I and II, IGF binding protein-2, and serum albumin gene expression in rat. Endocrinology, 127(4): 1849-1860.

Stuehler B, Reichert J, Stremmel W, et al. 2004. Analysis of the human homologue of the canine copper toxicosis gene MURR1 in Wilson disease patients. Journal of Molecular Medicine, 82(9): 629-634.

Sun Z, Means R L, LeMagueresse B, et al. 1995. Organization and analysis of the complete rat calmodulin-dependent protein kinase IV gene. The Journal of Biological Chemistry, 270 (49): 29507-29514.

Swanson K C, Matthews J C. 2000. Dietary carbohydrate source and energy intake influence the expression of pancreatic alpha-amylase in lambs. Journal of Nutrition, 130 (9): 2157-2165.

Takenaka A, Komori K, Morishita T, et al. 2000. Amino acid regulation of gene transcription of rat insulin-like growth factor-binding protein-1. The Journal of Endocrinology, 164(3): R11-R16.

Tanaka K, Kishi K, Igawa M, et al. 1998. Dietary carbohydrates enhance lactase/phlorizin hydrolase gene expression at a transcription level in rat jejunum. Biochemical Journal, 331 (1): 225-230.

Tang Z, Gasperkova D, Xu J, et al. 2000. Copper deficiency induces hepatic fatty acid synthase gene transcription in rats by increasing the nuclear content of mature sterol regulatory element binding protein 1. The Journal of Nutrition, 130(12): 2915-2921.

Tartaglia L A, Dembski M, Weng X, et al. 1995. Identification and expression cloning of a leptin receptor, OB-R. Cell, 83(7): 1263-1271.

Tebbey P W, Mcgowan K M. 1994. Arachidonic acid down-regulates the insulin-dependent glucose transporter gene (GLUT4) in 3TS-L1 adipocytes by inhibiting transcription and enhancing mRNA turnover. The Journal of Biological Chemistry, 269(1): 639-644.

Teegarden D. 2003. Calcium intake and reduction in weight or fat mass. The Journal of Nutrition, 133(1): 249s-251s.

Teruko I, Noboru S, Kiyoshi S. 1999. Effect of low calcium diet on messenger ribonucleic acid levels of calbindin-D28k of intestine and shell gland in laying hens in relation to egg shell quality. Poultry Science, 36(5): 295-303.

Tfelt-Hansen J, Schwarz P, Terwilliger E F, et al. 2003. Calcium-sensing receptor induces messenger ribonucleic acid of human securin, pituitary tumor transforming gene, in rat testicular cancer. Endocrinology, 144(12): 5188-5193.

Theil E C. 1994. Iron regulatory elements (IREs): a family of mRNA non-coding sequences. The Biochemical Journal, 304(1): 1-11.

Thissen J P, Davenport M L, Pucilowska J B, et al. 1992. Increased serum clearance and degradation of 1251-labeled IGF-I in protein-restricted rats. American Physiological Society, 262(4): E406-E411.

Thomas T, Gori F, Khosla S, et al. 1999. Leptin acts on human marrow stromal cells to enhance differentiation to osteoblasts and to inhibit differentiation to adipocytes. Endocrinology, 140(4): 1630-1638.

Thompson N M, Gill D A S, Davies R, et al. 2004. Ghrelin and des-octanoyl ghrelin promote adipogenesis directly in vivo by a mechanism independent of the type 1a growth hormone secretagogue receptor. Energy Balance/Obesity, 145(1): 234-242.

Thongphasuk J, Oberley L W. 1999. Induction of superoxide dismutase and cytotoxicity by manganese in human breast cancer cells. Archives of Biochemistry and Biophysics, 365(2): 317-327.

Thumelin S, Forestier M, Girard J, et al. 1993. Developmental changes in mitochondrial 3-hydroxy-3-methyl-glutaryl-CoA synthase gene expression in rat liver, intestine and kidney. Biochemical Journal, 292(Pt2): 493-496.

Tomlinson J E, Nakayama R, Holten D. 1988. Repression of pentose phosphate pathway dehydrogenase synthesis and mRNA by dietary fat in rats. Journal of Nutrition, 118(3): 408-415.

Torres N, Beristain L, Bourges H, et al. 1999. Histidine-imbalanced diets stimulate hepatic histidase gene expression in rats. The Journal of Nutrition, 129(11): 1979-1983.

Tranulis M A, Dregni O, Christophersen B, et al. 1996. A glucokinase-like enzyme in the liver of Atlantic salmon (*Salmo salar*). Comparative Biochemistry and Physiology, 114 (1): 35-39.

Tsai M J, O'Malley B W. 1994. Molecular mechanisms of action of steroid/thyroid receptor superfamily members. Annual Review of Biochemistry(63):451-486.

Tschop M,Smiley D,Heiman M L. 2000. Ghrelin induces adiposity in rodents. Nature,407:908-913.

Uitterlinden A G,Fang Y,van Meurs J B J,et al. 2004. Genetics and biology of vitamin D receptor polymorphisms. Gene,338(2):143-156.

Uitterlinden A G,Fang Y,Bergink A P,et al. 2002. The role of vitamin D receptor gene polymorphisms in bone biology. Molecular and Cellular Endocrinology,197(1-2):15-21.

Van de Sluis B,Rothuizen J,Pearson L,et al. 2002. Identification of a new copper metabolism gene by positional cloning in a purebred dog population. Human Molecular Genetics,11(2):165-173.

Vincent A L,Rothschild M F. 1997. Rapid communication:a restriction fragment length polymorphism in the ovine prolactin gene. Journal of Animal Science,75(6):1686.

Vogel S,Mendelsohn C L,Mertz J R,et al. 2001. Characterization of a new member of the fatty acid-binding protein family that binds all-trans-retinol. The Journal of Biological Chemistry,276(2):1353-1360.

Vozarova B, Weyer C, Hanson K, et al. 2001. Circulating interleukin-6 in relation to adiposity,insulin action,and insulin secretion. Obesity Research(9):414-417.

Vyacheslav V V,Lawson M A,Dipaolo D,et al. 2002. Different signaling pathways control acute induction versus long-term repression of LHβ transcription by GnRH. Endocrinology,143(9):3414-3426.

Waheed A,Grubb J H,Zhou X Y,et al. 2002. Regulation of transferrin-mediated iron uptake by HFE,the protein defective in hereditary hemochromatosis. Proceedings of National Academy of Sciences,99(5):3117-3122.

Wang F,Kim B E,Petris M J,et al. 2004. The mammalian Zip5 protein is a zinc transporter that localizes to the basolateral surface of polarized cells. Journal of Biological Chemistry,279(49):51433-51441.

Wang Y,Simonson M S. 1996. Voltage-insensitive Ca^{2+} channels and Ca^{2+}/calmodulin-dependent protein kinases propagate signals from endothelin-1 receptors to the c-fos promoter. Molecular and Cellular Biology,16(10):5915-5923.

Watt M J,Stellingwerffl T,Heigenhauser G J F,et al. 2003. Effects of plasma adrenaline on hormone-sensitive lipase at rest and during moderate exercise in human skeletal muscle. The Journal of Physiology,550(1):325-332.

Weiss S L,Sunde R A. 1997. Selenium regulation of classical glutathione peroxides expression requires the 3′ untranslated region in Chinese hamster ovary cells. The Journal of Nutrition,127(7):1304-1310.

White B D,He B,Dean R G,et al. 1994. Low protein diets increase neuropeptide Y gene expression in the basomedial hypothalamus of rats. The Journal of Nutrition,124(8):1152-1160.

White K E,Carn G,Lorenz-Depiereux B,et al. 2001. Autosomal dominant hypophosphatemic rickets (ADHR) mutations stabilize FGF-23. Kidney International, 60(6): 2079-2086.

Wicker C, Puigserver A. 1990. Expression of rat pancreatic lipase gene is modulated by a lipid-rich diet at a transcriptional level. Biochemical and Biophysical Research Communications, 166(1): 358-364.

Wiedmann S, Eudy J D, Zempleni J, et al. 2003. Biotin supplementation increases expression of genes encoding interferon-γ, interleukin-1ß, and 3-methylcrotonyl-CoA carboxylase, and decreases expression of the gene encoding interleukin-4 in human peripheral blood mononuclear cells. Journal of Nutrition, 133(3): 716-719.

William L B, Steven D C. 1990. Suppression of rat hepatic fatty acid synthase and s14 gene transcription by dietary polyunsaturated fat. Journal of Nutrition, 120(12): 1727-1729.

Wilson J, Kim S, Allen K G, et al. 1997. Hepatic fatty acid synthase gene transcription is induced by a dietary copper deficiency. The American Journal of Physiology, 272(6): E1124-1129.

Wise K, Manna S, Barr J, et al. 2004. Activation of activator protein-1 DNA binding activity due to low level manganese exposure in pheochromocytoma cells. Toxicology Letters, 147(3): 237-244.

Wittke A, Chang A, Froicu M, et al. 2007. Vitamin D receptor expression by the lung micro-environment is required for maximal induction of lung inflammation. Archives of Biochemistry and Biophysics, 406(2): 306-313.

Wlostowski T. 1992. On metallothionein, cadmium, copper and zinc relationships in the liver and kidney of adult rats. Comparative Biochemistry and Physiology, 103(1): 35-41.

Xu J, Nakamura M T, Cho H P, et al. 1999. Sterol regulatory element binding protein-1 expression is suppressed by dietary polyunsaturated fatty acids. A mechanism for the coordinate suppression of lipogenic gene by polyunsaturated fats. The Journal of Biological Chemistry, 274(33): 23577-23583.

Yamamoto H, Miyamoto K I, Li B, et al. 1999. The caudal related homeodomain protein cdx-2 regulates vitamin D receptor gene expression in the small intestine. Journal of Bone and Mineral Research, 14(2): 240-247.

Yamauchi T, Kamon J, Ito Y, et al. 2003. Cloning of adiponectin receptors that mediate antidiabetic metabolic effects. Nature, 423(6941): 762-769.

Yerle M, Galman O, Lahbib-Mansais Y, et al. 1992. Localization of the pig luteinizing hormone/choriogonadotropin receptor gene (LHCGR) by radioactive and nonradioactive in situ hybridization. Cytogenetics and Cell Genetics, 59(1): 48-51.

Yoon D H, Cho B H, Park B L, et al. 2005. Highly polymorphic bovine leptin gene. Asian-Australasian Journal of Animal Sciences, 18(11): 1548-1551.

Yuan C, Pan X, Gong Y, et al. 2008. Effects of Astragalus polysaccharides (APS) on the expression of immune response genes in head kidney, gill and spleen of the common carp, *Cyprinus carpio* L. International Immunopharmacology, 8(1): 51-58.

Yuan J H, Davit A J, Austic R E. 2000. Temporal response of hepatic threonine dehydrogenase in chickens to the initial consumption of a threonine-imbalanced diet. The Journal of Nutrition,130(11):2746-2752.

Yuan J,Liu W,Liu Z L,et al. 2006. cDNA cloning,genomic structure,chromosomal mapping and expression analysis of ADIPOQ (adiponectin) in chicken. Cytogenetic and Genome Research,112(1-2):148-151.

Zemel M B. 2004. Role of calcium and dairy products in energy partitioning and weight management. The American Journal Clinical Nutrition,79(5):907s-912s.

Zempleni J,Stanley J S,Mock D M,et al. 2001. Proliferation of peripheral blood mononuclear cells causes increased expression of the sodium-dependent multivitamin transporter gene and increased uptake of pantothenic acid. The Journal of Nutritional Biochemistry,12(8):465-473.